Flink原理、实战与性能优化

张利兵◎著

机械工业出版社
CHINA MACHINE PRESS

图书在版编目（CIP）数据

Flink 原理、实战与性能优化 / 张利兵著 . —北京：机械工业出版社，2019.4（2023.2 重印）
（大数据技术丛书）

ISBN 978-7-111-62353-3

I. F⋯　II. 张⋯　III. 数据处理软件　IV. TP274

中国版本图书馆 CIP 数据核字（2019）第 056258 号

Flink 原理、实战与性能优化

出版发行：机械工业出版社（北京市西城区百万庄大街 22 号　邮政编码：100037）	
责任编辑：张锡鹏	责任校对：殷　虹
印　　刷：北京捷迅佳彩印刷有限公司	版　　次：2023 年 2 月第 1 版第 13 次印刷
开　　本：186mm×240mm　1/16	印　　张：18
书　　号：ISBN 978-7-111-62353-3	定　　价：79.00 元

客服电话：（010）88361066　68326294

版权所有 • 侵权必究
封底无防伪标均为盗版

Preface 前　　言

为什么要写这本书

记得在几年前刚开始做流式计算相关的项目时，发觉项目对实时性和数据量的要求很高，无奈求助于 Flink 开源社区（后文简称"社区"），在社区中发现可以使用的流式框架有很多，例如比较主流的框架 Apache Storm、Spark Streaming 等，Apache Flink（简称"Flink"）也在其中。于是笔者开始对各种流式框架进行详细研究，最后发现能同时支持低延迟、高吞吐、Excactly-once 的框架只有 Apache Flink，从那时起笔者就对 Flink 这套框架充满兴趣，不管是其架构还是接口，都可以发现其中包含了非常优秀的设计思想。虽然当时 Flink 在社区的成熟度并不是很高，但笔者还是决定将 Flink 应用在自己的项目中，自此开启了 Flink 分布式计算技术应用之旅。

刚开始学习 Flink，对于没有分布式处理技术和流式计算经验的人来说会相对比较困难，因为其很难理解有状态计算、数据一致性保障等概念。尤其在相关中文资源比较匮乏的情况下，需要用户在官网以及国外的技术网站中翻阅大量的外文资料，这在一定程度上对学习和应用 Flink 造成了阻碍。笔者在 2018 年参加了一场由 Flink 中文社区组织的线下交流活动，当时听了很多领域内专家将 Flink 应用在不同业务场景中的分享，发现 Flink 这项技术虽然优秀，但是国内尚未有一本能够全面介绍 Flink 的中文书籍，于是笔者决定结合自己的实际项目经验来完成一本 Flink 中文书籍，以帮助他人学习和使用 Flink 这项优秀的分布式处理技术。

阿里巴巴在 2019 年 1 月开源了其内部 Flink 的分支项目 Blink，并推动社区将 Blink 中优秀的特性合并到 Flink 主干版本中，一时间 Flink 在国内的发展被推向了高潮，成为很多公司想去尝试使用的新技术。因此笔者相信未来会有更多的开发者参与到 Flink 社区中来，Flink 也将在未来的大数据生态中占据举足轻重的位置。

读者对象

本书从多个方面对 Flink 进行了深入介绍，包括原理、多种抽象接口的使用，以及 Flink 的性能监控与调优等方面，因此本书比较适合以下类型的读者。

- 流计算开发工程师
- 大数据架构工程师
- 大数据开发工程师
- 数据挖掘工程师
- 高校研究生以及高年级本科生

如何阅读本书

本书共分为 10 章，各章节间具有一定的先后关系，对于刚入门的读者，建议从第 1 章开始循序渐进地学习。

对于有一定经验的读者可以自行选择章节开始学习。如果想使用 Flink 开发流式应用，则可以直接阅读第 4 章、第 5 章，以及第 7 章之后的内容；如果想使用 Flink 开发批计算应用，则可以选择阅读第 5 章以及第 7 章之后的内容。

勘误和支持

除封面署名外，参加本书编写工作的还有：张再胜、尚越、程龙、姚远等。由于笔者水平有限，编写时间仓促，书中难免会出现一些错误或者不准确的地方，恳请读者批评指正。由于 Flink 技术的参考资料相对较少，因此书中有些地方参考了 Flink 官方文档，读者也可以结合 Flink 官网来学习。书中的全部源文件可以从 GitHub 网站下载，地址为 https://github.com/zhanglibing1990/learning-flink。同时笔者也会将相应的功能及时更新。如果你有更多宝贵的意见可以通过 QQ 群 686656574 或电子邮箱 zhanglibing1990@126.com 联系笔者，期待能够得到你们的真挚反馈。

致谢

在本书的写作过程中，得到了很多朋友及同事的帮助和支持，在此表示衷心感谢！

感谢我的女朋友，因为有你的支持，我才能坚持将本书顺利完成，谢谢你一直陪伴在我的身边，不断鼓励我前行。

感谢机械工业出版社的编辑杨福川和张锡鹏，在这半年多的时间中始终支持我的写作，你们的鼓励和帮助引导我顺利完成全部书稿。

谨以此书献给我最亲爱的家人，以及众多热爱 Flink 的朋友！

总结

本书最开始介绍 Flink 的发展历史，然后对 Flink 批数据和流数据的不同处理接口进行介绍，再对 Flink 的部署与实施、性能优化等方面进行全面讲解。经过系统完整地了解和学习 Flink 分布式处理技术之后，可以发现 Flink 有很多非常先进的概念，以及非常完善的接口设计，这些都能让用户更加有效地处理大数据，特别是流式数据处理。随着大数据技术的不断发展，Flink 也在大数据的浪潮中奋勇前行。越来越多的用户也参与到 Flink 社区的开发中，尤其是近年来随着阿里巴巴的推进，Blink 的开源在一定程度上推动了 Flink 在国内大规模的落地。相信在不久的将来，Flink 会逐渐成为国内乃至全球不可或缺的分布式处理引擎，笔者也相信 Flink 在流式数据处理领域会有新的突破，能够改变目前大部分基于批处理的模式，让分布式数据处理变得更加高效，使得数据处理成本不断降低。

张利兵
2019 年

目录 Contents

前言

第1章 Apache Flink 介绍 ················ 1
1.1 Apache Flink 是什么 ················ 1
1.2 数据架构的演变 ···················· 2
1.2.1 传统数据基础架构 ············· 3
1.2.2 大数据数据架构 ··············· 4
1.2.3 有状态流计算架构 ············· 5
1.2.4 为什么会是 Flink ·············· 6
1.3 Flink 应用场景 ···················· 8
1.4 Flink 基本架构 ··················· 10
1.4.1 基本组件栈 ·················· 10
1.4.2 基本架构图 ·················· 11
1.5 本章小结 ························ 13

第2章 环境准备 ······················ 14
2.1 运行环境介绍 ···················· 14
2.2 Flink 项目模板 ··················· 15
2.2.1 基于 Java 实现的项目模板 ···· 15
2.2.2 基于 Scala 实现的项目模板 ··· 18
2.3 Flink 开发环境配置 ··············· 20
2.3.1 下载 IntelliJ IDEA IDE ········ 21
2.3.2 安装 Scala Plugins ············ 21
2.3.3 导入 Flink 应用代码 ·········· 22
2.3.4 项目配置 ···················· 22
2.4 运行 Scala REPL ················· 24
2.4.1 环境支持 ···················· 24
2.4.2 运行程序 ···················· 24
2.5 Flink 源码编译 ··················· 25
2.6 本章小结 ························ 26

第3章 Flink 编程模型 ················· 27
3.1 数据集类型 ······················ 27
3.2 Flink 编程接口 ··················· 29
3.3 Flink 程序结构 ··················· 30
3.4 Flink 数据类型 ··················· 37
3.4.1 数据类型支持 ················ 37
3.4.2 TypeInformation 信息获取 ···· 40
3.5 本章小结 ························ 43

第4章 DataStream API 介绍与使用 ······ 44
4.1 DataStream 编程模型 ············· 44
4.1.1 DataSources 数据输入 ········ 45

	4.1.2 DataSteam 转换操作 ………… 49	6.1.1 应用实例 ……………… 125
	4.1.3 DataSinks 数据输出 …………… 59	6.1.2 DataSources 数据接入 ……… 126
4.2	时间概念与 Watermark …………… 61	6.1.3 DataSet 转换操作 ………… 128
	4.2.1 时间概念类型 ……………… 61	6.1.4 DataSinks 数据输出 ………… 134
	4.2.2 EventTime 和 Watermark …… 63	6.2 迭代计算 ……………………… 136
4.3	Windows 窗口计算 ……………… 69	6.2.1 全量迭代 ………………… 136
	4.3.1 Windows Assigner ………… 70	6.2.2 增量迭代 ………………… 137
	4.3.2 Windows Function ………… 77	6.3 广播变量与分布式缓存 ………… 139
	4.3.3 Trigger 窗口触发器 ………… 83	6.3.1 广播变量 ………………… 139
	4.3.4 Evictors 数据剔除器 ………… 87	6.3.2 分布式缓存 ……………… 140
	4.3.5 延迟数据处理 ……………… 88	6.4 语义注解 ……………………… 141
	4.3.6 连续窗口计算 ……………… 89	6.4.1 Forwarded Fileds 注解 …… 141
	4.3.7 Windows 多流合并 ………… 90	6.4.2 Non-Forwarded Fileds 注解 … 143
4.4	作业链和资源组 ………………… 95	6.4.3 Read Fields 注解 ………… 144
	4.4.1 作业链 …………………… 95	6.5 本章小结 ……………………… 145
	4.4.2 Slots 资源组 ……………… 96	**第 7 章 Table API & SQL 介绍与**
4.5	Asynchronous I/O 异步操作 …… 97	**使用** ……………………………… 146
4.6	本章小结 ………………………… 98	7.1 TableEnviroment 概念 ………… 146
第 5 章 Flink 状态管理和容错 ……… 100		7.1.1 开发环境构建 …………… 147
5.1	有状态计算 …………………… 100	7.1.2 TableEnvironment 基本
5.2	Checkpoints 和 Savepoints ……… 109	操作 ………………………… 147
	5.2.1 Checkpoints 检查点机制 …… 109	7.1.3 外部连接器 ……………… 155
	5.2.2 Savepoints 机制 …………… 111	7.1.4 时间概念 ………………… 162
5.3	状态管理器 …………………… 114	7.1.5 Temporal Tables 临时表 …… 166
	5.3.1 StateBackend 类别 ………… 114	7.2 Flink Table API ……………… 167
	5.3.2 状态管理器配置 …………… 116	7.2.1 Table API 应用实例 ……… 167
5.4	Querable State ………………… 118	7.2.2 数据查询和过滤 …………… 168
5.5	本章小结 ……………………… 123	7.2.3 窗口操作 ………………… 168
第 6 章 DataSet API 介绍与使用 …… 124		7.2.4 聚合操作 ………………… 173
6.1	DataSet API …………………… 124	7.2.5 多表关联 ………………… 175

7.2.6　集合操作……………………177
　　7.2.7　排序操作……………………178
　　7.2.8　数据写入……………………179
7.3　Flink SQL 使用………………………179
　　7.3.1　Flink SQL 实例………………179
　　7.3.2　执行 SQL……………………180
　　7.3.3　数据查询与过滤………………181
　　7.3.4　Group Windows 窗口操作……182
　　7.3.5　数据聚合……………………184
　　7.3.6　多表关联……………………186
　　7.3.7　集合操作……………………187
　　7.3.8　数据输出……………………189
7.4　自定义函数……………………………189
　　7.4.1　Scalar Function………………189
　　7.4.2　Table Function………………191
　　7.4.3　Aggregation Function…………192
7.5　自定义数据源…………………………193
　　7.5.1　TableSource 定义………………193
　　7.5.2　TableSink 定义…………………196
　　7.5.3　TableFactory 定义………………199
7.6　本章小结………………………………201

第 8 章　Flink 组件栈介绍与使用……202

8.1　Flink 复杂事件处理…………………202
　　8.1.1　基础概念………………………203
　　8.1.2　Pattern API……………………204
　　8.1.3　事件获取………………………210
　　8.1.4　应用实例………………………212
8.2　Flink Gelly 图计算应用………………213
　　8.2.1　基本概念………………………213
　　8.2.2　Graph API………………………214
　　8.2.3　迭代图处理……………………220
　　8.2.4　图生成器………………………226
8.3　FlinkML 机器学习应用………………227
　　8.3.1　基本概念………………………227
　　8.3.2　有监督学习算子………………229
　　8.3.3　数据预处理……………………231
　　8.3.4　推荐算法………………………234
　　8.3.5　Pipelines In FlinkML……………235
8.4　本章小结………………………………236

第 9 章　Flink 部署与应用……………237

9.1　Flink 集群部署…………………………237
　　9.1.1　Standalone Cluster 部署…………238
　　9.1.2　Yarn Cluster 部署………………240
　　9.1.3　Kubernetes Cluster 部署…………244
9.2　Flink 高可用配置………………………247
　　9.2.1　Standalone 集群高可用
　　　　　配置……………………………248
　　9.2.2　Yarn Session 集群高可用
　　　　　配置……………………………250
9.3　Flink 安全管理…………………………251
　　9.3.1　认证目标………………………251
　　9.3.2　认证配置………………………252
　　9.3.3　SSL 配置………………………253
9.4　Flink 集群升级…………………………255
　　9.4.1　任务重启………………………256
　　9.4.2　状态维护………………………256
　　9.4.3　版本升级………………………257
9.5　本章小结………………………………258

第 10 章　Flink 监控与性能优化………259

10.1　监控指标………………………………259

10.1.1　系统监控指标…………259
　　10.1.2　监控指标注册…………261
　　10.1.3　监控指标报表…………264
10.2　Backpressure 监控与优化………266
　　10.2.1　Backpressure 进程抽样……266
　　10.2.2　Backpressure 页面监控……267
　　10.2.3　Backpressure 配置…………268

10.3　Checkpointing 监控与优化……268
　　10.3.1　Checkpointing 页面监控…268
　　10.3.2　Checkpointing 优化………271
10.4　Flink 内存优化…………………273
　　10.4.1　Flink 内存配置……………274
　　10.4.2　Network Buffers 配置……275
10.5　本章小结…………………………277

第 1 章 Apache Flink 介绍

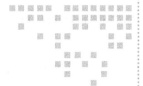

本章对 Apache Flink 从多个方面进行介绍,让读者对 Flink 这项分布式处理技术能够有初步的了解。1.1 节主要介绍了 Flink 的由来及其发展历史,帮助读者从历史的角度了解 Flink 这项技术发展的过程。1.2 节重点介绍了 Flink 能够支持的各种实际业务场景、Flink 所具备的主要特性、Flink 组成部分及其基本概念等内容,最后在 1.4 节中介绍了 Flink 的基本架构以及主要组成部分。

1.1 Apache Flink 是什么

在当前数据量激增的时代,各种业务场景都有大量的业务数据产生,对于这些不断产生的数据应该如何进行有效的处理,成为当下大多数公司所面临的问题。随着雅虎对 Hadoop 的开源,越来越多的大数据处理技术开始涌入人们的视线,例如目前比较流行的大数据处理引擎 Apache Spark,基本上已经取代了 MapReduce 成为当前大数据处理的标准。但随着数据的不断增长,新技术的不断发展,人们逐渐意识到对实时数据处理的重要性。相对于传统的数据处理模式,流式数据处理有着更高的处理效率和成本控制能力。Apache Flink 就是近年来在开源社区不断发展的技术中的能够同时支持高吞吐、低延迟、高性能的分布式处理框架。

在 2010 年至 2014 年间，由柏林工业大学、柏林洪堡大学和哈索普拉特纳研究所联合发起名为 "Stratosphere: Information Management on the Cloud" 研究项目，该项目在当时的社区逐渐具有了一定的社区知名度。2014 年 4 月，Stratosphere 代码被贡献给 Apache 软件基金会，成为 Apache 基金会孵化器项目。初期参与该项目的核心成员均是 Stratosphere 曾经的核心成员，之后团队的大部分创始成员离开学校，共同创办了一家名叫 Data Artisans 的公司，其主要业务便是将 Stratosphere，也就是之后的 Flink 实现商业化。在项目孵化期间，项目 Stratosphere 改名为 Flink。Flink 在德语中是快速和灵敏的意思，用来体现流式数据处理器速度快和灵活性强等特点，同时使用棕红色松鼠图案作为 Flink 项目的 Logo，也是为了突出松鼠灵活快速的特点，由此，Flink 正式进入社区开发者的视线。

2014 年 12 月，该项目成为 Apache 软件基金会顶级项目，从 2015 年 9 月发布第一个稳定版本 0.9，到目前撰写本书期间已经发布到 1.7 的版本，更多的社区开发成员逐步加入，现在 Flink 在全球范围内拥有 350 多位开发人员，不断有新的特性发布。同时在全球范围内，越来越多的公司开始使用 Flink，在国内比较出名的互联网公司如阿里巴巴、美团、滴滴等，都在大规模使用 Flink 作为企业的分布式大数据处理引擎。

Flink 近年来逐步被人们所熟知，不仅是因为 Flink 提供同时支持高吞吐、低延迟和 exactly-once 语义的实时计算能力，同时 Flink 还提供了基于流式计算引擎处理批量数据的计算能力，真正意义上实现了批流统一，同时随着阿里对 Blink 的开源，极大地增强了 Flink 对批计算领域的支持。众多优秀的特性，使得 Flink 成为开源大数据数据处理框架中的一颗新星，随着国内社区不断推动，越来越多的国内公司开始选择使用 Flink 作为实时数据处理技术。在不久的将来，Flink 也将会成为企业内部主流的数据处理框架，最终成为下一代大数据处理的标准。

1.2 数据架构的演变

近年来随着开源社区的发展，越来越多新的技术被开源，例如雅虎的 Hadoop 分布式计算框架、UC 伯克利分校的 Apache Spark 等，而伴随着这些技术的发展，促使着企业数据架构的演进，从传统的关系型数据存储架构，逐步演化为分布式处理和存储的架构。

1.2.1 传统数据基础架构

如图 1-1 所示，传统单体数据架构（Monolithic Architecture）最大的特点便是集中式数据存储，企业内部可能有诸多的系统，例如 Web 业务系统、订单系统、CRM 系统、ERP 系统、监控系统等，这些系统的事务性数据主要基于集中式的关系性数据库（DBMS）实现存储，大多数将架构分为计算层和存储层。存储层负责企业内系统的数据访问，且具有最终数据一致性保障。这些数据反映了当前的业务状态，例如系统的订单交易量、网站的活跃用户数、每个用户的交易额变化等，所有的更新操作均需要借助于同一套数据库实现。

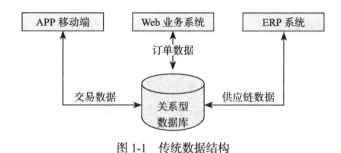

图 1-1 传统数据结构

单体架构的初期效率很高，但是随着时间的推移，业务越来越多，系统逐渐变得很大，越来越难以维护和升级，数据库是唯一的准确数据源，每个应用都需要访问数据库来获取对应的数据，如果数据库发生改变或者出现问题，则将对整个业务系统产生影响。

后来随着微服务架构（Microservices Architecture）的出现，企业开始逐渐采用微服务作为企业业务系统的架构体系。微服务架构的核心思想是，一个应用是由多个小的、相互独立的微服务组成，这些服务运行在自己的进程中，开发和发布都没有依赖。不同的服务能依据不同的业务需求，构建的不同的技术架构之上，能够聚焦在有限的业务功能。

如图 1-2 所示，微服务架构将系统拆解成不同的独立服务模块，每个模块分别使用各自独立的数据库，这种模式解决了业务系统拓展的问题，但是也带来了新的问题，那就是业务交易数据过于分散在不同的系统中，很难将数据进行集中化管理，对于企业内部进行数据分析或者数据挖掘之类的应用，则需要通过从不同的数据库中进行数据抽取，将数据从数据库中周期性地同步到数据仓库中，然后在数据仓库中进行数据的抽取、转换、加载（ETL），从而构建成不同的数据集市和应用，提供给业务系统使用。

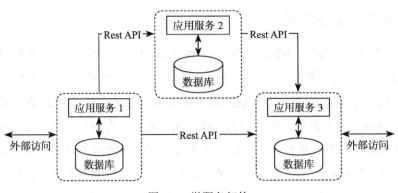

图 1-2　微服务架构

1.2.2　大数据数据架构

起初数据仓库主要还是构建在关系型数据库之上，例如 Oracle、Mysql 等数据库，但是随着企业数据量的增长，关系型数据库已经无法支撑大规模数据集的存储和分析，因此越来越多的企业开始选择基于 Hadoop 构建企业级大数据平台。同时众多 Sql-On-Hadoop 技术方案的提出，也让企业在 Hadoop 上构建不同类型的数据应用变得简单而高效，例如通过使用 Apache Hive 进行数据 ETL 处理，通过使用 Apache Impala 进行实时交互性查询等。

大数据技术的兴起，让企业能够更加灵活高效地使用自己的业务数据，从数据中提取出更多重要的价值，并将数据分析和挖掘出来的结果应用在企业的决策、营销、管理等应用领域。但不可避免的是，随着越来越多新技术的引入与使用，企业内部一套大数据管理平台可能会借助众多开源技术组件实现。例如在构建企业数据仓库的过程中，数据往往都是周期性的从业务系统中同步到大数据平台，完成一系列 ETL 转换动作之后，最终形成数据集市等应用。但是对于一些时间要求比较高的应用，例如实时报表统计，则必须有非常低的延时展示统计结果，为此业界提出一套 Lambda 架构方案来处理不同类型的数据。如图 1-3 所示，大数据平台中包含批量计算的 Batch Layer 和实时计算的 Speed Layer，通过在一套平台中将批计算和流计算整合在一起，例如使用 Hadoop MapReduce 进行批量数据的处理，使用 Apache Storm 进行实时数据的处理。这种架构在一定程度上解决了不同计算类型的问题，但是带来的问题是框架太多会导致平台复杂度过高、运维成本高等。在一套资源管理平台中管理不同类型的计算框架使用也是非常困难的事情。总而言之，Lambda 架构是构建大数据应用程序的一种很有效的解决方案，但是还不是最完美的方案。

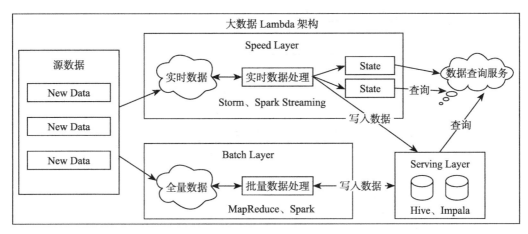

图 1-3　大数据 Lambda 架构

后来随着 Apache Spark 的分布式内存处理框架的出现，提出了将数据切分成微批的处理模式进行流式数据处理，从而能够在一套计算框架内完成批量计算和流式计算。但因为 Spark 本身是基于批处理模式的原因，并不能完美且高效地处理原生的数据流，因此对流式计算支持的相对较弱，可以说 Spark 的出现本质上是在一定程度上对 Hadoop 架构进行了一定的升级和优化。

1.2.3　有状态流计算架构

数据产生的本质，其实是一条条真实存在的事件，前面提到的不同的架构其实都是在一定程度违背了这种本质，需要通过在一定时延的情况下对业务数据进行处理，然后得到基于业务数据统计的准确结果。实际上，基于流式计算技术局限性，我们很难在数据产生的过程中进行计算并直接产生统计结果，因为这不仅对系统有非常高的要求，还必须要满足高性能、高吞吐、低延时等众多目标。而有状态流计算架构（如图 1-4 所示）的提出，从一定程度上满足了企业的这种需求，企业基于实时的流式数据，维护所有计算过程的状态，所谓状态就是计算过程中产生的中间计算结果，每次计算新的数据进入到流式系统中都是基于中间状态结果的基础上进行运算，最终产生正确的统计结果。基于有状态计算的方式最大的优势是不需要将原始数据重新从外部存储中拿出来，从而进行全量计算，因为这种计算方式的代价可能是非常高的。从另一个角度讲，用户无须通过调度和协调各种批量计算工具，从数据仓库中获取数据统计结果，然后再落地存储，这些操作全部都可以基于流式计算完成，可以极大地减轻系统对其他框架的依赖，减少数据计算过程中的时间损耗以及硬件存储。

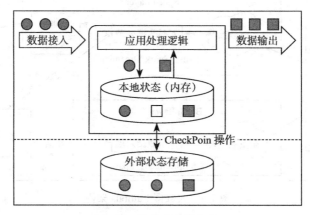

图 1-4　有状态计算架构

如果计算的结果能保持一致，实时计算在很短的时间内统计出结果，批量计算则需要等待一定时间才能得出，相信大多数用户会更加倾向于选择使用有状态流进行大数据处理。

1.2.4　为什么会是 Flink

可以看出有状态流计算将会逐步成为企业作为构建数据平台的架构模式，而目前从社区来看，能够满足的只有 Apache Flink。Flink 通过实现 Google Dataflow 流式计算模型实现了高吞吐、低延迟、高性能兼具实时流式计算框架。同时 Flink 支持高度容错的状态管理，防止状态在计算过程中因为系统异常而出现丢失，Flink 周期性地通过分布式快照技术 Checkpoints 实现状态的持久化维护，使得即使在系统停机或者异常的情况下都能计算出正确的结果。

Flink 具有先进的架构理念、诸多的优秀特性，以及完善的编程接口，而 Flink 也在每一次的 Release 版本中，不断推出新的特性，例如 Queryable State 功能的提出，容许用户通过远程的方式直接获取流式计算任务的状态信息，数据不需要落地数据库就能直接从 Flink 流式应用中查询。对于实时交互式的查询业务可以直接从 Flink 的状态中查询最新的结果。在未来，Flink 将不仅作为实时流式处理的框架，更多的可能会成为一套实时的状态存储引擎，让更多的用户从有状态计算的技术中获益。

Flink 的具体优势有以下几点。

（1）同时支持高吞吐、低延迟、高性能

Flink 是目前开源社区中唯一一套集高吞吐、低延迟、高性能三者于一身的分布式流式数据处理框架。像 Apache Spark 也只能兼顾高吞吐和高性能特性，主要因为在 Spark Streaming 流式计算中无法做到低延迟保障；而流式计算框架 Apache Storm 只能支持低延迟和高性能特性，但是无法满足高吞吐的要求。而满足高吞吐、低延迟、高性能这三个目标对分布式流式计算框架来说是非常重要的。

（2）支持事件时间（Event Time）概念

在流式计算领域中，窗口计算的地位举足轻重，但目前大多数框架窗口计算采用的都是系统时间（Process Time），也是事件传输到计算框架处理时，系统主机的当前时间。Flink 能够支持基于事件时间（Event Time）语义进行窗口计算，也就是使用事件产生的时间，这种基于事件驱动的机制使得事件即使乱序到达，流系统也能够计算出精确的结果，保持了事件原本产生时的时序性，尽可能避免网络传输或硬件系统的影响。

（3）支持有状态计算

Flink 在 1.4 版本中实现了状态管理，所谓状态就是在流式计算过程中将算子的中间结果数据保存在内存或者文件系统中，等下一个事件进入算子后可以从之前的状态中获取中间结果中计算当前的结果，从而无须每次都基于全部的原始数据来统计结果，这种方式极大地提升了系统的性能，并降低了数据计算过程的资源消耗。对于数据量大且运算逻辑非常复杂的流式计算场景，有状态计算发挥了非常重要的作用。

（4）支持高度灵活的窗口（Window）操作

在流处理应用中，数据是连续不断的，需要通过窗口的方式对流数据进行一定范围的聚合计算，例如统计在过去的 1 分钟内有多少用户点击某一网页，在这种情况下，我们必须定义一个窗口，用来收集最近一分钟内的数据，并对这个窗口内的数据进行再计算。Flink 将窗口划分为基于 Time、Count、Session，以及 Data-driven 等类型的窗口操作，窗口可以用灵活的触发条件定制化来达到对复杂的流传输模式的支持，用户可以定义不同的窗口触发机制来满足不同的需求。

（5）基于轻量级分布式快照（Snapshot）实现的容错

Flink 能够分布式运行在上千个节点上，将一个大型计算任务的流程拆解成小的计算过程，然后将 task 分布到并行节点上进行处理。在任务执行过程中，能够自动发现事件处理过程中的错误而导致数据不一致的问题，比如：节点宕机、网路传输问题，或是由于用户因为升级或修复问题而导致计算服务重启等。在这些情况下，通过基于分布式快照技术的 Checkpoints，将执行过程中的状态信息进行持久化存储，一旦任务出现异常停止，Flink 就能够从 Checkpoints 中进行任务的自动恢复，以确保数据在处理过程中的一致性。

（6）基于 JVM 实现独立的内存管理

内存管理是所有计算框架需要重点考虑的部分，尤其对于计算量比较大的计算场景，数据在内存中该如何进行管理显得至关重要。针对内存管理，Flink 实现了自身管理内存的机制，尽可能减少 JVM GC 对系统的影响。另外，Flink 通过序列化 / 反序列化方法将所有的数据对象转换成二进制在内存中存储，降低数据存储的大小的同时，能够更加有效地对内存空间进行利用，降低 GC 带来的性能下降或任务异常的风险，因此 Flink 较其他分布式处理的框架会显得更加稳定，不会因为 JVM GC 等问题而影响整个应用的运行。

（7）Save Points（保存点）

对于 7*24 小时运行的流式应用，数据源源不断地接入，在一段时间内应用的终止有可能导致数据的丢失或者计算结果的不准确，例如进行集群版本的升级、停机运维操作等操作。值得一提的是，Flink 通过 Save Points 技术将任务执行的快照保存在存储介质上，当任务重启的时候可以直接从事先保存的 Save Points 恢复原有的计算状态，使得任务继续按照停机之前的状态运行，Save Points 技术可以让用户更好地管理和运维实时流式应用。

1.3 Flink 应用场景

在实际生产的过程中，大量数据在不断地产生，例如金融交易数据、互联网订单数据、GPS 定位数据、传感器信号、移动终端产生的数据、通信信号数据等，以及我们熟悉的网络流量监控、服务器产生的日志数据，这些数据最大的共同点就是实时从不同的数据源中产生，然后再传输到下游的分析系统。针对这些数据类型主要包括实时智能推荐、复杂事件处理、实时欺诈检测、实时数仓与 ETL 类型、流数据分析类型、实时报表类型等实时业务场景，而 Flink 对于这些类型的场景都有着非常好的支持。

（1）实时智能推荐

智能推荐会根据用户历史的购买行为，通过推荐算法训练模型，预测用户未来可能会购买的物品。对个人来说，推荐系统起着信息过滤的作用，对 Web/App 服务端来说，推荐系统起着满足用户个性化需求，提升用户满意度的作用。推荐系统本身也在飞速发展，除了算法越来越完善，对时延的要求也越来越苛刻和实时化。利用 Flink 流计算帮助用户构建更加实时的智能推荐系统，对用户行为指标进行实时计算，对模型进行实时更新，对用户指标进行实时预测，并将预测的信息推送给 Web/App 端，帮助用户获取想要的商品信息，另一方面也帮助企业提升销售额，创造更大的商业价值。

（2）复杂事件处理

对于复杂事件处理，比较常见的案例主要集中于工业领域，例如对车载传感器、机械设备等实时故障检测，这些业务类型通常数据量都非常大，且对数据处理的时效性要求非常高。通过利用 Flink 提供的 CEP（复杂事件处理）进行事件模式的抽取，同时应用 Flink 的 Sql 进行事件数据的转换，在流式系统中构建实时规则引擎，一旦事件触发报警规则，便立即将告警结果传输至下游通知系统，从而实现对设备故障快速预警监测，车辆状态监控等目的。

（3）实时欺诈检测

在金融领域的业务中，常常出现各种类型的欺诈行为，例如信用卡欺诈、信贷申请欺诈等，而如何保证用户和公司的资金安全，是来近年来许多金融公司及银行共同面对的挑战。随着不法分子欺诈手段的不断升级，传统的反欺诈手段已经不足以解决目前所面临的问题。以往可能需要几个小时才能通过交易数据计算出用户的行为指标，然后通过规则判别出具有欺诈行为嫌疑的用户，再进行案件调查处理，在这种情况下资金可能早已被不法分子转移，从而给企业和用户造成大量的经济损失。而运用 Flink 流式计算技术能够在毫秒内就完成对欺诈判断行为指标的计算，然后实时对交易流水进行规则判断或者模型预测，这样一旦检测出交易中存在欺诈嫌疑，则直接对交易进行实时拦截，避免因为处理不及时而导致的经济损失。

（4）实时数仓与 ETL

结合离线数仓，通过利用流计算诸多优势和 SQL 灵活的加工能力，对流式数据进行实时清洗、归并、结构化处理，为离线数仓进行补充和优化。另一方面结合实时数据 ETL 处理能力，利用有状态流式计算技术，可以尽可能降低企业由于在离线数据计算过程中调度逻辑的复杂度，高效快速地处理企业需要的统计结果，帮助企业更好地应用实时数据所分析出来的结果。

（5）流数据分析

实时计算各类数据指标，并利用实时结果及时调整在线系统相关策略，在各类内容投放、无线智能推送领域有大量的应用。流式计算技术将数据分析场景实时化,帮助企业做到实时化分析 Web 应用或者 App 应用的各项指标,包括 App 版本分布情况、Crash 检测和分布等,同时提供多维度用户行为分析,支持日志自主分析,助力开发者实现基于大数据技术的精细化运营、提升产品质量和体验、增强用户黏性。

(6)实时报表分析

实时报表分析是近年来很多公司采用的报表统计方案之一,其中最主要的应用便是实时大屏展示。利用流式计算实时得出的结果直接被推送到前端应用,实时显示出重要指标的变换情况。最典型的案例便是淘宝的双十一活动,每年双十一购物节,除疯狂购物外,最引人注目的就是天猫双十一大屏不停跳跃的成交总额。在整个计算链路中包括从天猫交易下单购买到数据采集、数据计算、数据校验,最终落到双十一大屏上展现的全链路时间压缩在 5 秒以内,顶峰计算性能高达数三十万笔订单/秒,通过多条链路流计算备份确保万无一失。而在其他行业,企业也在构建自己的实时报表系统,让企业能够依托于自身的业务数据,快速提取出更多的数据价值,从而更好地服务于企业运行过程中。

1.4 Flink 基本架构

1.4.1 基本组件栈

在 Flink 整个软件架构体系中,同样遵循着分层的架构设计理念,在降低系统耦合度的同时,也为上层用户构建 Flink 应用提供了丰富且友好的接口。

从图 1-5 中可以看出整个 Flink 的架构体系基本上可以分为三层,由上往下依次是 API & Libraries 层、Runtime 核心层以及物理部署层。

❑ API&Libraries 层

作为分布式数据处理框架,Flink 同时提供了支撑流计算和批计算的接口,同时在此基础之上抽象出不同的应用类型的组件库,如基于流处理的 CEP(复杂事件处理库)、SQL&Table 库和基于批处理的 FlinkML(机器学习库)等、Gelly(图处理库)等。API 层包括构建流计算应用的 DataStream API 和批计算应用的 DataSet API,两者都提供给用户丰富的数据处理高级 API,例如 Map、FlatMap 操作等,同时也提供比较低级的 Process Function API,用户可以直接操作状态和时间等底层数据。

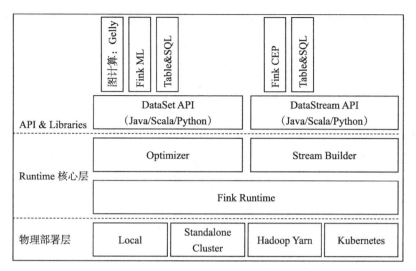

图 1-5 Flink 基本组件栈

❑ Runtime 核心层

该层主要负责对上层不同接口提供基础服务，也是 Flink 分布式计算框架的核心实现层，支持分布式 Stream 作业的执行、JobGraph 到 ExecutionGraph 的映射转换、任务调度等。将 DataSteam 和 DataSet 转成统一的可执行的 Task Operator，达到在流式引擎下同时处理批量计算和流式计算的目的。

❑ 物理部署层

该层主要涉及 Flink 的部署模式，目前 Flink 支持多种部署模式：本地、集群（Standalone/YARN）、云（GCE/EC2）、Kubenetes。Flink 能够通过该层能够支持不同平台的部署，用户可以根据需要选择使用对应的部署模式。

1.4.2 基本架构图

Flink 系统架构设计如图 1-6 所示，可以看出 Flink 整个系统主要由两个组件组成，分别为 JobManager 和 TaskManager，Flink 架构也遵循 Master-Slave 架构设计原则，JobManager 为 Master 节点，TaskManager 为 Worker（Slave）节点。所有组件之间的通信都是借助于 Akka Framework，包括任务的状态以及 Checkpoint 触发等信息。

（1）Client 客户端

客户端负责将任务提交到集群，与 JobManager 构建 Akka 连接，然后将任务提交到 JobManager，通过和 JobManager 之间进行交互获取任务执行状态。客户端提交任务可以采用 CLI 方式或者通过使用 Flink WebUI 提交，也可以在应用程序中指定 JobManager 的 RPC 网络端口构建 ExecutionEnvironment 提交 Flink 应用。

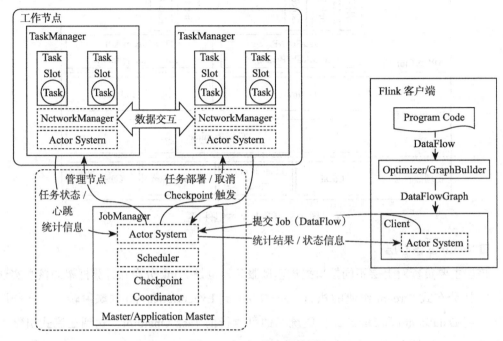

图 1-6 Flink 基本架构图

（2）JobManager

JobManager 负责整个 Flink 集群任务的调度以及资源的管理，从客户端中获取提交的应用，然后根据集群中 TaskManager 上 TaskSlot 的使用情况，为提交的应用分配相应的 TaskSlots 资源并命令 TaskManger 启动从客户端中获取的应用。JobManager 相当于整个集群的 Master 节点，且整个集群中有且仅有一个活跃的 JobManager，负责整个集群的任务管理和资源管理。JobManager 和 TaskManager 之间通过 Actor System 进行通信，获取任务执行的情况并通过 Actor System 将应用的任务执行情况发送给客户端。同时在任务执行过程中，Flink JobManager 会触发 Checkpoints 操作，每个 TaskManager 节点收到 Checkpoint 触发指令后，完成 Checkpoint 操作，所有的 Checkpoint 协调过程都是在 Flink JobManager 中完成。当任务完成后，Flink 会将任务执行的信息反馈给客户端，并且释放掉 TaskManager 中的资源以供下一次提交任务使用。

（3）TaskManager

TaskManager 相当于整个集群的 Slave 节点，负责具体的任务执行和对应任务在每个节点上的资源申请与管理。客户端通过将编写好的 Flink 应用编译打包，提交到 JobManager，然后 JobManager 会根据已经注册在 JobManager 中 TaskManager 的资源情况，将任务分配给有资源的 TaskManager 节点，然后启动并运行任务。TaskManager 从 JobManager 接收需要部署的任务，然后使用 Slot 资源启动 Task，建立数据接入的网络连接，接收数据并开始数据处理。同时 TaskManager 之间的数据交互都是通过数据流的方式进行的。

可以看出，Flink 的任务运行其实是采用多线程的方式，这和 MapReduce 多 JVM 进程的方式有很大的区别 Fink 能够极大提高 CPU 使用效率，在多个任务和 Task 之间通过 TaskSlot 方式共享系统资源，每个 TaskManager 中通过管理多个 TaskSlot 资源池进行对资源进行有效管理。

1.5 本章小结

在本章 1.1 节对 Flink 的基本概念及发展历史进行了介绍。1.2 节对目前数据架构领域的发展进行了深入的介绍，让读者能够了解传统的数据架构到大数据架构的演变过程，以及在未来支持有状态流计算的实时计算架构会扮演什么样的角色，让用户能够对 Flink 这项技术的发展中有着更深入的理解。1.3 节列举了 Flink 不同的应用场景，让读者结合自己的业务场景进行技术选型，帮助读者能够更加合理地使用 Flink 这项技术。1.4 节介绍了 Flink 基本组件栈、基本架构以及 Flink 所具备的特性，例如支持高吞吐、低延时、强一致性保障等。通过本章的学习可以让读者对 Flink 有一个初步的认识和了解，接下来的章节我们将逐步深入地了解和掌握 Flink 分布式计算技术。

第 2 章

环境准备

本章主要介绍 Flink 在使用前的环境安装准备，包括必须依赖的环境以及相应的参数，首先从不同运行环境进行介绍，包括本地调试环境、Standalone 集群环境，以及在 On Yarn 环境上。另外介绍 Flink 自带的 Template 模板，如何通过该项目模板本地运行代码环境的直接生成，而不需要用户进行配置进行大量的开发环境配置，节省了开发的时间成本。最后介绍 Flink 源码编译相关的事项，通过对源码进行编译，从而对整个 Flink 计算引擎有更深入的理解。

2.1 运行环境介绍

Flink 执行环境主要分为本地环境和集群环境，本地环境主要为了方便用户编写和调试代码使用，而集群环境则被用于正式环境中，可以借助 Hadoop Yarn 或 Mesos 等不同的资源管理器部署自己的应用。

环境依赖

（1）JDK 环境

Flink 核心模块均使用 Java 开发，所以运行环境需要依赖 JDK，本书暂不详细介绍

JDK 安装过程，用户可以根据官方教程自行安装，其中包括 Windows 和 Linux 环境安装，需要注意的是 JDK 版本需要保证在 1.8 以上。

（2）Scala 环境

如果用户选择使用 Scala 作为 Flink 应用开发语言，则需要安装 Scala 执行环境，Scala 环境可以通过本地安装 Scala 执行环境，也可以通过 Maven 依赖 Scala-lib 来引入。

（3）Maven 编译环境

Flink 的源代码目前仅支持通过 Maven 进行编译，所以如果需要对源代码进行编译，或通过 IDE 开发 Flink Application，则建议使用 Maven 作为项目工程编译方式。Maven 的具体安装方法这里不再赘述。

需要注意的是，Flink 程序需要 Maven 的版本在 3.0.4 及以上，否则项目编译可能会出问题，建议用户根据要求进行环境的搭建。

（4）Hadoop 环境

对于执行在 Hadoop Yarn 资源管理器的 Flink 应用，则需要配置对应的 Hadoop 环境参数。目前 Flink 官方提供的版本支持 hadoop2.4、2.6、2.7、2.8 等主要版本，所以用户可以在这些版本的 Hadoop Yarn 中直接运行自己的 Flink 应用，而不需要考虑兼容性的问题。

2.2 Flink 项目模板

Flink 为了对用户使用 Flink 进行应用开发进行简化，提供了相应的项目模板来创建开发项目，用户不需要自己引入相应的依赖库，就能够轻松搭建开发环境，前提是在 JDK（1.8 及以上）和 Maven（3.0.4 及以上）的环境已经安装好且能正常执行。在 Flink 项目模板中，Flink 提供了分别基于 Java 和 Scala 实现的模板，下面就两套项目模板分别进行介绍和应用。

2.2.1 基于 Java 实现的项目模板

1. 创建项目

创建模板项目的方式有两种，一种方式是通过 Maven archetype 命令进行创建，另一种方式是通过 Flink 提供的 Quickstart Shell 脚本进行创建，具体实例说明如下。

❑ 通过 Maven Archetype 进行创建：

```
$ mvn archetype:generate                                    \
    -DarchetypeGroupId=org.apache.flink                     \
    -DarchetypeArtifactId=flink-quickstart-java             \
    -DarchetypeCatalog=https://repository.apache.org/       \
    content/repositories/snapshots/ \
    -DarchetypeVersion=1.7.0
```

通过以上 Maven 命令进行项目创建的过程中，命令会交互式地提示用户对项目的 groupId、artifactId、version、package 等信息进行定义，且部分选项具有默认值，用户直接回车即可，如图 2-1 所示。我们创建了实例项目成功之后，客户端会提示用户项目创建成功，且在当前路径中具有相应创建的 Maven 项目。

```
[INFO] ------------------------------------------------------------------------
[INFO] Using following parameters for creating project from Archetype: flink-quickstart-java:1.7.0
[INFO] ------------------------------------------------------------------------
[INFO] Parameter: groupId, Value: org.apache.flink
[INFO] Parameter: artifactId, Value: flink-demo
[INFO] Parameter: version, Value: 1.0-SNAPSHOT
[INFO] Parameter: package, Value: org.apache.flink
[INFO] Parameter: packageInPathFormat, Value: org/apache/flink
[INFO] Parameter: package, Value: org.apache.flink
[INFO] Parameter: version, Value: 1.0-SNAPSHOT
[INFO] Parameter: groupId, Value: org.apache.flink
[INFO] Parameter: artifactId, Value: flink-demo
[WARNING] CP Don't override file /Users/zhanglibing/WorkSpace/Flink-Book/flink-demo/src/main/resources
[INFO] Project created from Archetype in dir: /Users/zhanglibing/WorkSpace/Flink-Book/flink-demo
[INFO] ------------------------------------------------------------------------
[INFO] BUILD SUCCESS
[INFO] ------------------------------------------------------------------------
[INFO] Total time: 38.774 s
[INFO] Finished at: 2018-09-14T15:14:37+08:00
[INFO] Final Memory: 22M/1040M
[INFO]
```

图 2-1　Maven 创建 Java 项目

❑ 通过 quickstart 脚本创建：

```
$ curl https://flink.apache.org/q/quickstart-SNAPSHOT.sh | bash -s 1.6.0
```

通过以上脚本可以比较简单地创建项目，执行后项目会自动生成，但是项目的名称和一些 GAV 信息都是自动生成的，用户不能进行交互式重新定义，其中的项目名称为 quickstart，gourpid 为 org.myorg.quickstart，version 为 0.1。这种方式对于 Flink 入门相对比较适合，其他有一定基础的情况下，则不建议使用这种方式进行项目创建。

> **注意** 在 Maven 3.0 以上的版本中，DarchetypeCatalog 配置已经从命令行中移除，需要用户在 Maven Settings 中进行配置，或者直接将该选项移除，否则可能造成不能生成 Project 的错误。

2. 检查项目

对于使用 quickstart curl 命令创建的项目，我们可以看到的项目结构如代码清单 2-1 所示，如果用户使用 Maven Archetype，则可以自己定义对应的 artifactId 等信息。

代码清单 2-1　Java 模板项目结构

```
tree quickstart/
quickstart/
├── pom.xml
└── src
    └── main
        ├── java
        │   └── org
        │       └── myorg
        │           └── quickstart
        │               ├── BatchJob.java
        │               └── StreamingJob.java
        └── resources
            └── log4j.properties
```

从上述项目结构可以看出，该项目已经是一个相对比较完善的 Maven 项目，其中创建出来对应的 Java 实例代码，分别是 BatchJob.java 和 Streaming.java 两个文件，分别对应 Flink 批量接口 DataSet 的实例代码和流式接口 DataStream 的实例代码。在创建好上述项目后，建议用户将项目导入到 IDE 进行后续开发，Flink 官网推荐使用的是 Intellij IDEA 或者 Eclipse 进行项目开发，具体的开发环境配置可以参考下一节中的介绍。

3. 编译项目

项目经过上述步骤创建后，可以使用 Maven Command 命令 mvn clean package 对项目进行编译，编译完成后在项目同级目录会生成 target/<artifact-id>-<version>.jar，则该可执行 Jar 包就可以通过 Flink 命令或者 Web 客户端提交到集群上执行。

> **注意** 通过 Maven 创建 Java 应用，用户可以在 Pom 中指定 Main Class，这样提交执行过程中就具有默认的入口 Main Class，否则需要用户在执行的 Flink App 的 Jar 应用中指定 Main Class。

4. 开发应用

在项目创建和检测完成后，用户可以选择在模板项目中的代码上编写应用，也可以定义 Class 调用 DataSet API 或 DataStream API 进行 Flink 应用的开发，然后通过编译打包，上传并提交到集群上运行。具体应用的开发读者可以参考后续章节。

2.2.2 基于 Scala 实现的项目模板

Flink 在开发接口中同样提供了 Scala 的接口，用户可以借助 Scala 高效简洁的特性进行 Flink App 的开发。在创建项目的过程中，也可以像上述 Java 一样创建 Scala 模板项目，而在 Scala 项目中唯一的区别就是可以支持使用 SBT 进行项目的创建和编译，以下实例，将从 SBT 和 Maven 两种方式进行介绍。

1. 创建项目

（1）创建 Maven 项目

1）使用 Maven archetype 进行项目创建

代码清单 2-2 是通过 Maven archetype 命令创建 Flink Scala 版本的模板项目，其中项目相关的参数同创建 Java 项目一样，需要通过交互式的方式进行输入，用户可以指定对应的项目名称、groupid、artifactid 以及 version 等信息。

代码清单 2-2　使用 Maven archetype 创建 Scala 项目

```
mvn archetype:generate                                  \
    -DarchetypeGroupId=org.apache.flink                 \
    -DarchetypeArtifactId=flink-quickstart-scala        \
    -DarchetypeCatalog=https://repository.apache.org/   \
content/repositories/snapshots/ \
    -DarchetypeVersion=1.7.0
```

执行完上述命令之后，会显示如图 2-2 所示的提示，表示项目创建成功，可以进行后续操作。同时可以在同级目录中看到已经创建好的 Scala 项目模板，其中包括了两个 Scala 后缀的文件。

2）使用 quickstart curl 脚本创建

如上节所述，在创建 Scala 项目模板的过程中，也可以通过 quickstart curl 脚本进行创建，这种方式相对比较简单，只要执行以下命令即可：

```
curl https://flink.apache.org/q/quickstart-scala-SNAPSHOT.sh | bash
    -s 1.7.0
```

```
[INFO] ------------------------------------------------------------------------
[INFO] Using following parameters for creating project from Archetype: flink-quickstart-scala:1.7.0
[INFO] ------------------------------------------------------------------------
[INFO] Parameter: groupId, Value: org.myorg.quickstart
[INFO] Parameter: artifactId, Value: scala-project
[INFO] Parameter: version, Value: 1.0-SNAPSHOT
[INFO] Parameter: package, Value: org.myorg.quickstart
[INFO] Parameter: packageInPathFormat, Value: org/myorg/quickstart
[INFO] Parameter: package, Value: org.myorg.quickstart
[INFO] Parameter: version, Value: 1.0-SNAPSHOT
[INFO] Parameter: groupId, Value: org.myorg.quickstart
[INFO] Parameter: artifactId, Value: scala-project
[WARNING] CP Don't override file /Users/zhanglibing/WorkSpace/Flink-Book/scala-project/src/main/resources
[INFO] Project created from Archetype in dir: /Users/zhanglibing/WorkSpace/Flink-Book/scala-project
[INFO] ------------------------------------------------------------------------
[INFO] BUILD SUCCESS
[INFO] ------------------------------------------------------------------------
[INFO] Total time: 01:27 min
[INFO] Finished at: 2018-09-14T17:57:01+08:00
[INFO] Final Memory: 21M/981M
[INFO] ------------------------------------------------------------------------
```

图 2-2　Maven 创建 Scala 项目

执行上述命令后就能在路径中看到相应的 quickstart 项目生成，其目录结构和通过 Maven archetype 创建的一致，只是不支持修改项目的 GAV 信息。

（2）创建 SBT 项目

在使用 Scala 接口开发 Flink 应用中，不仅可以使用 Maven 进行项目的编译，也可以使用 SBT（Simple Build Tools）进行项目的编译和管理，其项目结构和 Maven 创建的项目结构有一定的区别。可以通过 SBT 命令或者 quickstart 脚本进行创建 SBT 项目，具体实现方式如下：

1）使用 SBT 命令创建项目

```
sbt new path/flink-project.g8
```

执行上述命令后，会在客户端输出创建成功的信息，表示项目创建成功，同时在同级目录中生成创建的项目，其中包含两个 Scala 的实例代码供用户参考。

2）使用 quickstart curl 脚本创建项目

可以通过使用以下指令进行项目创建 Scala 项目：

```
bash <(curl https://flink.apache.org/q/sbt-quickstart.sh)
```

> 注意　如果项目编译方式选择 SBT，则需要在环境中提前安装 SBT 编译器，同时版本需要在 0.13.13 以上，否则无法通过上述方式进行模板项目的创建，具体的安装教程可以参考 SBT 官方网站 https://www.scala-sbt.org/download.html 进行下载和安装。

2. 检查项目

对于使用 Maven archetype 创建的 Scala 项目模板，其结构和 Java 类似，在项目中增加了 Scala 的文件夹，且包含两个 Scala 实例代码，其中一个是实现 DataSet 接口的批量应用实例 BatchJob，另外一个是实现 DataStream 接口的流式应用实例 StreamingJob，如代码清单 2-3 所示。

代码清单 2-3　Scala 模板项目结构

```
tree quickstart/
quickstart/
├── pom.xml
└── src
    └── main
        ├── resources
        │   └── log4j.properties
        └── scala
            └── org
                └── myorg
                    └── quickstart
                        ├── BatchJob.scala
                        └── StreamingJob.scala
```

3. 编译项目

1）使用 Maven 编译

进入到项目路径中，然后通过执行 mvn clean package 命令对项目进行编译，编译完成后产生 target/<artifact-id>-<version>.jar。

2）使用 Sbt 编译

进入到项目路径中，然后通过使用 sbt clean assembly 对项目进行编译，编译完成后再产生 target/scala_your-major-scala-version/project-name-assembly-0.1-SNAPSHOT.jar。

4. 开发应用

在项目创建和检测完成后，用户可以选择在 Scala 项目模板的代码上编写应用，也可以定义 Class 调用 DataSet API 或 DataStream API 进行 Flink 应用的开发，然后通过编译打包，上传并提交到集群上运行。

2.3　Flink 开发环境配置

我们可以选择 IntelliJ IDEA 或者 Eclipse 作为 Flink 应用的开发 IDE，但是由于

Eclipse 本身对 Scala 语言支持有限，所以 Flink 官方还是建议用户能够使用 IntelliJ IDEA 作为首选开发的 IDE，以下将重点介绍使用 IntelliJ IDEA 进行开发环境的配置。

2.3.1 下载 IntelliJ IDEA IDE

用户可以通过 IntelliJ IDEA 官方地址下载安装程序，根据操作系统选择相应的程序包进行安装。安装方式和安装包请参考 https://www.jetbrains.com/idea/download/。

2.3.2 安装 Scala Plugins

对于已经安装好的 IntelliJ IDEA 默认是不支持 Scala 开发环境的，如果用户选择使用 Scala 作为开发语言，则需要安装 Scala 插件进行支持。以下说明在 IDEA 中进行 Scala 插件的安装：

- 打开 IDEA IDE 后，在 IntelliJ IDEA 菜单栏中选择 Preferences 选项，然后选择 Plugins 子选项，最后在页面中选择 Browser Repositories，在搜索框中输入 Scala 进行检索；
- 在检索出来的选项列表中选择和安装 Scala 插件，如图 2-3 所示；
- 点击安装后重启 IDE，Scala 编程环境即可生效。

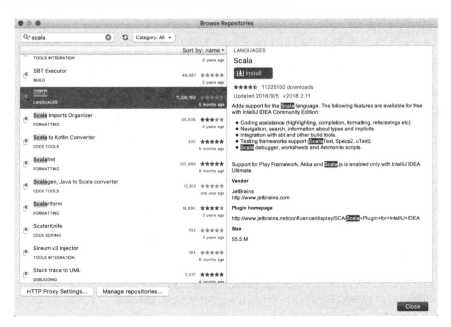

图 2-3　检索 IDE 中 Scala 插件

2.3.3 导入 Flink 应用代码

开发环境配置完毕之后，下面就可以将 2.3.2 节中创建好的项目导入到 IDE 中，具体步骤如下所示：

- 启动 IntelliJ IDEA，选择 File → Open，在文件选择框中选择创建好的项目（quickstart），点击确定，IDEA 将自动进行项目的导入；
- 如果项目中提示没有 SDK，可以选择 File → Project Structure，在 SDKS 选项中选择安装好的 JDK 路径，添加 Scala SDK 路径，如果系统没有安装 Scala SDK，也可以通过 Maven Dependence 将 scala-lib 引入；
- 项目正常导入之后，程序状态显示正常，可以通过 mvn clean package 或者直接通过 IDE 中自带的工具 Maven 编译方式对项目进行编译；

完成了在 IntelliJ IDEA 中导入 Flink 项目，接下来用户就可以开发 Flink 应用了。

2.3.4 项目配置

对于通过项目模板生成的项目，项目中的主要参数配置已被初始化，所以无须额外进行配置，如果用户通过手工进行项目的创建，则需要创建 Flink 项目并进行相应的基础配置，包括 Maven Dependences、Scala 的 Version 等配置信息。

1. Flink 基础依赖库

对于 Java 版本，需要在项目的 pom.xml 文件中配置如代码清单 2-4 所示的依赖库，其中 flink-java 和 flink-streaming-java 分别是批量计算 DataSet API 和流式计算 DataStream API 的依赖库，{flink.version} 是官方的发布的版本号，用户可根据自身需要进行选择，本书中所有的实例代码都是基于 Flink 1.7 版本开发。

代码清单 2-4　Flink Java 项目依赖配置库

```
<dependency>
    <groupId>org.apache.flink</groupId>
    <artifactId>flink-java</artifactId>
    <version>{flink.version}</version> <!--指定 flink 版本 -->
    <scope>provided</scope>
</dependency>
<dependency>
    <groupId>org.apache.flink</groupId>
    <artifactId>flink-streaming-java_2.11</artifactId>
    <version>{flink.version}</version> <!--指定 flink 版本 -->
    <scope>provided</scope>
</dependency>
```

创建 Scala 版本 Flink 项目依赖库配置如下，和 Java 相比需要指定 scala 的版本信息，目前官方建议的是使用 Scala 2.11，如果需要使用特定版本的 Scala，则要将源码下载进行指定 Scala 版本编译，否则 Scala 各大版本之间兼容性较弱会导致应用程序在实际环境中无法运行的问题。Flink 基于 Scala 语言项目依赖配置库如代码清单 2-5 所示：

代码清单 2-5　Flink Scala 项目依赖配置库

```xml
<dependency>
    <groupId>org.apache.flink</groupId>
    <artifactId>flink-scala_2.11</artifactId>
    <version>{flink.version} </version>
    <scope>provided</scope>
</dependency>
<dependency>
    <groupId>org.apache.flink</groupId>
    <artifactId>flink-streaming-scala_2.11</artifactId>
    <version>{flink.version} </version>
    <scope>provided</scope>
</dependency>
```

另外在上述 Maven Dependences 配置中，核心的依赖库配置的 Scope 为 provided，主要目的是在编译阶段能够将依赖的 Flink 基础库排除在项目之外，当用户提交应用到 Flink 集群的时候，就避免因为引入 Flink 基础库而导致 Jar 包太大或类冲突等问题。而对于 Scope 配置成 provided 的项目可能出现本地 IDE 中无法运行的问题，可以在 Maven 中通过配置 Profile 的方式，动态指定编译部署包的 scope 为 provided，本地运行过程中的 scope 为 compile，从而解决本地和集群环境编译部署的问题。

> **注意** 由于 Flink 在最新版本中已经不再支持 scala 2.10 的版本，建议读者使用 scala 2.11，同时 Flink 将在未来的新版本中逐渐支持 Scala 2.12。

2. Flink Connector 和 Lib 依赖库

除了上述 Flink 项目中应用开发必须依赖的基础库之外，如果用户需要添加其他依赖，例如 Flink 中内建的 Connector，或者其他第三方依赖库，需要在项目中添加相应的 Maven Dependences，并将这些 Dependence 的 Scope 需要配置成 compile。

如果项目中需要引入 Hadoop 相关依赖包，和基础库一样，在打包编译的时候将 Scope 注明为 provided，因为 Flink 集群中已经将 Hadoop 依赖包添加在集群的环境中，用户不需要再将相应的 Jar 包打入应用中，否则容易造成 Jar 包冲突。

> **注意**：对于有些常用的依赖库，为了不必每次都要上传依赖包到集群上，用户可以将依赖的包可以直接上传到 Flink 安装部署路径中的 lib 目录中，这样在集群启动的时候就能够将依赖库加载到集群的 ClassPath 中，无须每次在提交任务的时候上传依赖的 Jar 包。

2.4 运行 Scala REPL

和 Spark Shell 一样，Flink 也提供了一套交互式解释器（Scala-Shell），用户能够在客户端命令行交互式编程，执行结果直接交互式地显示在客户端控制台上，不需要每次进行编译打包在集群环境中运行，目前该功能只支持使用 Scala 语言进行程序开发。另外需要注意的是在开发或者调试程序的过程中可以使用这种方式，但在正式的环境中则不建议使用。

2.4.1 环境支持

用户可以选择在不同的环境中启动 Scala Shell，目前支持 Local、Remote Cluster 和 Yarn Cluster 模式，具体命令可以参考以下说明：

❑ 通过 start-scala-shell.sh 启动本地环境；

```
bin/start-scala-shell.sh local
```

❑ 可以启动远程集群环境，指定远程 Flink 集群的 hostname 和端口号；

```
bin/start-scala-shell.sh remote <hostname> <portnumber>
```

❑ 启动 Yarn 集群环境，环境中需要含有 hadoop 客户端配置文件；

```
bin/start-scala-shell.sh yarn -n 2
```

2.4.2 运行程序

启动 Scala Shell 交互式解释器后，就可以进行 Flink 流式应用或批量应用的开发。需要注意的是，Flink 已经在启动的执行环境中初始化好了相应的 Environment，分别使用"benv"和"senv"获取批量计算环境和流式计算环境，然后使用对应环境中的 API 开发 Flink 应用。以下代码实例分别是用批量和流式实现 WordCount 的应用，读者可以直接在启动 Flink Scala Shell 客户端后执行并输出结果。

- 通过 Scala-Shell 运行批量计算程序，调用 benv 完成对单词数量的统计。

```
scala> val textBatch = benv.fromElements(
    "To be, or not to be,--that is the question:--",
    "Whether 'tis nobler in the mind to suffer")
scala> val counts = textBatch
    .flatMap { _.toLowerCase.split("\\W+") }
    .map { (_, 1) }.groupBy(0).sum(1)
scala> counts.print()
```

- 通过 Scala-Shell 运行流式计算，调用 senv 完成对单词数量的统计。

```
scala> val textStreaming = senv.fromElements(
    "flink has Stateful Computations over Data Streams")
scala> val countsStreaming = textStreaming
    .flatMap { _.toLowerCase.split("\\W+") }
    .map { (_, 1) }.keyBy(0).sum(1)
scala> countsStreaming.print()
scala> senv.execute("Streaming Wordcount")
```

> **注意** 用户在使用交互式解释器方式进行应用开发的过程中，流式作业和批量作业中的一些操作（例如写入文件）并不会立即执行，而是需要用户在程序的最后执行 env.execute("appname") 命令，这样整个程序才能触发运行。

2.5 Flink 源码编译

对于想深入了解 Flink 源码结构和实现原理的读者，可以按照本节的内容进行 Flink 源码编译环境的搭建，完成 Flink 源码的编译，具体操作步骤如下所示。

Flink 源码可以从官方 Git Repository 上通过 git clone 命令下载：

```
git clone https://github.com/apache/flink
```

读者也可以通过官方镜像库手动下载，下载地址为 https://archive.apache.org/dist/flink/。用户根据需要选择需要编译的版本号，下载代码放置在本地路径中，然后通过如下 Maven 命令进行编译，需要注意的是，Flink 源码编译依赖于 JDK 和 Maven 的环境，且 JDK 必须在 1.8 版本以上，Maven 必须在 3.0 版本以上，否则会导致编译出错。

```
mvn clean install -DskipTests
```

（1）Hadoop 版本指定

Flink 镜像库中已经编译好的安装包通常对应的是 Hadoop 的主流版本，如果用户需要指定 Hadoop 版本编译安装包，可以在编译过程中使用 -Dhadoop.version 参数指定 Hadoop 版本，目前 Flink 支持的 Hadoop 版本需要在 2.4 以上。

```
mvn clean install -DskipTests -Dhadoop.version=2.6.1
```

如果用户使用的是供应商提供的 Hadoop 平台，如 Cloudera 的 CDH 等，则需要根据供应商的系统版本来编译 Flink，可以指定 -Pvendor-repos 参数来激活类似于 Cloudera 的 Maven Repositories，然后在编译过程中下载依赖对应版本的库。

```
mvn clean install -DskipTests -Pvendor-repos -Dhadoop.version=2.6.1-cdh5.0.0
```

（2）Scala 版本指定

Flink 中提供了基于 Scala 语言的开发接口，包括 DataStream API、DataSet API、SQL 等，需要在代码编译过程中指定 Scala 的版本，因为 Scala 版本兼容性相对较弱，因此不同的版本之间的差异相对较大。目前 Flink 最近的版本基本已经支持 Scala-2.11，不再支持 Scala-2.10 的版本，在 Flink 1.7 开始支持 Scala-2.12 版本，社区则建议用户使用 Scala-2.11 或者 Scala-2.12 的 Scala 环境。

2.6 本章小结

本章介绍了在使用 Flink 应用程序开发之前必备的环境要求，分别对基础环境依赖例如 JDK、Maven 等进行说明。通过借助于 Flink 提供的项目模板创建不同编程语言的 Flink 应用项目。在 2.3 节中介绍了如何构建 Flink 开发环境，以及如何选择合适的 IDE 和项目配置。在 2.4 节中介绍了 Flink 交互式编程客户端 Scala REPL，通过使用交互式客户端编写和执行 Flink 批量和流式应用代码。2.5 节介绍了 Flink 源码编译和打包，编译中指定不同的 Hadoop 版本以及 Scala 版本等。在第 3 章将重点介绍 Flink 编程模型，其中包括 Flink 程序基本构成，以及 Flink 所支持的数据类型等。

第 3 章 Chapter 3

Flink 编程模型

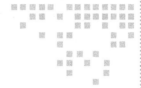

本章将重点介绍 Flink 编程模型中的基本概念和编写 Flink 应用程序所遵循的基本模式。其中包括 Flink 支持的数据集类型，有界数据集和无界数据集的区别，以及有界数据集和无界数据集之间的转换。同时针对无界和有界数据集的处理，将介绍 Flink 分别提供对应的开发接口 DataStream API 和 DataSet API 的使用。然后介绍 Flink 程序结构，包括基本的 Flink 应用所包含的组成模块等。最后介绍 Flink 所支持的数据类型，包括常用的 POJOs、Tuples 等数据类型。

3.1 数据集类型

现实世界中，所有的数据都是以流式的形态产生的，不管是哪里产生的数据，在产生的过程中都是一条条地生成，最后经过了存储和转换处理，形成了各种类型的数据集。如图 3-1 所示，根据现实的数据产生方式和数据产生是否含有边界（具有起始点和终止点）角度，将数据分为两种类型的数据集，一种是有界数据集，另外一种是无界数据集。

1. 有界数据集

有界数据集具有时间边界，在处理过程中数据一定会在某个时间范围内起始和结束，有可能是一分钟，也有可能是一天内的交易数据。对有界数据集的数据处理方式被称为批计算（Batch Processing），例如将数据从 RDBMS 或文件系统等系统中读取出来，然后在分布式系统内处理，最后再将处理结果写入存储介质中，整个过程就被称为批处理过程。而针对批数据处理，目前业界比较流行的分布式批处理框架有 Apache Hadoop 和 Apache Spark 等。

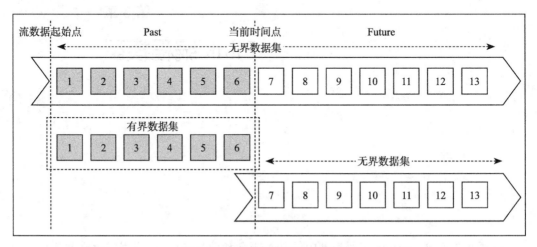

图 3-1　有界数据集和无界数据集

2. 无界数据集

对于无界数据集，数据从开始生成就一直持续不断地产生新的数据，因此数据是没有边界的，例如服务器的日志、传感器信号数据等。和批量数据处理方式对应，对无界数据集的数据处理方式被称为流式数据处理，简称为流处理（Streaming Process）。可以看出，流式数据处理过程实现复杂度会更高，因为需要考虑处理过程中数据的顺序错乱，以及系统容错等方面的问题，因此流处理需要借助专门的流数据处理技术。目前业界的 Apache Storm、Spark Streaming、Apache Flink 等分布式计算引擎都能不同程度地支持处理流式数据。

3. 统一数据处理

有界数据集和无界数据集只是一个相对的概念，主要根据时间的范围而定，可以认为一段时间内的无界数据集其实就是有界数据集，同时有界数据也可以通过一些方法转换为无界数据。例如系统一年的订单交易数据，其本质上应该是有界的数据集，可是当我们把它一条一条按照产生的顺序发送到流式系统，通过流式系统对数据进行处理，在这种情况下可以认为数据是相对无界的。对于无界数据也可以拆分成有界数据进行处理，例如将系统产生的数据接入到存储系统，按照年或月进行切割，切分成不同时间长度的有界数据集，然后就可以通过批处理方式对数据进行处理。从以上分析我们可以得出结论：有界数据和无界数据其实是可以相互转换的。有了这样的理论基础，对于不同的数据类型，业界也提出了不同的能够统一数据处理的计算框架。

目前在业界比较熟知的开源大数据处理框架中，能够同时支持流式计算和批量计算，比较典型的代表分别为 Apache Spark 和 Apache Flink 两套框架。其中 Spark 通过批处理模式来统一处理不同类型的数据集，对于流数据是将数据按照批次切分成微批（有界数据集）来进行处理。Flink 则从另外一个角度出发，通过流处理模式来统一处理不同类型的数据集。Flink 用比较符合数据产生的规律方式处理流式数据，对于有界数据可以转换成无界数据统一进行流式，最终将批处理和流处理统一在一套流式引擎中，这样用户就可以使用一套引擎进行批计算和流计算的任务。

前面已经提到用户可能需要通过将多种计算框架并行使用来解决不同类型的数据处理，例如用户可能使用 Flink 作为流计算的引擎，使用 Spark 或者 MapReduce 作为批计算的引擎，这样不仅增加了系统的复杂度，也增加了用户学习和运维的成本。而 Flink 作为一套新兴的分布式计算引擎，能够在统一平台中很好地处理流式任务和批量任务，同时使用流计算模式更符合数据产生的规律，相信 Flink 会在未来成为众多大数据处理引擎的一颗明星。

3.2　Flink 编程接口

如图 3-2 所示，Flink 根据数据集类型的不同将核心数据处理接口分为两大类，一类是支持批计算的接口 DataSet API，另外一类是支持流计算的接口 DataStream API。同时 Flink 将数据处理接口抽象成四层，由上向下分别为 SQL API、Table API、DataStream / DataSet API 以及 Stateful Stream Processing API，用户可以根据需要选择任意一层抽象接口来开发 Flink 应用。

（1）Flink SQL

从图 3-2 中可以看出，Flink 提供了统一的 SQL API 完成对批计算和流计算的处理，目前 SQL API 也是社区重点发展的接口层，对 SQL API 也正在逐步完善中，其主要因为 SQL 语言具有比较低的学习成本，能够让数据分析人员和开发人员更快速地上手，帮助其更加专注于业务本身而不是受限于复杂的编程接口。

图 3-2　Flink 接口分层与抽象

（2）Table API

Table API 将内存中的 DataStream 和 DataSet 数据集在原有的基础之上增加 Schema 信息，将数据类型统一抽象成表结构，然后通过 Table API 提供的接口处理对应的数据集。SQL API 则可以直接查询 Table API 中注册表中的数据表。Table API 构建在 DataStream 和 DataSet 之上的同时，提供了大量面向领域语言的编程接口，例如 GroupByKey、Join 等操作符，提供给用户一种更加友好的处理数据集的方式。除此之外，Table API 在转换为 DataStream 和 DataSet 的数据处理过程中，也应用了大量的优化规则对处理逻辑进行了优化。同时 Table API 中的 Table 可以和 DataStream 及 DataSet 之间进行相互转换。

（3）DataStream API 和 DataSet API

DataStream API 和 DataSet API 主要面向具有开发经验的用户，用户可以使用 DataStream API 处理无界流数据，使用 DataSet API 处理批量数据。DataStream API 和 DataSet API 接口同时提供了各种数据处理接口，例如 map、filter、oins、aggregations、window 等方法，同时每种接口都支持了 Java、Scala 及 Python 等多种开发语言的 SDK。

（4）Stateful Stream Process API

Stateful Stream Process API 是 Flink 中处理 Stateful Stream 最底层的接口，用户可以使用 Stateful Stream Process 接口操作状态、时间等底层数据。使用 Stream Process API 接口开发应用的灵活性非常强，可以实现非常复杂的流式计算逻辑，但是相对用户使用成本也比较高，一般企业在使用 Flink 进行二次开发或深度封装的时候会用到这层接口。

3.3　Flink 程序结构

和其他分布式处理引擎一样，Flink 应用程序也遵循着一定的编程模式。不管是使用 DataStream API 还是 DataSet API 基本具有相同的程序结构，如代码清单 3-1 所示。通过流式计算的方式实现对文本文件中的单词数量进行统计，然后将结果输出在给定路径中。

代码清单 3-1　Streaming WordCount 实例代码

```
package com.realtime.flink.streaming
import org.apache.flink.api.java.utils.ParameterTool
import org.apache.flink.streaming.api.scala.{DataStream, StreamExecutionEnvironment, _}
object WordCount {
  def main(args: Array[String]) {
    // 第一步：设定执行环境设定
    val env = StreamExecutionEnvironment.getExecutionEnvironment
    // 第二步：指定数据源地址，读取输入数据
    val text = env.readTextFile("file:///path/file")
    // 第三步：对数据集指定转换操作逻辑
    val counts: DataStream[(String, Int)] = text
      .flatMap(_.toLowerCase.split(" "))
      .filter(_.nonEmpty)
      .map((_, 1))
      .keyBy(0)
      .sum(1)
    // 第四步：指定计算结果输出位置
    if (params.has("output")) {
      counts.writeAsText(params.get("output"))
    } else {
      println("Printing result to stdout. Use --output to specify output path.")
      counts.print()
    }
    // 第五步：指定名称并触发流式任务
    env.execute("Streaming WordCount")
  }
}
```

整个 Flink 程序一共分为 5 步，分别为设定 Flink 执行环境、创建和加载数据集、对数据集指定转换操作逻辑、指定计算结果输出位置、调用 execute 方法触发程序执行。对于所有的 Flink 应用程序基本都含有这 5 个步骤，下面将详细介绍每个步骤。

1. Execution Environment

运行 Flink 程序的第一步就是获取相应的执行环境，执行环境决定了程序执行在什么环境（例如本地运行环境或者集群运行环境）中。同时不同的运行环境决定了应用的类型，批量处理作业和流式处理作业分别使用的是不同的 Execution Environment。例如 StreamExecutionEnvironment 是用来做流式数据处理环境，ExecutionEnvironment 是批

量数据处理环境。可以使用三种方式获取 Execution Environment，例如 StreamExecution-Environment。

```
// 设定 Flink 运行环境，如果在本地启动则创建本地环境，如果是在集群上启动，则创建集群环境
StreamExecutionEnvironment.getExecutionEnvironment
// 指定并行度创建本地执行环境
StreamExecutionEnvironment.createLocalEnvironment(5)
// 指定远程 JobManagerIP 和 RPC 端口以及运行程序所在 jar 包及其依赖包
StreamExecutionEnvironment.createRemoteEnvironment("JobManagerHost",6021,5,"/user/application.jar")
```

其中第三种方式可以直接从本地代码中创建与远程集群的 Flink JobManager 的 RPC 连接，通过指定应用程序所在的 Jar 包，将运行程序远程拷贝到 JobManager 节点上，然后将 Flink 应用程序运行在远程的环境中，本地程序相当于一个客户端。

和 StreamExecutionEnvironment 构建过程一样，开发批量应用需要获取 Execution-Environment 来构建批量应用开发环境，如以下代码实例通过调用 ExecutionEnvironment 的静态方法来获取批计算环境。

```
// 设定 Flink 运行环境，如果在本地启动则创建本地环境，如果是在集群上启动，则创建集群环境
ExecutionEnvironment.getExecutionEnvironment
// 指定并行度创建本地执行环境
ExecutionEnvironment.createLocalEnvironment(5)
// 指定远程 JobManagerIP 和 RPC 端口以及运行程序所在 jar 包及其依赖包
ExecutionEnvironment.createRemoteEnvironment("JobManagerHost",6021,5,"/user/application.jar")
```

针对 Scala 和 Java 不同的编程语言环境，Flink 分别制定了不同的语言同时分别定义了不同的 Execution Environment 接口。StreamExecutionEnvironment Scala 开发接口在 org.apache.flink.streaming.api.scala 包中，Java 开发接口在 org.apache.flink.streaming.api.java 包中；ExecutionEnvironment Scala 接口在 org.apache.flink.api.scala 包中，Java 开发接口则在 org.apache.flink.api.java 包中。用户使用不同语言开发 Flink 应用时需要引入不同环境对应的执行环境。

2. 初始化数据

创建完成 ExecutionEnvironment 后，需要将数据引入到 Flink 系统中。Execution-Environment 提供不同的数据接入接口完成数据的初始化，将外部数据转换成 DataStream<T> 或 DataSet<T> 数据集。如以下代码所示，通过调用 readTextFile() 方法读取 file:///pathfile 路径中的数据并转换成 DataStream<String> 数据集。

```
val text:DataStream[String] = env.readTextFile("file:///path/file")
```

通过读取文件并转换为 DataStream[String] 数据集,这样就完成了从本地文件到分布式数据集的转换,同时在 Flink 中提供了多种从外部读取数据的连接器,包括批量和实时的数据连接器,能够将 Flink 系统和其他第三方系统连接,直接获取外部数据。

3. 执行转换操作

数据从外部系统读取并转换成 DataStream 或者 DataSet 数据集后,下一步就将对数据集进行各种转换操作。Flink 中的 Transformation 操作都是通过不同的 Operator 来实现,每个 Operator 内部通过实现 Function 接口完成数据处理逻辑的定义。在 DataStream API 和 DataSet API 提供了大量的转换算子,例如 map、flatMap、filter、keyBy 等,用户只需要定义每种算子执行的函数逻辑,然后应用在数据转换操作 Operator 接口中即可。如下代码实现了对输入的文本数据集通过 FlatMap 算子转换成数组,然后过滤非空字段,将每个单词进行统计,得到最后的词频统计结果。

```
val counts: DataStream[(String, Int)] = text
    .flatMap(_.toLowerCase.split(" "))// 执行 FlatMap 转换操作
  .filter(_.nonEmpty)// 执行 Filter 操作过滤空字段
  .map((_, 1))// 执行 map 转换操作,转换成 key-value 接口
  .keyBy(0)// 按照指定 key 对数据重分区
  .sum(1)// 执行求和运算操作
```

在上述代码中,通过 Scala 接口处理数据,极大地简化数据处理逻辑的定义,只需要通过传入相应 Lambda 计算表达式,就能完成 Function 定义。特殊情况下用户也可以通过实现 Function 接口来完成定义数据处理逻辑。然后将定义好的 Function 应用在对应的算子中即可。Flink 中定义 Function 的计算逻辑可以通过如下几种方式完成定义。

(1)通过创建 Class 实现 Function 接口

Flink 中提供了大量的函数供用户使用,例如以下代码通过定义 MyMapFunction Class 实现 MapFunction 接口,然后调用 DataStream 的 map() 方法将 MyMapFunction 实现类传入,完成对实现将数据集中字符串记录转换成大写的数据处理。

```
val dataStream: DataStream[String] = env.fromElements("hello", "flink")
dataStream.map(new MyMapFunction)
class MyMapFunction extends MapFunction[String, String] {
  override def map(t: String): String = {
    t.toUpperCase()
  }
}
```

(2)通过创建匿名类实现 Function 接口

除了以上单独定义 Class 来实现 Function 接口之处,也可以直接在 map() 方法中创建匿名实现类的方式定义函数计算逻辑。

```
val dataStream: DataStream[String] = env.fromElements("hello", "flink")
// 通过创建 MapFunction 匿名实现类来定义 Map 函数计算逻辑
  dataStream.map(new MapFunction[String, String] {
    // 实现对输入字符串大写转换
    override def map(t: String): String = {
      t.toUpperCase()
    }
 })
```

(3)通过实现 RichFunction 接口

前面提到的转换操作都实现了 Function 接口,例如 MapFunction 和 FlatMapFunction 接口,在 Flink 中同时提供了 RichFunction 接口,主要用于比较高级的数据处理场景,RichFunction 接口中有 open、close、getRuntimeContext 和 setRuntimeContext 等方法来获取状态,缓存等系统内部数据。和 MapFunction 相似,RichFunction 子类中也有 RichMapFunction,如下代码通过实现 RichMapFunction 定义数据处理逻辑,具体的 RichFunction 的介绍读者可以参考后续章节。

```
// 定义匿名类实现 RichMapFunction 接口,完成对字符串到整形数字的转换
data.map (new RichMapFunction[String, Int] {
  def map(in: String):Int = { in.toInt }
})
```

4. 分区 Key 指定

在 DataStream 数据经过不同的算子转换过程中,某些算子需要根据指定的 key 进行转换,常见的有 join、coGroup、groupBy 类算子,需要先将 DataStream 或 DataSet 数据集转换成对应的 KeyedStream 和 GroupedDataSet,主要目的是将相同 key 值的数据路由到相同的 Pipeline 中,然后进行下一步的计算操作。需要注意的是,在 Flink 中这种操作并不是真正意义上将数据集转换成 Key-Value 结构,而是一种虚拟的 key,目的仅仅是帮助后面的基于 Key 的算子使用,分区所使用的 Key 可以通过两种方式指定:

(1)根据字段位置指定

在 DataStream API 中通过 keyBy() 方法将 DataStream 数据集根据指定的 key 转换成重新分区的 KeyedStream,如以下代码所示,对数据集按照相同 key 进行 sum() 聚合操作。

```
val dataStream: DataStream[(String, Int)] = env.fromElements(("a", 1), ("c",
```

```
2))
// 根据第一个字段重新分区，然后对第二个字段进行求和运算
Val result = dataStream.keyBy(0).sum(1)
```

在 DataSet API 中，如果对数据根据某一条件聚合数据，对数据进行聚合时候，也需要对数据进行重新分区。如以下代码所示，使用 DataSet API 对数据集根据第一个字段作为 GroupBy 的 key，然后对第二个字段进行求和运算。

```
val dataSet = env.fromElements(("hello", 1), ("flink", 3))
  // 根据第一个字段进行数据重分区
  val groupedDataSet:GroupedDataSet[(String,Int)] = dataSet.groupBy(0)
  // 求取相同 key 值下第二个字段的最大值
  groupedDataSet.max(1)
```

（2）根据字段名称指定

KeyBy 和 GroupBy 的 Key 除了能够通过字段位置来指定之外，也可以根据字段的名称来指定。使用字段名称需要 DataStream 中的数据结构类型必须是 Tuple 类或者 POJOs 类的。如以下代码所示，通过指定 name 字段名称来确定 groupby 的 key 字段。

```
val personDataSet = env.fromElements(new Persion("Alex", 18),new
Persion("Peter", 43))
// 指定 name 字段名称来确定 groupby 字段
personDataSet.groupBy("name").max(1)
```

如果程序中使用 Tuple 数据类型，通常情况下字段名称从 1 开始计算，字段位置索引从 0 开始计算，以下代码中两种方式是等价的。

```
val personDataStream = env.fromElements(("Alex", 18),("Peter", 43))
// 通过名称指定第一个字段名称
personDataStream.keyBy("_1")
// 通过位置指定第一个字段
personDataStream.keyBy(0)
```

如果在 Flink 中使用嵌套的复杂数据结构，可以通过字段名称指定 Key，例如：

```
class CompelexClass(var nested: NestedClass, var tag: String) {
  def this() { this(null, "") }
}
class NestedClass (
    var id: Int,
    tuple: (Long, Long, String)){
  def this() { this(0, (0, 0, "")) }
}
```

通过调用"nested"获取整个 NestedClass 对象里所有的字段，调用"tag"获取

CompelexClass 中 tag 字段，调用"nested.id"获取 NestedClass 中的 id 字段，调用"nested.tuple._1"获取 NestedClass 中 tuple 元祖的第一个字段。由此可以看出，Flink 能够支持在复杂数据结构中灵活地获取字段信息，这也是非 Key-Value 的数据结构所具有的优势。

（3）通过 Key 选择器指定

另外一种方式是通过定义 Key Selector 来选择数据集中的 Key，如下代码所示，定义 KeySelector，然后复写 getKey 方法，从 Person 对象中获取 name 为指定的 Key。

```
case class Person(name: String, age: Int)
val person= env.fromElements(Person("hello",1), Person("flink",4))
// 定义 KeySelector，实现 getKey 方法从 case class 中获取 Key
val keyed: KeyedStream[WC]= person.keyBy(new KeySelector[Person, String]() {
  override def getKey(person: Person): String = person.word
})
```

5. 输出结果

数据集经过转换操作之后，形成最终的结果数据集，一般需要将数据集输出在外部系统中或者输出在控制台之上。在 Flink DataStream 和 DataSet 接口中定义了基本的数据输出方法，例如基于文件输出 writeAsText()，基于控制台输出 print() 等。同时 Flink 在系统中定义了大量的 Connector，方便用户和外部系统交互，用户可以直接通过调用 addSink() 添加输出系统定义的 DataSink 类算子，这样就能将数据输出到外部系统。以下实例调用 DataStream API 中的 writeAsText() 和 print() 方法将数据集输出在文件和客户端中。

```
// 将数据输出到文件中
counts.writeAsText("file://path/to/savefile")
// 将数据输出控制台
counts.print()
```

6. 程序触发

所有的计算逻辑全部操作定义好之后，需要调用 ExecutionEnvironment 的 execute() 方法来触发应用程序的执行，其中 execute() 方法返回的结果类型为 JobExecutionResult，里面包含了程序执行的时间和累加器等指标。需要注意的是，execute 方法调用会因为应用的类型有所不同，DataStream 流式应用需要显性地指定 execute() 方法运行程序，如果不调用则 Flink 流式程序不会执行，但对于 DataSet API 输出算子中已经包含对 execute() 方法的调用，则不需要显性调用 execute() 方法，否则会出现程序异常。

```
// 调用 StreamExecutionEnvironment 的 execute 方法执行流式应用程序
env.execute("App Name");
```

3.4 Flink 数据类型

3.4.1 数据类型支持

Flink 支持非常完善的数据类型，数据类型的描述信息都是由 TypeInformation 定义，比较常用的 TypeInformation 有 BasicTypeInfo、TupleTypeInfo、CaseClassTypeInfo、PojoTypeInfo 类等。TypeInformation 主要作用是为了在 Flink 系统内有效地对数据结构类型进行管理，能够在分布式计算过程中对数据的类型进行管理和推断。同时基于对数据的类型信息管理，Flink 内部对数据存储也进行了相应的性能优化。Flink 能够支持任意的 Java 或 Scala 的数据类型，不用像 Hadoop 中的 org.apache.hadoop.io.Writable 而实现特定的序列化和反序列化接口，从而让用户能够更加容易使用已有的数据结构类型。另外使用 TypeInformation 管理数据类型信息，能够在数据处理之前将数据类型推断出来，而不是真正在触发计算后才识别出，这样能够及时有效地避免用户在使用 Flink 编写应用的过程中的数据类型问题。

1. 原生数据类型

Flink 通过实现 BasicTypeInfo 数据类型，能够支持任意 Java 原生基本类型（装箱）或 String 类型，例如 Integer、String、Double 等，如以下代码所示，通过从给定的元素集中创建 DataStream 数据集。

```
// 创建 Int 类型的数据集
val intStream:DataStream[Int] = env.fromElements(3, 1, 2, 1, 5)
// 创建 String 类型的数据集
val dataStream: DataStream[String] = env.fromElements("hello", "flink")
```

Flink 实现另外一种 TypeInfomation 是 BasicArrayTypeInfo，对应的是 Java 基本类型数组（装箱）或 String 对象的数组，如下代码通过使用 Array 数组和 List 集合创建 DataStream 数据集。

```
// 通过从数组中创建数据集
val dataStream: DataStream[Int] = env.fromCollection(Array(3, 1, 2, 1, 5))
// 通过 List 集合创建数据集
val dataStream: DataStream[Int] = env.fromCollection(List(3, 1, 2, 1, 5))
```

2. Java Tuples 类型

通过定义 TupleTypeInfo 来描述 Tuple 类型数据，Flink 在 Java 接口中定义了元祖类（Tuple）供用户使用。Flink Tuples 是固定长度固定类型的 Java Tuple 实现，不支持空值存储。目前支持任意的 Flink Java Tuple 类型字段数量上限为 25，如果字段数量超过上限，可以通过继承 Tuple 类的方式进行拓展。如下代码所示，创建 Tuple 数据类型数据集。

```scala
// 通过实例化 Tuple2 创建具有两个元素的数据集
val tupleStream2: DataStream[Tuple2[String, Int]] = env.fromElements(new Tuple2("a",1), new Tuple2("c", 2))
```

3. Scala Case Class 类型

Flink 通过实现 CaseClassTypeInfo 支持任意的 Scala Case Class，包括 Scala tuples 类型，支持的字段数量上限为 22，支持通过字段名称和位置索引获取指标，不支持存储空值。如下代码实例所示，定义 WordCount Case Class 数据类型，然后通过 fromElements 方法创建 input 数据集，调用 keyBy() 方法对数据集根据 word 字段重新分区。

```scala
// 定义 WordCount Case Class 数据结构
case class WordCount(word: String, count: Int)
// 通过 fromElements 方法创建数据集
val input = env.fromElements(WordCount("hello", 1), WordCount("world", 2))
val keyStream1 = input.keyBy("word") // 根据 word 字段为分区字段,
val keyStream2 = input.keyBy(0) // 也可以通过指定 position 分区
```

通过使用 Scala Tuple 创建 DataStream 数据集，其他的使用方式和 Case Class 相似。需要注意的是，如果根据名称获取字段，可以使用 Tuple 中的默认字段名称。

```scala
// 通过 scala Tuple 创建具有两个元素的数据集
val tupleStream: DataStream[Tuple2[String, Int]] = env.fromElements(("a", 1),
    ("c", 2))
// 使用默认字段名称获取字段,其中 _1 表示 tuple 这种第一个字段
tupleStream.keyBy("_1")
```

4. POJOs 类型

POJOs 类可以完成复杂数据结构的定义，Flink 通过实现 PojoTypeInfo 来描述任意的 POJOs，包括 Java 和 Scala 类。在 Flink 中使用 POJOs 类可以通过字段名称获取字段，例如 dataStream.join(otherStream).where("name").equalTo("personName")，对于用户做数据处理则非常透明和简单，如代码清单 3-2 所示。如果在 Flink 中使用 POJOs 数据类型，需要遵循以下要求：

❏ POJOs 类必须是 Public 修饰且必须独立定义，不能是内部类；

- POJOs 类中必须含有默认空构造器；
- POJOs 类中所有的 Fields 必须是 Public 或者具有 Public 修饰的 getter 和 setter 方法；
- POJOs 类中的字段类型必须是 Flink 支持的。

代码清单 3-2　Java POJOs 数据类型定义

```java
// 定义 Java Person 类，具有 public 修饰符
public class Person {
  // 字段具有 public 修饰符
    public String name;
    public int age;
  // 具有默认空构造器
    public Person() {
    }
    public Person(String name, int age) {
      this.name = name;
      this.age = age;
    }
}
```

定义好 POJOs Class 后，就可以在 Flink 环境中使用了，如下代码所示，使用 fromElements 接口构建 Person 类的数据集。POJOs 类仅支持字段名称指定字段，如代码中通过 Person name 来指定 Keyby 字段。

```scala
val persionStream = env.fromElements(new Person("Peter",14),new Person("Linda",25))
// 通过 Person.name 来指定 Keyby 字段
persionStream.keyBy("name")
```

Scala POJOs 数据结构定义如下，使用方式与 Java POJOs 相同。

```scala
class Person(var name: String, var age: Int) {
    // 默认空构造器
      def this() {
        this(null, -1)
      }
}
```

5. Flink Value 类型

Value 数据类型实现了 org.apache.flink.types.Value，其中包括 read() 和 write() 两个方法完成序列化和反序列化操作，相对于通用的序列化工具会有着比较高效的性能。目前 Flink 提供了内建的 Value 类型有 IntValue、DoubleValue 以及 StringValue 等，用户可

以结合原生数据类型和 Value 类型使用。

6. 特殊数据类型

在 Flink 中也支持一些比较特殊的数据数据类型,例如 Scala 中的 List、Map、Either、Option、Try 数据类型,以及 Java 中 Either 数据类型,还有 Hadoop 的 Writable 数据类型。如下代码所示,创建 Map 和 List 类型数据集。这种数据类型使用场景不是特别广泛,主要原因是数据中的操作相对不像 POJOs 类那样方便和透明,用户无法根据字段位置或者名称获取字段信息,同时要借助 Types Hint 帮助 Flink 推断数据类型信息,关于 Types Hint 介绍可以参考下一小节。

```
// 创建 Map 类型数据集
val mapStream =
env.fromElements(Map("name"->"Peter","age"->18),Map("name"->"Linda",
"age"->25))
// 创建 List 类型数据集
val listStream = env.fromElements(List(1,2,3,5),List(2,4,3,2))
```

3.4.2 TypeInformation 信息获取

通常情况下 Flink 都能正常进行数据类型推断,并选择合适的 serializers 以及 comparators。但在某些情况下却无法直接做到,例如定义函数时如果使用到了泛型,JVM 就会出现类型擦除的问题,使得 Flink 并不能很容易地获取到数据集中的数据类型信息。同时在 Scala API 和 Java API 中,Flink 分别使用了不同的方式重构了数据类型信息。

1. Scala API 类型信息

Scala API 通过使用 Manifest 和类标签,在编译器运行时获取类型信息,即使是在函数定义中使用了泛型,也不会像 Java API 出现类型擦除的问题,这使得 Scala API 具有非常精密的类型管理机制。同时在 Flink 中使用到 Scala Macros 框架,在编译代码的过程中推断函数输入参数和返回值的类型信息,同时在 Flink 中注册成 TypeInformation 以支持上层计算算子使用。

当使用 Scala API 开发 Flink 应用,如果使用到 Flink 已经通过 TypeInformation 定义的数据类型,TypeInformation 类不会自动创建,而是使用隐式参数的方式引入,代码不会直接抛出编码异常,但是当启动 Flink 应用程序时就会报"could not find implicit value for evidence parameter of type TypeInformation"的错误。这时需要将 TypeInformation 类隐式参数引入到当前程序环境中，代码实例如下：

```
import org.apache.flink.api.scala._
```

2. Java API 类型信息

由于 Java 的泛型会出现类型擦除问题，Flink 通过 Java 反射机制尽可能重构类型信息，例如使用函数签名以及子类的信息等。同时类型推断在当输出类型依赖于输入参数类型时相对比较容易做到，但是如果函数的输出类型不依赖于输入参数的类型信息，这个时候就需要借助于类型提示（Types Hint）来告诉系统函数中传入的参数类型信息和输出参数信息。如代码清单 3-3 通过在 returns 方法中传入 TypeHint<Integer> 实例指定输出参数类型，帮助 Flink 系统对输出类型进行数据类型参数的推断和收集。

代码清单 3-3　定义 Type Hint 输出类型参数

```
DataStream<Integer> typeStream = input
  .flatMap(new MyMapFunction<String, Integer>())
  .returns(new TypeHint<Integer>() {//通过 returns 方法指定返回参数类型
    });
//定义泛型函数，输入参数类型为 <T,O>,输出参数类型为 O
  class MyMapFunction<T, O> implements MapFunction<T, O> {
    public void flatMap(T value, Collector<O> out) {
      //定义计算逻辑
    }
}
```

在使用 Java API 定义 POJOs 类型数据时，PojoTypeInformation 为 POJOs 类中的所有字段创建序列化器，对于标准的类型，例如 Integer、String、Long 等类型是通过 Flink 自带的序列化器进行数据序列化，对于其他类型数据都是直接调用 Kryo 序列化工具来进行序列化。

通常情况下，如果 Kryo 序列化工具无法对 POJOs 类序列化时，可以使用 Avro 对 POJOs 类进行序列化，如下代码通过在 ExecutionConfig 中调用 enableForceAvro() 来开启 Avro 序列化。

```
ExecutionEnvironment env =
ExecutionEnvironment.getExecutionEnvironment();
// 开启 Avro 序列化方式
env.getConfig().enableForceAvro();
```

如果用户想使用 Kryo 序列化工具来序列化 POJOs 所有字段，则在 ExecutionConfig 中调用 enableForceKryo() 来开启 Kryo 序列化。

```
final ExecutionEnvironment env =
ExecutionEnvironment.getExecutionEnvironment();
env.getConfig().enableForceKryo();
```

如果默认的 Kryo 序列化类不能序列化 POJOs 对象，通过调用 ExecutionConfig 的 addDefaultKryoSerializer() 方法向 Kryo 中添加自定义的序列化器。

```
env.getConfig().addDefaultKryoSerializer(Class<?> type, Class<? extends
Serializer<?>> serializerClass)
```

3. 自定义 TypeInformation

除了使用已有的 TypeInformation 所定义的数据格式类型之外，用户也可以自定义实现 TypeInformation，来满足的不同的数据类型定义需求。Flink 提供了可插拔的 TypeInformationFactory 让用户将自定义的 TypeInformation 注册到 Flink 类型系统中。如下代码所示只需要通过实现 org.apache.flink.api.common.typeinfo.TypeInfoFactory 接口，返回相应的类型信息。

- 通过 @TypeInfo 注解创建数据类型，定义 CustomTuple 数据类型。

```
@TypeInfo(CustomTypeInfoFactory.class)
public class CustomTuple<T0, T1> {
  public T0 field0;
  public T1 field1;
}
```

- 然后定义 CustomTypeInfoFactory 类继承于 TypeInfoFactory，参数类型指定 CustomTuple。最后重写 createTypeInfo 方法，创建的 CustomTupleTypeInfo 就是 CustomTuple 数据类型 TypeInformation。

```
public class CustomTypeInfoFactory extends TypeInfoFactory<CustomTuple> {
  @Override
  public TypeInformation<CustomTuple> createTypeInfo(Type t, Map<String,
TypeInformation<?>> genericParameters) {
    return new CustomTupleTypeInfo(genericParameters.get("T0"),
genericParameters.get("T1"));
  }
}
```

3.5 本章小结

本章对 Flink 编程中模型进行了介绍,在 3.1 节中介绍了 Flink 支持的数据集类型,以及有界数据集合无界数据集之间的关系等。3.2 节对 Flink 编程接口进行了介绍与说明,分别介绍了 Flink 在不同层面的 API 及相应的使用,使读者能够从接口层面对 Flink 有一个比较清晰的认识和了解。在 3.3 节针对 Flink 程序结构进行了说明,介绍了在编写 Flink 程序中遵循的基本模式。最后对 Flink 中支持的数据结构类型进行介绍,包括使用 Java 的 POJOS 对象、原始数据类型等。接下来的章节我们将更加深入地介绍 Flink 在流式计算和批量计算领域中的对应接口使用方式,让读者对 Flink 编程有更加深入的掌握和理解。

Chapter 4 第 4 章

DataStream API 介绍与使用

本章将重点介绍如何利用 DataStream API 开发流式应用,其中包括基本的编程模型、常用操作、时间概念、窗口计算、作业链等。4.1 节将介绍在使用 DataStream 接口编程中的基本操作,例如如何定义数据源、数据转换、数据输出等操作,以及每种操作在 Flink 中如何进行拓展。4.2 节将重点介绍 Flink 在流式计算过程中,对时间概念的区分和使用,其中包括事件时间(Event Time)、注入时间(Ingestion Time)、处理时间(Process Time)等时间概念,其中在事件时间中,会涉及 Watermark 等概念的解释和说明,帮助用户如何通过使用水印技术处理乱序数据。4.3 节将介绍 Flink 在流式计算中常见的窗口计算类型,如滚动窗口、滑动窗口、会话窗口等,以及每种窗口的使用和应用场景。4.4 节将介绍 Flink 应用通过使用作业链条操作,对 Flink 的任务进行优化,保证资源的合理利用。

4.1 DataStream 编程模型

在 Flink 整个系统架构中,对流计算的支持是其最重要的功能之一,Flink 基于 Google 提出的 DataFlow 模型,实现了支持原生数据流处理的计算引擎。Flink 中定义了 DataStream API 让用户灵活且高效地编写 Flink 流式应用。DataStream API 主要可为分为三个部分，DataSource 模块、Transformation 模块以及 DataSink 模块，其中 Sources 模块主要定义了数据接入功能，主要是将各种外部数据接入至 Flink 系统中，并将接入数据转换成对应的 DataStream 数据集。在 Transformation 模块定义了对 DataStream 数据集的各种转换操作，例如进行 map、filter、windows 等操作。最后，将结果数据通过 DataSink 模块写出到外部存储介质中，例如将数据输出到文件或 Kafka 消息中间件等。

4.1.1 DataSources 数据输入

DataSources 模块定义了 DataStream API 中的数据输入操作，Flink 将数据源主要分为的内置数据源和第三方数据源两种类型。其中内置数据源包含文件、Socket 网络端口以及集合类型数据，其不需要引入其他依赖库，且在 Flink 系统内部已经实现，用户可以直接调用相关方法使用。第三方数据源定义了 Flink 和外部系统数据交互的逻辑，包括数据的读写接口。在 Flink 中定义了非常丰富的第三方数据源连接器（Connector），例如 Apache kafka Connector、Elatic Search Connector 等。同时用户也可以自定义实现 Flink 中数据接入函数 SourceFunction，并封装成第三方数据源的 Connector，完成 Flink 与其他外部系统的数据交互。

1. 内置数据源

（1）文件数据源

Flink 系统支持将文件内容读取到系统中，并转换成分布式数据集 DataStream 进行数据处理。在 StreamExecutionEnvironment 中，可以使用 readTextFile 方法直接读取文本文件，也可以使用 readFile 方法通过指定文件 InputFormat 来读取特定数据类型的文件，其中 InputFormat 可以是系统已经定义的 InputFormat 类，如 CsvInputFormat 等，也可以用户自定义实现 InputFormat 接口类。代码清单 4-1 分别描述了直接读取文本文件和使用 CSVInputFormat 读取 CSV 文件。

代码清单 4-1　实现 File-Based 输入流

```
// 直接读取文本文件
val textStream = env.readTextFile("/user/local/data_example.log")
// 通过指定 CSVInputFormat 读取 CSV 文件
val csvStream = env.readFile(new CsvInputFormat[String](new Path("/user/
                local/data_example.csv")) {
  override def fillRecord(out: String, objects: Array[AnyRef]): String = {
  return null
```

```
    }
}, "/user/local/data_example.csv")
```

在 DataStream API 中，可以在 readFile 方法中指定文件读取类型（WatchType）、检测文件变换时间间隔（interval）、文件路径过滤条件（FilePathFilter）等参数，其中 WatchType 共分为两种模式——PROCESS_CONTINUOUSLY 和 PROCESS_ONCE 模式。在 PROCESS_CONTINUOUSLY 模式下，一旦检测到文件内容发生变化，Flink 会将该文件全部内容加载到 Flink 系统中进行处理。而在 PROCESS_ONCE 模式下，当文件内容发生变化时，只会将变化的数据读取至 Flink 中，在这种情况下数据只会被读取和处理一次。

> 注意 可以看出，在 PROCESS_CONTINUOUSLY 模式下是无法实现 Excatly Once 级别数据一致性保障的，而在 PROCESS_ONCE 模式，可以保证数据 Excatly Once 级别的一致性保证。但是需要注意的是，如果使用文件作为数据源，当某个节点异常停止的时候，这种情况下 Checkpoints 不会更新，如果数据一直不断地在生成，将导致该节点数据形成积压，可能需要耗费非常长的时间从最新的 checkpoint 中恢复应用。

（2）Socket 数据源

Flink 支持从 Socket 端口中接入数据，在 StreamExecutionEnvironment 调用 socketTextStream 方法。该方法参数分别为 Ip 地址和端口，也可以同时传入字符串切割符 delimiter 和最大尝试次数 maxRetry，其中 delimiter 负责将数据切割成 Records 数据格式；maxRetry 在端口异常的情况，通过指定次数进行重连，如果设定为 0，则 Flink 程序直接停止，不再尝试和端口进行重连。如下代码是使用 socketTextStream 方法实现了将数据从本地 9999 端口中接入数据并转换成 DataStream 数据集的操作。

```
val socketDataStream = env.socketTextStream("localhost", 9999)
```

在 Unix 系统环境下，可以执行 nc –lk 9999 命令启动端口，在客户端中输入数据，Flink 就可以接收端口中的数据。

（3）集合数据源

Flink 可以直接将 Java 或 Scala 程序中集合类（Collection）转换成 DataStream 数据集，本质上是将本地集合中的数据分发到远端并行执行的节点中。目前 Flink 支持从 Java.util.Collection 和 java.util.Iterator 序列中转换成 DataStream 数据集。这种方式非常适合调试 Flink 本地程序，但需要注意的是，集合内的数据结构类型必须要一致，否则可能会出现数据转换异常。

❑ 通过 fromElements 从元素集合中创建 DataStream 数据集：

```
val dataStream = env.fromElements(Tuple2(1L, 3L), Tuple2(1L, 5L), Tuple2(1L,
    7L), Tuple2(1L, 4L), Tuple2(1L, 2L))
```

❑ 通过 fromCollection 从数组转创建 DataStream 数据集：

```
String[] elements = new String[]{"hello", "flink"};
DataStream<String> dataStream = env.fromCollection(Arrays.asList(elements));
```

❑ 将 java.util.List 转换成 DataStream 数据集：

```
List<String> arrayList = new ArrayList<>();
  arrayList.add("hello flink");
DataStream<String> dataList = env.fromCollection(arrayList);
```

2. 外部数据源

（1）数据源连接器

前面提到的数据源类型都是一些基本的数据接入方式，例如从文件、Socket 端口中接入数据，其实质是实现了不同的 SourceFunction，Flink 将其封装成高级 API，减少了用户的使用成本。对于流式计算类型的应用，数据大部分都是从外部第三方系统中获取，为此 Flink 通过实现 SourceFunction 定义了非常丰富的第三方数据连接器，基本覆盖了大部分的高性能存储介质以及中间件等，其中部分连接器是仅支持读取数据，例如 Twitter Streaming API、Netty 等；另外一部分仅支持数据输出（Sink），不支持数据输入（Source），例如 Apache Cassandra、Elasticsearch、Hadoop FileSystem 等。还有一部分是既支持数据输入，也支持数据输出，例如 Apache Kafka、Amazon Kinesis、RabbitMQ 等连接器。

以 Kafka 为例，用户需要在 Maven 编译环境中导入如代码清单 4-2 所示的环境配置，主要因为 Flink 为了尽可能降低用户在使用 Flink 进行应用开发时的依赖复杂度，所有第三方连接器依赖配置放置在 Flink 基本依赖库以外，用户在使用过程中，根据需要将需要用到的 Connector 依赖库引入到应用工程中即可。

代码清单 4-2　Kafka Connector Maven 依赖配置

```
<dependency>
    <groupId>org.apache.flink</groupId>
    <artifactId>flink-connector-kafka-0.8_2.11</artifactId>
    <version>1.7.1</version>
</dependency>
```

在引入 Maven 依赖配置后，就可以在 Flink 应用工程中创建和使用相应的 Connector，在 kafka Connector 中主要使用的其中参数有 kafka topic、bootstrap.servers、zookeeper.connect。另外 Schema 参数的主要作用是根据事先定义好的 Schema 信息将数据序列化成该 Schema 定义的数据类型，默认是 SimpleStringSchema，代表从 Kafka 中接入的数据将转换成 String 字符串类型处理，如代码清单 4-3 所示。

代码清单 4-3　Kafka Event DataSource 数据接入

```
//Properties参数定义
Properties properties = new Properties();
properties.setProperty("bootstrap.servers", "localhost:9092");
// only required for Kafka 0.8
properties.setProperty("zookeeper.connect", "localhost:2181");
properties.setProperty("group.id", "test");
DataStream<String> input = env
  .addSource(
    new FlinkKafkaConsumer010<>(
      properties.getString("input-data-topic"),
      new SimpleStringSchema(),properties);
```

用户通过自定义 Schema 将接入数据转换成制定数据结构，主要是实现 DeserializationSchema 接口来完成，代码清单 4-4 说明了 KafkaEventSchema 的定义。可以看到在 SourceEventSchema 代码中，通过实现 deserialize 方法完成数据从 byte[] 数据类型转换成 SourceEvent 的反序列化操作，以及通过实现 getProducedType 方法将数据类型转换成 Flink 系统所支持的数据类型，例如以下代码中的 TypeInformation<SourceEvent> 类型。

代码清单 4-4　DeserializationSchema 实例

```
public class SourceEventSchema implements
DeserializationSchema<SourceEvent>{
  private static final long serialVersionUID = 6154188370191669789L;
  @Override
  public SourceEvent deserialize(byte[] message) throws IOException {
    return SourceEvent.fromString(new String(message));
  }
  @Override
  public boolean isEndOfStream(SourceEvent nextElement) {
    return false;
  }
  @Override
  public TypeInformation< SourceEvent > getProducedType() {
```

```
    return TypeInformation.of(SourceEvent.class);
  }
}
```

针对 Kafka 数据的解析，Flink 提供了 KeyedDeserializationSchema，其中 deserialize 方法定义为 T deserialize(byte[] messageKey, byte[] message, String topic, int partition, long offset)，支持将 Message 中的 key 和 value 同时解析出来。

同时为了更方便地解析各种序列化类型的数据，Flink 内部提供了常用的序列化协议的 Schema，例如 TypeInformationSerializationSchema、JsonDeserializationSchema 和 AvroDeserializationSchema 等，用户可以根据需要选择使用。

（2）自定义数据源连接器

Flink 中已经实现了大多数主流的数据源连接器，但需要注意，Flink 的整体架构非常开放，用户也可以自己定义连接器，以满足不同的数据源的接入需求。可以通过实现 SourceFunction 定义单个线程的接入的数据接入器，也可以通过实现 ParallelSourceFunction 接口或继承 RichParallelSourceFunction 类定义并发数据源接入器。DataSoures 定义完成后，可以通过使用 SteamExecutionEnvironment 的 addSources 方法添加数据源，这样就可以将外部系统中的数据转换成 DataStream[T] 数据集合，其中 T 类型是 SourceFunction 返回值类型，然后就可以完成各种流式数据的转换操作。

4.1.2　DataSteam 转换操作

即通过从一个或多个 DataStream 生成新的 DataStream 的过程被称为 Transformation 操作。在转换过程中，每种操作类型被定义为不同的 Operator，Flink 程序能够将多个 Transformation 组成一个 DataFlow 的拓扑。所有 DataStream 的转换操作可分为单 Single-DataStream、Multi-DaataStream、物理分区三类类型。其中 Single-DataStream 操作定义了对单个 DataStream 数据集元素的处理逻辑，Multi-DataStream 操作定义了对多个 DataStream 数据集元素的处理逻辑。物理分区定义了对数据集中的并行度和数据分区调整转换的处理逻辑。

1. Single-DataStream 操作

（1）Map [DataStream->DataStream]

调用用户定义的 MapFunction 对 DataStream[T] 数据进行处理，形成新的 DataStream[T]，其中数据格式可能会发生变化，常用作对数据集内数据的清洗和转换。例如将输入数据集中的每个数值全部加 1 处理，并且将数据输出到下游数据集。

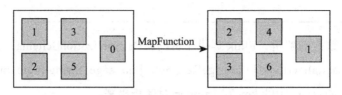

图 4-1　DataStream MapFunction 定义

图 4-1 中计算逻辑实现代码如下所示，通过从集合中创建 dataStream，并调用 DataStream 的 map 方法传入计算表达式，完成对第二个字段加 1 操作，最后得到新的数据集 mapStream。

```
val dataStream = env.fromElements(("a", 3), ("d", 4), ("c", 2), ("c", 5), ("a", 5))
// 指定 map 计算表达式
val mapStream: DataStream[(String, Int)] = dataStream.map(t => (t._1, t._2 + 1))
```

除了可以在 map 方法中直接传入计算表达式，如下代码实现了 MapFunction 接口定义 map 函数逻辑，完成数据处理操作。其中 MapFunction[(String, Int), (String, Int)] 中共有两个参数，第一个参数 (String, Int) 代表输入数据集数据类型，第二个参数 (String, Int) 代表输出数据集数据类型。

```
// 通过指定 MapFunction
val mapStream: DataStream[(String, Int)] = dataStream.map(new
MapFunction[(String, Int), (String, Int)] {
    override def map(t: (String, Int)): (String, Int) = {
      (t._1, t._2 + 1)}
    })
```

以上两种方式得到的结果一样，但是第二种方式在使用 Java 语言的时候用得较多，用户可以根据自己的需要使用。

（2）FlatMap [DataStream->DataStream]

该算子主要应用处理输入一个元素产生一个或者多个元素的计算场景，比较常见的是在经典例子 WordCount 中，将每一行的文本数据切割，生成单词序列如在图 4-2 中对于输入 DataStream[String] 通过 FlatMap 函数进行处理，字符串数字按逗号切割，然后形成新的整数数据集。

图 4-2　DataStream FlatMapFunction 定义

针对上述计算逻辑实现代码如下所示，通过调用 resultStream 接口中 flatMap 方法将定义好的 FlatMapFunction 传入，生成新的数据集。FlatMapFunction 的接口定义为 FlatMapFunction[T, O] { flatMap(T, Collector[O]): Unit } 其中 T 为输入数据集的元素格式，O 为输出数据集的元素格式。

```
val dataStream:DataStream[String] = environment.fromCollections()
val resultStream[String] = dataStream.flatMap { str => str.split(" ") }
```

（3）Filter [DataStream->DataStream]

该算子将按照条件对输入数据集进行筛选操作，将符合条件的数据集输出，将不符合条件的数据过滤掉。如图 4-3 所示将输入数据集中偶数过滤出来，奇数从数据集中去除。

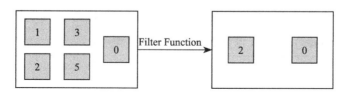

图 4-3　DataStream 根据奇偶性定义 FilterFunction 操作

针对图 4-3 中的计算逻辑代码实现如下，可以使用 Scala 通配符下划线，用 _ 代替参数名，或者直接使用 Scala Lambda 表达式，两种方式都是可以的。

```
//通过通配符
val filter:DataStream[Int] = dataStream.filter { _ % 2 == 0 }
//或者指定运算表达式
val filter:DataStream[Int] = dataStream.filter { x => x % 2 == 0 }
```

（4）KeyBy [DataStream->KeyedStream]

该算子根据指定的 Key 将输入的 DataStream[T] 数据格式转换为 KeyedStream[T]，也就是在数据集中执行 Partition 操作，将相同的 Key 值的数据放置在相同的分区中。如图 4-4 所示，将白色方块和灰色方块通过颜色的 Key 值重新分区，将数据集分为具有灰色方块的数据集合。

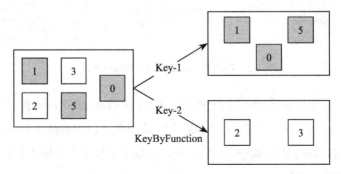

图 4-4　DataStream 根据颜色进行 KeyByFunction 操作

如下代码所示，将数据集中第一个参数作为 Key，对数据集进行 KeyBy 函数操作，形成根据 id 分区的 KeyedStream 数据集。其中 keyBy 方法输入为 DataStream[T] 数据集。

```
val dataStream = env.fromElements((1, 5),(2, 2),(2, 4),(1, 3))
//指定第一个字段为分区Key
val keyedStream: KeyedStream[(String,Int), Tuple] = dataStream.keyBy(0)
```

> **注意** 以下两种数据类型将不能使用 KeyBy 方法对数据集进行重分区：1）用户使用 POJOs 类型数据，但是 POJOs 类中没有复写 hashCode() 方法，而是依赖于 Object.hasCode()；2）任何数据类型的数组结构。

（5）Reduce [KeyedStream->DataStream]

该算子和 MapReduce 中 Reduce 原理基本一致，主要目的是将输入的 KeyedStream 通过传入的用户自定义的 ReduceFunction 滚动地进行数据聚合处理，其中定义的 ReduceFunction 必须满足运算结合律和交换律。如下代码对传入 keyedStream 数据集中相同的 key 值的数据分别进行求和运算，得到每个 key 所对应的求和值。

```
val dataStream = env.fromElements(("a", 3), ("d", 4), ("c", 2), ("c", 5), ("a", 5))
 //指定第一个字段为分区Key
val keyedStream: KeyedStream[(String,Int), Tuple] = dataStream.keyBy(0)
//滚动对第二个字段进行reduce相加求和
val reduceStream = keyedStream.reduce { (t1, t2) =>
    (t1._1, t1._2 + t2._2)
}
```

用户也可以单独定义 Reduce 函数，如下代码所示：

```
// 通过实现 ReduceFunction 匿名类
val reduceStream1 = keyedStream.reduce(new ReduceFunction[(String, Int)] {
    override def reduce(t1: (String, Int), t2: (String, Int)): (String, Int)={
      (t1._1, t1._2 + t2._2)
    }})
```

运行代码的输出结果依次为：(c, 2)(c, 7)(a, 3)(d, 4)(a, 8)。

(6) Aggregations[KeyedStream->DataStream]

Aggregations 是 DataStream 接口提供的聚合算子，根据指定的字段进行聚合操作，滚动地产生一系列数据聚合结果。其实是将 Reduce 算子中的函数进行了封装，封装的聚合操作有 sum、min、minBy、max、maxBy 等，这样就不需要用户自己定义 Reduce 函数。如下代码所示，指定数据集中第一个字段作为 key，用第二个字段作为累加字段，然后滚动地对第二个字段的数值进行累加并输出。

```
val dataStream = env.fromElements((1, 5),(2, 2),(2, 4),(1, 3))
// 指定第一个字段为分区 Key
val keyedStream: KeyedStream[(Int, Int), Tuple] = dataStream.keyBy(0)
// 对第二个字段进行 sum 统计
val sumStream: DataStream[(Int, Int)] = keyedStream.sum(1)
// 输出计算结果
sumStream.print()
```

代码执行完毕后结果输出在客户端，其中 key 为 1 的统计结果为 (1, 5) 和 (1, 8)，key 为 2 的统计结果为 (2, 2) 和 (2, 6)。可以看出，计算出来的统计值并不是一次将最终整个数据集的最后求和结果输出，而是将每条记录所叠加的结果输出。

聚合函数中需要传入的字段类型必须是数值型，否则会抛出异常。对应其他的聚合函数的用法如下代码所示。

```
// 滚动计算指定 key 最小值
val minStream: DataStream[(Int, Int)] = keyedStream.min(1)
// 滚动计算指定 key 的最大值
val maxStream: DataStream[(Int, Int)] = keyedStream.max(1)
// 滚动计算指定 key 的最小值，返回最小值对应的元素
val minByStream: DataStream[(Int, Int)] = keyedStream.minBy(1)
// 滚动计算指定 key 的最大值，返回最大值对应的元素
val maxByStream: DataStream[(Int, Int)] = keyedStream.maxBy(1)
```

2. Multi-DataStream 操作

(1) Union[DataStream ->DataStream]

Union 算子主要是将两个或者多个输入的数据集合并成一个数据集，需要保证两个数据集的格式一致，输出的数据集的格式和输入的数据集格式保持一致，如图 4-5 所示，将灰色方块数据集和黑色方块数据集合并成一个大的数据集。

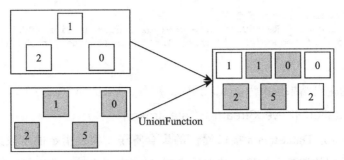

图 4-5　DataStream 将不同颜色的数据集进行 Union 操作

可以直接调用 DataStream API 中的 union() 方法来合并多个数据集，方法中传入需要合并的 DataStream 数据集。如下代码所示，分别将创建的数据集 dataStream_01 和 dataStream_02 合并，如果想将多个数据集同时合并则在 union() 方法中传入被合并的数据集的序列即可。

```
// 创建不同的数据集
val dataStream1: DataStream[(String, Int)] = env.fromElements(("a", 3), ("d", 4), ("c", 2), ("c", 5), ("a", 5))
val dataStream2: DataStream[(String, Int)] = env.fromElements(("d", 1), ("s", 2), ("a", 4), ("e", 5), ("a", 6))
val dataStream3: DataStream[(String, Int)] = env.fromElements(("a", 2), ("d", 1), ("s", 2), ("c", 3), ("b", 1))
// 合并两个 DataStream 数据集
val unionStream = dataStream1.union(dataStream_02)
// 合并多个 DataStream 数据集
val allUnionStream = dataStream1.union(dataStream2, dataStream3)
```

（2）Connect，CoMap，CoFlatMap[DataStream ->DataStream]

Connect 算子主要是为了合并两种或者多种不同数据类型的数据集，合并后会保留原来数据集的数据类型。连接操作允许共享状态数据，也就是说在多个数据集之间可以操作和查看对方数据集的状态，关于状态操作将会在后续章节中重点介绍。如下代码所示，dataStream1 数据集为 (String, Int) 元祖类型，dataStream2 数据集为 Int 类型，通过 connect 连接算子将两个不同数据类型的算子结合在一起，形成格式为 ConnectedStreams 的数据集，其内部数据为 [(String, Int), Int] 的混合数据类型，保留了两个原始数据集的数据类型。

```
// 创建不同数据类型的数据集
val dataStream1: DataStream[(String, Int)] = env.fromElements(("a", 3), ("d", 4), ("c", 2), ("c", 5), ("a", 5))
```

```
val dataStream2: DataStream[Int] = env.fromElements(1, 2, 4, 5, 6)
//连接两个 DataStream 数据集
val connectedStream: ConnectedStreams[(String, Int), Int] = dataStream1.
  connect(dataStream2)
```

需要注意的是，对于 ConnectedStreams 类型的数据集不能直接进行类似 Print() 的操作，需要再转换成 DataStream 类型数据集，在 Flink 中 ConnectedStreams 提供的 map() 方法和 flatMap() 需要定义 CoMapFunction 或 CoFlatMapFunction 分别处理输入的 DataStream 数据集，或者直接传入两个 MapFunction 来分别处理两个数据集。如下代码所示，通过定义 CoMapFunction 处理 ConnectedStreams 数据集中的数据，指定的参数类型有三个，其中（String，Int）和 Int 分别指定的是第一个和第二个数据集的数据类型，（Int，String）指定的是输出数据集的数据类型，在函数定义中需要实现 map1 和 map2 两个方法，分别处理输入两个数据集，同时两个方法返回的数据类型必须一致。

```
val resultStream = connectedStream.map(new CoMapFunction[(String, Int), Int,
  (Int, String)] {
//定义第一个数据集函数处理逻辑，输入值为第一个 DataSteam
    override def map1(in1: (String, Int)): (Int, String) = {
      (in1._2, in1._1)
    }
//定义第二个函数处理逻辑，输入值为第二个 DataStream
    override def map2(in2: Int): (Int, String) = {
      (in2, "default")
    }})
```

在以上实例中，两个函数会多线程交替执行产生结果，最终将两个数据集根据定义合并成目标数据集。和 CoMapFunction 相似，在 flatmap() 方法中需要指定 CoFlatMapFunction。如下代码所示，通过实现 CoFlatMapFunction 接口中 flatMap1() 方法和 flatMap2() 方法，分别对两个数据集进行处理，同时可以在两个函数之间共享 number 变量，完成两个数据集的数据合并整合。

```
val resultStream2 = connectedStream.flatMap(new CoFlatMapFunction[(String,
  Int), Int, (String, Int, Int)] {
    //定义共享变量
    var number = 0
    //定义第一个数据集处理函数
    override def flatMap1(in1: (String, Int), collector: Collector[(String,
Int, Int)]): Unit = {
       collector.collect((in1._1, in1._2, number))
    }
    //定义第二个数据集处理函数
    override def flatMap2(in2: Int, collector: Collector[(String, Int, Int)]):
```

```
Unit = {
      number = in2
    }
  }
)
```

通常情况下，上述 CoMapFunction 或者 CoFlatMapFunction 函数并不能有效地解决数据集关联的问题，产生的结果可能也不是用户想使用的，因为用户可能想通过指定的条件对两个数据集进行关联，然后产生相关性比较强的结果数据集。这个时候就需要借助 keyBy 函数或 broadcast 广播变量实现。

```
// 通过 keyby 函数根据指定的 key 连接两个数据集
val keyedConnect: ConnectedStreams[(String, Int), Int] = dataStream1.connect(dataStream2).keyBy(1, 0)
// 通过 broadcast 关联两个数据集
val broadcastConnect: BroadcastConnectedStream[(String, Int), Int] = dataStream1.connect(dataStream2.broadcast())
```

通过使用 keyby 函数会将相同的 key 的数据路由在一个相同的 Operator 中，而 BroadCast 广播变量会在执行计算逻辑之前将 dataStream2 数据集广播到所有并行计算的 Operator 中，这样就能够根据条件对数据集进行关联，这其实也是分布式 Join 算子的基本实现方式。

注意 CoMapFunction 和 CoFlaMapFunction 中的两个方法，在 Paralism>1 的情况下，不会按照指定的顺序指定，因此有可能会影响输出数据的顺序和结果，这点用户在使用过程中需要注意。

（3）Split [DataStream->SplitStream]

Split 算子是将一个 DataStream 数据集按照条件进行拆分，形成两个数据集的过程，也是 union 算子的逆向实现。每个接入的数据都会被路由到一个或者多个输出数据集中。如图 4-6 所示，将输入数据集根据颜色切分成两个数据集。

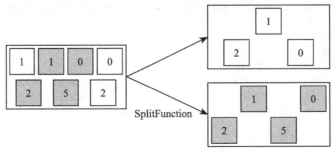

图 4-6　通过 Split 对 DataStream 数据集进行切分

在使用split函数中，需要定义split函数中的切分逻辑，如下代码所示，通过调用split函数，然后指定条件判断函数，将根据第二个字段的奇偶性将数据集标记出来，如果是偶数则标记为even，如果是奇数则标记为odd，然后通过集合将标记返回，最终生成格式SplitStream的数据集。

```
//创建数据集
val dataStream1: DataStream[(String, Int)] = env.fromElements(("a", 3), ("d", 4), ("c", 2), ("c", 5), ("a", 5))
//合并两个DataStream数据集
val splitedStream: SplitStream[(String, Int)] = dataStream1.split(t => if (t._2 % 2 == 0) Seq("even") else Seq("odd"))
```

（4）Select [SplitStream ->DataStream]

split函数本身只是对输入数据集进行标记，并没有将数据集真正的实现切分，因此需要借助Select函数根据标记将数据切分成不同的数据集。如下代码所示，通过调用SplitStream数据集的select()方法，传入前面已经标记好的标签信息，然后将符合条件的数据筛选出来，形成新的数据集。

```
//筛选出偶数数据集
val evenStream: DataStream[(String, Int)] = splitedStream.select("even")
//筛选出奇数数据集
val oddStream: DataStream[(String, Int)] = splitedStream.select("odd")
//筛选出奇数和偶数数据集
val allStream: DataStream[(String, Int)] = splitedStream.select("even", "odd")
```

（5）Iterate[DataStream->IterativeStream->DataStream]

Iterate算子适合于迭代计算场景，通过每一次的迭代计算，并将计算结果反馈到下一次迭代计算中。如下代码所示，调用dataStream的iterate()方法对数据集进行迭代操作，如果事件指标加1后等于2，则将计算指标反馈到下一次迭代的通道中，如果事件指标加1不等于2则直接输出到下游DataStream中。其中在执行之前需要对数据集做map处理主要目的是为了对数据分区根据默认并行度进行重平衡，在iterate()内参数类型为ConnectedStreams，然后调用ConnectedStreams的方法内分别执行两个map方法，第一个map方法执行反馈操作，第二个map函数将数据输出到下游数据集。

```
val dataStream = env.fromElements(3, 1, 2, 1, 5).map { t: Int => t }
val iterated = dataStream.iterate((input: ConnectedStreams[Int, String]) => {
//分别定义两个map方法完成对输入ConnectedStreams数据集数据的处理
    val head = input.map(i => (i + 1).toString, s => s)
    (head.filter(_ == "2"), head.filter(_ != "2"))
  }, 1000)//1000指定最长迭代等待时间，单位为ms，超过该时间没有数据接入则终止迭代
```

3. 物理分区操作

物理分区（Physical Partitioning）操作的作用是根据指定的分区策略将数据重新分配到不同节点的 Task 实例上执行。当使用 DataStream 提供的 API 对数据处理过程中，依赖于算子本身对数据的分区控制，如果用户希望自己控制数据分区，例如当数据发生了数据倾斜的时候，就需要通过定义物理分区策略的方式对数据集进行重新分布处理。Flink 中已经提供了常见的分区策略，例如随机分区（Random Partitioning）、平衡分区（Roundobin Partitioning）、按比例分区（Roundrobin Partitioning）等。如果给定的分区策略无法满足需求，也可以根据 Flink 提供的分区控制接口创建分区器，实现自定义分区控制。

Flink 内部提供的常见数据重分区策略如下所述。

（1）随机分区（Random Partitioning）：[DataStream ->DataStream]

通过随机的方式将数据分配在下游算子的每个分区中，分区相对均衡，但是较容易失去原有数据的分区结构。

```
// 通过调用 DataStream API 中的 shuffle 方法实现数据集的随机分区
  val shuffleStream = dataStream.shuffle
```

（2）Roundrobin Partitioning：[DataStream ->DataStream]

通过循环的方式对数据集中的数据进行重分区，能够尽可能保证每个分区的数据平衡，当数据集发生数据倾斜的时候使用这种策略就是比较有效的优化方法。

```
// 通过调用 DataStream API 中 rebalance() 方法实现数据的重平衡分区
  val shuffleStream = dataStream.rebalance();
```

（3）Rescaling Partitioning：[DataStream ->DataStream]

和 Roundrobin Partitioning 一样，Rescaling Partitioning 也是一种通过循环的方式进行数据重平衡的分区策略。但是不同的是，当使用 Roundrobin Partitioning 时，数据会全局性地通过网络介质传输到其他的节点完成数据的重新平衡，而 Rescaling Partitioning 仅仅会对上下游继承的算子数据进行重平衡，具体的分区主要根据上下游算子的并行度决定。例如上游算子的并发度为 2，下游算子的并发度为 4，就会发生上游算子中一个分区的数据按照同等比例将数据路由在下游的固定的两个分区中，另外一个分区同理路由到下游两个分区中。

```
// 通过调用 DataStream API 中 rescale() 方法实现 Rescaling Partitioning 操作
  val shuffleStream = dataStream.rescale();
```

(4)广播操作(Broadcasting):[DataStream ->DataStream]

广播策略将输入的数据集复制到下游算子的并行的 Tasks 实例中,下游算子中的 Tasks 可以直接从本地内存中获取广播数据集,不再依赖于网络传输。这种分区策略适合于小数据集,例如当大数据集关联小数据集时,可以通过广播的方式将小数据集分发到算子的每个分区中。

```
// 可以通过调用 DataStream API 的 broadcast() 方法实现广播分区
val shuffleStream = dataStream.broadcast();
```

(5)自定义分区(Custom Partitioning):[DataStream ->DataStream]

除了使用已有的分区器之外,用户也可以实现自定义分区器,然后调用 DataStream API 上 partitionCustom() 方法将创建的分区器应用到数据集上。如以下代码所示自定义分区器代码实现了当字段中包含"flink"关键字的数据放在 partition 为 0 的分区中,其余数据随机进行分区的策略,其中 num Partitions 是从系统中获取的并行度参数。

```
object customPartitioner extends Partitioner[String] {
  // 获取随机数生成器
  val r = scala.util.Random
  override def partition(key: String, numPartitions: Int): Int = {
    // 定义分区策略, key 中如果包含 a 则放在 0 分区中, 其他情况则根据 Partitions num 随机分区
    if (key.contains("flink")) 0 else r.nextInt(numPartitions)
  }
}
```

自定义分区器定义好之后就可以调用 DataSteam API 的 partitionCustom 来应用分区器,第二个参数指定分区器使用到的字段,对于 Tuple 类型数据,分区字段可以通过字段名称指定,其他类型数据集则通过位置索引指定。

```
// 通过数据集字段名称指定分区字段
dataStream.partitionCustom(customPartitioner, "filed_name");
// 通过数据集字段索引指定分区字段
dataStream.partitionCustom(customPartitioner, 0);
```

4.1.3 DataSinks 数据输出

经过各种数据 Transformation 操作后,最终形成用户需要的结果数据集。通常情况下,用户希望将结果数据输出在外部存储介质或者传输到下游的消息中间件内,在 Flink 中将 DataStream 数据输出到外部系统的过程被定义为 DataSink 操作。在 Flink 内部定义的第三方外部系统连接器中,支持数据输出的有 Apache Kafka、Apache Cassandra、

Kinesis、ElasticSearch、Hadoop FileSystem、RabbitMQ、NIFI 等，除了 Flink 内部支持的第三方数据连接器之外，其他例如 Apache Bahir 框架也支持了相应的数据连接器，其中包括 ActiveMQ、Flume、Redis、Akka、Netty 等常用第三方系统。用户使用这些第三方 Connector 将 DataStream 数据集写入到外部系统中，需要将第三方连接器的依赖库引入到工程中。

1. 基本数据输出

基本数据输出包含了文件输出、客户端输出、Socket 网络端口等，这些输出方法已经在 Flink DataStream API 中完成定义，使用过程不需要依赖其他第三方的库。如下代码所示，实现将 DataStream 数据集分别输出在本地文件系统和 Socket 网络端口。

```
val personStream = env.fromElements(("Alex", 18), ("Peter", 43))
// 通过 writeAsCsv 方法将数据转换成 CSV 文件输出，并执行输出模式为 OVERWRITE
personStream.writeAsCsv("file:///path/to/person.csv",WriteMode.OVERWRITE)
// 通过 writeAsText 方法将数据直接输出到本地文件系统
personStream.writeAsText("file:///path/to/person.txt")
// 通过 writeToSocket 方法将 DataStream 数据集输出到指定 Socket 端口
personStream.writeToSocket(outputHost, outputPort, new SimpleStringSchema())
```

2. 第三方数据输出

通常情况下，基于 Flink 提供的基本数据输出方式并不能完全地满足现实场景的需要，用户一般都会有自己的存储系统，因此需要将 Flink 系统中计算完成的结果数据通过第三方连接器输出到外部系统中。Flink 中提供了 DataSink 类操作算子来专门处理数据的输出，所有的数据输出都可以基于实现 SinkFunction 完成定义。例如在 Flink 中定义了 FlinkKafkaProducer 类来完成将数据输出到 Kafka 的操作，需要根据不同的 Kafka 版本需要选择不同的 FlinkKafkaProducer，目前 FlinkKafkaProducer 类支持 Kafka 大于 1.0.0 的版本，FlinkKafkaProducer11 或者 010 支持 Kafka0.10.0.x 的版本。如代码清单 4-5 所示，通过使用 FlinkKafkaProducer11 将 DataStream 中的数据写入 Kafka 的 Topic 中。

代码清单 4-5　通过 FlinkKafkaProducer11 向 Kafka Topic 中写入数据

```
val wordStream = env.fromElements("Alex", "Peter", "Linda")
// 定义 FlinkKafkaProducer011 Sink 算子
val kafkaProducer = new FlinkKafkaProducer011[String](
    "localhost:9092", // 指定 Broker List 参数
    "kafka-topic", // 指定目标 Kafka Topic 名称
    new SimpleStringSchema) // 设定序列化 Schema
```

```
/ 通过 addsink 添加 kafkaProducer 到算子拓扑中
wordStream.addSink(kafkaProducer)
```

在以上代码中使用FlinkKafkaProducer往Kafka中写入数据的操作相对比较基础，还可以配置一些高级选项，例如可以配置自定义properties类，将自定义的参数通过properties类传入FlinkKafkaProducer中。另外还可以自定义Partitioner将DataStream中的数据按照指定分区策略写入Kafka的分区中。也可以使用KeyedSerializationSchema对序列化Schema进行优化，从而能够实现一个Producer往多个Topic中写入数据的操作。

4.2 时间概念与Watermark

4.2.1 时间概念类型

对于流式数据处理，最大的特点是数据上具有时间的属性特征，Flink根据时间产生的位置不同，将时间区分为三种时间概念，分别为事件生成时间（Event Time）、事件接入时间（Ingestion Time）和事件处理时间（Processing Time）。如图4-7所示，数据从终端产生，或者从系统中产生的过程中生成的时间为事件生成时间，当数据经过消息中间件传入到Flink系统中，在DataSource中接入的时候会生成事件接入时间，当数据在Flink系统中通过各个算子实例执行转换操作的过程中，算子实例所在系统的时间为数据处理时间。Flink已经支持这三种类型时间概念，用户能够根据需要选择时间类型作为对流式数据的依据，这种情况极大地增强了对事件数据处理的灵活性和准确性。

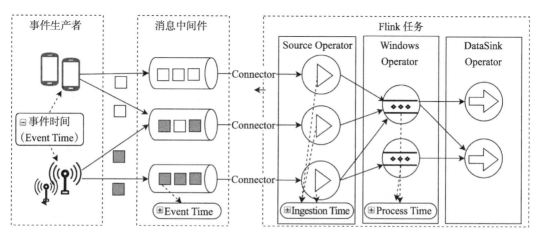

图4-7　Flink EventTime/IngestionTime/ProcessingTime时间概念

1. 事件时间（Event Time）

事件时间（Event Time）是每个独立事件在产生它的设备上发生的时间，这个时间通常在事件进入 Flink 之前就已经嵌入到事件中，时间顺序取决于事件产生的地方，和下游数据处理系统的时间无关。事件数据具有不变的事件时间属性，该时间自事件元素产生就不会改变。通常情况下可以在 Flink 系统中指定事件时间属性或者设定时间提取器来提取事件时间。

所有进入到 Flink 流式系统处理的事件，其时间都是在外部系统中产生，经过网络进入到 Flink 系统内处理的，在理论情况下（所有系统都具有相同系统时钟），事件时间对应的时间戳一定会早于在 Flink 系统中处理的时间戳，但在实际情况中往往会出现数据记录乱序、延迟到达等问题。基于 EventTime 的时间概念，数据处理过程依赖于数据本身产生的时间，而不是 Flink 系统中 Operator 所在主机节点的系统时间，这样能够借助于事件产生时的时间信息来还原事件的先后关系。

2. 接入时间（Ingestion Time）

接入时间（Ingestion Time）是数据进入 Flink 系统的时间，Ingestion Time 依赖于 Source Operator 所在主机的系统时钟。Ingestion Time 介于 Event Time 和 Process Time 之间，相对于 Process Time，Ingestion Time 生成的代价相对较高，Ingestion Time 具有一定的可预见性，主要因为 Ingestion Time 在数据接入过程生成后，时间戳就不再发生变化，和后续数据处理 Operator 所在机器的时钟没有关系，从而不会因为某台机器时钟不同步或网络时延而导致计算结果不准确的问题。但是需要注意的是相比于 Event Time，Ingestion Time 不能处理乱序事件，所以也就不用生成对应的 Watermarks。

3. 处理时间（Processing Time）

处理时间（Processing Time）是指数据在操作算子计算过程中获取到的所在主机时间。当用户选择使用 Processing Time 时，所有和时间相关的计算算子，例如 Windows 计算，在当前的任务中所有的算子将直接使用其所在主机的系统时间。Processing Time 是 Flink 系统中最简单的一种时间概念，基于 Processing Time 时间概念，Flink 的程序性能相对较高，延时也相对较低，对接入到系统中的数据时间相关的计算完全交给算子内部决定，时间窗口计算依赖的时间都是在具体算子运行的过程中产生，不需要做任何时间上的对比和协调。但 Processing Time 时间概念虽然在性能和易用性的角度上具有优势，但考虑到对数据乱序处理的情况，Processing Time 就不是最优的选择。同时在分布式系统中，数据本身不乱序，但每台机器的时间如果不同步，也可能导致数据处理过程中数据乱序的问题，从而影响计算结果。总之，Processing Time 概念适用于时间计算精度要求不是特别高的计算场景，例如统计某些延时非常高的日志数据等。

4. 时间概念指定

在 Flink 中默认情况下使用是 Process Time 时间概念，如果用户选择使用 Event Time 或者 Ingestion Time，需要在创建的 StreamExecutionEnvironment 中调用 setStreamTimeCharacteristic() 方法设定系统的时间概念，如下代码使用 TimeCharacteristic.EventTime 作为系统的时间概念，这样对当前的 StreamExecutionEnvironment 会全局生效。对应的，如果使用 Ingestion Time 概念，则通过传入 TimeCharacteristic.IngestionTime 参数指定。

```
val env = StreamExecutionEnvironment.getExecutionEnvironment()
//在系统中指定EventTime概念
env.setStreamTimeCharacteristic(TimeCharacteristic.EventTime);
```

4.2.2　EventTime 和 Watermark

通常情况下由于网络或者系统等外部因素影响下，事件数据往往不能及时传输至 Flink 系统中，导致系统的不稳定而造成数据乱序到达或者延迟到达等问题，因此，需要有一种机制能够控制数据处理的进度。具体来讲，在创建一个基于事件时间的 Window 后，需要确定属于该 Window 的数据元素是否已经全部到达，确定后才可以对 Window 中的所有数据做计算处理（如汇总、分组等），如果数据并没有全部到达，则继续等待该窗口中的数据全部到达后再开始处理。在这种情况下就需要用到水位线（Watermarks）机制，它能够衡量数据处理进度（表达数据到达的完整性），保证事件数据全部到达 Flink 系统，即使数据乱序或者延迟到达，也能够像预期一样计算出正确和连续的结果。Flink 会使用最新的事件时间减去固定时间间隔作为 Watermark，该时间间隔为用户外部配置的支持最大延迟到达的时间长度，也就是说不会有事件超过该间隔到达，否则就认为是迟到事件或者异常事件。例如设定时间间隔为 5s，算子会根据接入算子中最新事件的时间减去 5s 来更新其水位线时间戳，当 Operator 水位线时间戳大于窗口结束时间，且窗口中含有事件数据，则会立即触发窗口进行计算。总体来说，水位线的作用就是告知 Operator 在后面不会再有小于等于水位线时间戳的事件接入，满足条件即可以触发相应的窗口计算。

(1）顺序事件中的 Watermarks

如果数据元素的事件时间是有序的，Watermark 时间戳会随着数据元素的事件时间按顺序生成，此时水位线的变化和事件时间保持一直，也就是理想状态下的水位线。当所在算子实例的 Watermark 时间戳大于窗口结束时间，同时窗口中含有数据元素，此时便会触发对当前窗口的数据计算。如图 4-8 所示，事件按照其原本的顺序进入系统中，Watermark 跟随着事件时间之后生成，可以看出 Watermarks 其实只是对 Stream 简单地进行周期性地标记，并没有特别大的意义，也就是说在顺序事件的数据处理过程中，Watermarks 并不能发挥太大的价值，反而会因为设定了超期时间而导致延迟输出计算结果。

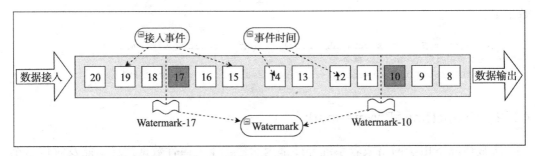

图 4-8　顺序时间中的 Watermarks

(2）乱序事件中的 Watermarks

现实情况下数据元素往往并不是按照其产生顺序接入到 Flink 系统中进行处理，而频繁出现乱序或迟到的情况，这种情况就需要使用 Watermarks 来应对。如图 4-9 所示。事件 8 和事件 17 进入到系统中，Flink 系统根据设定的延时值分别计算出 Watermark W(8) 和 W(17)，这两个 Watermark 到达一个 Operator 中后，便立即调整算子基于事件时间的虚拟时钟与当前的 Watermark 的值匹配，然后再触发相应的计算以及输出操作。

(3）并行数据流中的 Watermarks

Watermark 在 Source Operator 中生成，并且在每个 Source Operator 的子 Task 中都会独立生成 Watermark。在 Source Operator 的子任务中生成后就会更新该 Task 的 Watermark，且会逐步更新下游算子中的 Watermark 水位线，随后一致保持在该并发之中，直到下一次 Watermarks 的生成，并对前面的 Watermarks 进行覆盖。如图 4-10 所示，W(19) 水位线已经将 Source 算子和 Map 算子的子任务时钟的时间全部更新为值 19，并且一直会随着事件向后移动更新下游算子中的事件时间。如果多个 Watermark 同时更新一个算子 Task 的当前事件时间，Flink 会选择最小的水位线来更新，当一个 Window 算子 Task 中水位线大于了 Window 结束时间，就会立即触发窗口计算。

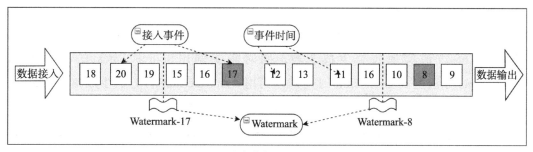

图 4-9　乱序事件中的 watermark

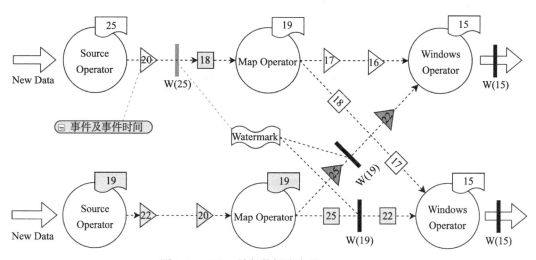

图 4-10　Flink 并行数据流中的 Watermarks

1. 指定 Timestamps 与生成 Watermarks

如果使用 Event Time 时间概念处理流式数据，除了在 StreamExecutionEviromment 中指定 TimeCharacteristic 外，还需要在 Flink 程序中指定 Event Time 时间戳在数据中的字段信息，在 Flink 程序运行过程中会通过指定字段抽取出对应的事件时间，该过程叫作 Timestamps Assigning。简单来讲，就是告诉系统需要用哪个字段作为事件时间的数据来源。另外 Timestamps 指定完毕后，下面就需要制定创建相应的 Watermarks，需要用户定义根据 Timestamps 计算出 Watermarks 的生成策略。目前 Flink 支持两种方式指定 Timestamps 和生成 Watermarks，一种方式在 DataStream Source 算子接口的 Source Function 中定义，另外一种方式是通过自定义 Timestamp Assigner 和 Watermark

Generator 生成。

（1）在 Source Function 中直接定义 Timestamps 和 Watermarks

在 DataStream Source 算子中指定 EventTime Timestamps，也就是说在数据进入到 Flink 系统中就直接指定分配 EventTime 和 Watermark。用户需要复写 SourceFunction 接口中 run() 方法实现数据生成逻辑，同时需要调用 SourceContext 的 collectWith Timestamp() 方法生成 EventTime 时间戳，调用 emitWatermark() 方法生成 Watermarks。如代码清单 4-6 所示，在 addSource 中通过匿名类实现 SourceFunction 接口，将本地集合数据读取到系统中，并且分别调用 collectWithTimestamp 和 emitWatermark 方法指定 EventTime 和生成 Watermark。

代码清单 4-6　通过定义 Sourc Function 设定 Timestamps 和 Watermarks

```scala
// 创建数组数据集
val input = List(("a", 1L, 1), ("b", 1L, 1), ("b", 3L, 1))
// 添加 DataSource 数据源，实例化 SourceFunction 接口
val source: DataStream[(String, Long, Int)] = env.addSource(
  new SourceFunction[(String, Long, Int)]() {
    // 复写 run 方法，调用 SourceContext 接口
    override def run(ctx: SourceContext[(String, Long, Int)]): Unit = {
      input.foreach(value => {
        // 调用 collectWithTimestamp 增加 Event Time 抽取
        ctx.collectWithTimestamp(value, value._2)
        // 调用 emitWatermark，创建 Watermark，最大延时设定为 1
        ctx.emitWatermark(new Watermark(value._2 - 1))
      })
      // 设定默认 Watermark
      ctx.emitWatermark(new Watermark(Long.MaxValue))
    }
    override def cancel(): Unit = {}
  })
```

（2）通过 Flink 自带的 Timestamp Assigner 指定 Timestamp 和生成 Watermark

如果用户使用了 Flink 已经定义的外部数据源连接器，就不能再实现 SourceFuncton 接口来生成流式数据以及相应的 Event Time 和 Watermark，这种情况下就需要借助 Timestamp Assigner 来管理数据流中的 Timestamp 元素和 Watermark。Timestamp Assigner 一般是跟在 Data Source 算子后面指定，也可以在后续的算子中指定，只要保证 Timestamp Assigner 在第一个时间相关的 Operator 之前即可。如果用户已经在 SourceFunction 中定义 Timestamps 和 Watermarks 的生成逻辑，同时又使用了 Timestamp Assigner，此时 Assigner 会覆盖 Source Function 中定义的逻辑。

Flink 将 Watermarks 根据生成形式分为两种类型，分别是 Periodic Watermarks 和后者。Periodic Watermarks 是根据设定时间间隔周期性地生成 Watermarks，Punctuated Watermarks 是根据接入数据的数量生成，例如数据流中特定数据元素的数量满足条件后触发生成 Watermark。在 Flink 中两种生成 Watermarks 的逻辑分别借助于 AssignerWithPeriodicWatermarks 和 AssignerWithPunctuatedWatermarks 接口定义。

在 Flink 系统中实现了两种 Periodic Watermark Assigner，一种为升序模式，会将数据中的 Timestamp 根据指定字段提取，并用当前的 Timestamp 作为最新的 Watermark，这种 Timestamp Assigner 比较适合于事件按顺序生成，没有乱序事件的情况；另外一种是通过设定固定的时间间隔来指定 Watermark 落后于 Timestamp 的区间长度，也就是最长容忍迟到多长时间内的数据到达系统。

1）使用 Ascending Timestamp Assigner 指定 Timestamps 和 Watermarks

如下代码所示，通过调用 DataStream API 中的 assignAscendingTimestamps 来指定 Timestamp 字段，不需要显示地指定 Watermark，因为已经在系统中默认使用 Timestamp 创建 Watermark。

```
// 指定系统时间概念为 EventTime
env.setStreamTimeCharacteristic(TimeCharacteristic.EventTime)
val input = env.fromCollection(List(("a", 1L, 1), ("b", 1L, 1), ("b", 3L, 1)))
// 使用系统默认 Ascending 分配时间信息和 Watermark
val withTimestampsAndWatermarks = input.assignAscendingTimestamps(t => t._3)
// 对数据集进行窗口运算
val result = withTimestampsAndWatermarks.keyBy(0).timeWindow(Time.
            seconds(10)).sum("_2")
```

2）使用固定时延间隔的 Timestamp Assigner 指定 Timestamps 和 Watermarks

如下代码所示，通过创建 BoundedOutOfOrdernessTimestampExtractor 实现类来定义 Timestamp Assigner，其中第一个参数 Time.seconds(10) 代表了最长的时延为 10s，第二个参数为 extractTimestamp 抽取逻辑。在代码中选择使用 input 数据集中第三个元素作为 Event Timestamp，其中 Watermarks 的创建是根据 Timestamp 减去固定时间长度生成，如果当前数据中的时间大于 Watermarks 的时间，则会被认为是迟到事件，具体迟到事件处理策略可以参考后续章节。

```
val withTimestampsAndWatermarks = input.assignTimestampsAndWatermarks(new
BoundedOutOfOrdernessTimestampExtractor[(String,Long,Int)](Time.seconds(10)){
```

```
// 定义抽取 EventTime Timestamp 逻辑
  override def extractTimestamp(t: (String, Long, Int)): Long = t._2
})
```

(3)自定义 Timestamp Assigner 和 Watermark Generator

前面使用 Flink 系统中已经定义好的两种 Timestamp Assigner，用户也可以自定义实现 AssignerWithPeriodicWatermarks 和 AssignerWithPunctuatedWatermarks 两个接口来分别生成 Periodic Watermarks 和 Punctuated Watermarks。

1) Periodic Watermarks 自定义生成

Periodic Watermarks 根据固定的时间间隔，周期性地在 Flink 系统中分配 Timestamps 和生成 Watermarks，在定义和实现 AssignerWithPeriodicWatermarks 接口之前，需要先在 ExecutionConfig 中调用 setAutoWatermarkInterval() 方法设定 Watermarks 产生的时间周期。

```
ExecutionConfig.setAutoWatermarkInterval(...)
```

如代码清单 4-7 所示，通过创建 Class 实现 AssignerWithPeriodicWatermarks 接口，复写 extractTimestamp 和 getCurrentWatermark 两个方法，其中 extractTimestamp 定义了抽取 TimeStamps 的逻辑，getCurrentWatermark 定义了生成 Watermark 的逻辑。其中 getCurrentWatermark 生成 Watermark 依赖于 currentMaxTimestamp，getCurrentWatermark() 方法每次都会被调用时，如果新产生的 Watermark 比现在的大，就会覆盖掉现有的 Watermark，从而实现对 Watermarks 数据的更新。

代码清单 4-7　通过实现 AssignerWithPeriodicWatermarks 接口自定义生成 Watermark

```
class PeriodicAssigner extends
    AssignerWithPeriodicWatermarks[(String,Long,Int)] {
  val maxOutOfOrderness = 1000L // 1秒时延设定，表示在 1 秒以内的数据延时有效，超过一秒的数据被认定为迟到事件
  var currentMaxTimestamp: Long = _
    override def extractTimestamp(event: (String,Long,Int),
previousEventTimestamp: Long): Long = {
    // 复写 currentTimestamp 方法，获取当前事件时间
    val currentTimestamp = event._2
    // 对比当前的事件时间和历史最大事件时间，将最新的时间赋值给 currentMaxTimestamp 变量
    currentMaxTimestamp = max(currentTimestamp, currentMaxTimestamp)
    currentTimestamp
  }
    // 复写 getCurrentWatermark 方法，生成 Watermark
```

```
override def getCurrentWatermark(): Watermark = {
    // 根据最大事件时间减去最大的乱序时延长度，然后得到 Watermark
    new Watermark(currentMaxTimestamp - maxOutOfOrderness)
  }
}
```

2）Punctuated Watermarks 自定义生成

除了根据时间周期生成 Periodic Watermark，用户也可以根据某些特殊条件生成 Punctuated Watermarks，例如判断某个数据元素的当前状态，如果接入事件中状态为 0 则触发生成 Watermarks，如果状态不为 0，则不触发生成 Watermarks 的逻辑。生成 Punctuated Watermark 的逻辑需要通过实现 AssignerWithPunctuatedWatermarks 接口定义，然后分别复写 extractTimestamp 方法和 checkAndGetNextWatermark 方法，完成抽取 Event Time 和生成 Watermark 逻辑的定义，具体实现如代码清单 4-8 所示。

代码清单 4-8　通过实现 AssignerWithPunctuatedWatermarks 接口自定义生成 Watermark

```
class PunctuatedAssigner extends AssignerWithPunctuatedWatermarks[(String, Long, Int)] {
    // 复写 extractTimestamp 方法，定义抽取 Timestamp 逻辑
    override def extractTimestamp(element: (String, Long, Int),
previousElementTimestamp: Long): Long = {
      element._2
    }
    // 复写 checkAndGetNextWatermark 方法，定义 Watermark 生成逻辑
    override def checkAndGetNextWatermark(lastElement: (String, Long, Int),
extractedTimestamp: Long): Watermark = {
      // 根据元素中第三位字段状态是否为 0 生成 Watermark
      if (lastElement._3 == 0) new Watermark(extractedTimestamp) else null
    }
}
```

4.3　Windows 窗口计算

Windows 计算是流式计算中非常常用的数据计算方式之一，通过按照固定时间或长度将数据流切分成不同的窗口，然后对数据进行相应的聚合运算，从而得到一定时间范围内的统计结果。例如统计最近 5 分钟内某网站的点击数，此时点击的数据在不断地产生，但是通过 5 分钟的窗口将数据限定在固定时间范围内，就可以对该范围内的有界数据执行聚合处理，得出最近 5 分钟的网站点击数。

Flink DataStream API 将窗口抽象成独立的 Operator，且在 Flink DataStream API 中已经内建了大多数窗口算子。如下代码展示了如何定义 Keyed Windows 算子，在每个窗口算子中包含了 Windows Assigner、Windows Trigger（窗口触发器）、Evictor（数据剔除器）、Lateness（时延设定）、Output Tag（输出标签）以及 Windows Function 等组成部分，其中 Windows Assigner 和 Windows Function 是所有窗口算子必须指定的属性，其余的属性都是根据实际情况选择指定。

```
stream.keyBy(...)              // 是 Keyed 类型数据集
       .window(...)             // 指定窗口分配器类型
       [.trigger(...)]          // 指定触发器类型（可选）
       [.evictor(...)]          // 指定 evictor 或者不指定（可选）
       [.allowedLateness(...)]  // 指定是否延迟处理数据（可选）
       [.sideOutputLateData(...)] // 指定 Output Lag（可选）
       .reduce/aggregate/fold/apply()  // 指定窗口计算函数
       [.getSideOutput(...)]    // 根据 Tag 输出数据（可选）
```

- Windows Assigner：指定窗口的类型，定义如何将数据流分配到一个或多个窗口；
- Windows Trigger：指定窗口触发的时机，定义窗口满足什么样的条件触发计算；
- Evictor：用于数据剔除；
- Lateness：标记是否处理迟到数据，当迟到数据到达窗口中是否触发计算；
- Output Tag：标记输出标签，然后在通过 getSideOutput 将窗口中的数据根据标签输出；
- Windows Function：定义窗口上数据处理的逻辑，例如对数据进行 sum 操作。

4.3.1 Windows Assigner

1. Keyed 和 Non-Keyed 窗口

在运用窗口计算时，Flink 根据上游数据集是否为 KeyedStream 类型（将数据集按照 Key 分区），对应的 Windows Assigner 也会有所不同。上游数据集如果是 KeyedStream 类型，则调用 DataStream API 的 window() 方法指定 Windows Assigner，数据会根据 Key 在不同的 Task 实例中并行分别计算，最后得出针对每个 Key 统计的结果。如果是 Non-Keyed 类型，则调用 WindowsAll() 方法来指定 Windows Assigner，所有的数据都会在窗口算子中路由到一个 Task 中计算，并得到全局统计结果。

从业务层面讲，如果用户选择对 Key 进行分区，就能够将相同 key 的数据分配在同一个分区，例如统计同一个用户在五分钟内不同的登录 IP 地址数。如果用户没有根据指定 Key，此时需要对窗口上的数据进行去全局统计计算，这种窗口被称为 Global Windows，例如统计某一段时间内某网站所有的请求数。

如下代码所示，不同类型的 DataStream 调用不同的 Windows Assigner 指定方法。具体的 Windows Assigner 定义可参考后续章节。

```
val inputStream:DataStream[T] = ...;
// 调用 KeyBy 创建 KeyedStream，然后调用 window 方法指定 Windows Assigner
inputStream.keyBy(input=> input.id).window(new MyWindowsAssigner())
// 对于 DataStream 数据集，直接调用 windowALL 指定 Windows Assigner
imputstream.windowAll(new MyAllWindowsAssigner())
```

2. Windows Assigner

Flink 支持两种类型的窗口，一种是基于时间的窗口，窗口基于起始时间戳（闭区间）和终止时间戳（开区间）来决定窗口的大小，数据根据时间戳被分配到不同的窗口中完成计算。Flink 使用 TimeWindow 类来获取窗口的起始时间和终止时间，以及该窗口允许进入的最新时间戳信息等元数据。另一种是基于数量的窗口，根据固定的数量定义窗口的大小，例如每 5000 条数据形成一个窗口，窗口中接入的数据依赖于数据接入到算子中的顺序，如果数据出现乱序情况，将导致窗口的计算结果不确定。在 Flink 中可以通过调用 DataSteam API 中的 countWindows() 来定义基于数量的窗口。接下来我们重点介绍基于时间窗口的使用，基于数量的窗口读者参考官网资料。

在 Flink 流式计算中，通过 Windows Assigner 将接入数据分配到不同的窗口，根据 Windows Assigner 数据分配方式的不同将 Windows 分为 4 大类，分别是滚动窗口（Tumbling Windows）、滑动窗口（Sliding Windows）、会话窗口（Session Windows）和全局窗口（Global Windows）。并且这些 Windows Assigner 已经在 Flink 中实现，用户调用 DataStream API 的 windows 或 windowsAll 方法来指定 Windows Assigner 即可。

（1）滚动窗口

如图 4-11 所示，滚动窗口是根据固定时间或大小进行切分，且窗口和窗口之间的元素互不重叠。这种类型的窗口的最大特点是比较简单，但可能会导致某些有前后关系的数据计算结果不正确，而对于按照固定大小和周期统计某一指标的这种类型的窗口计算就比较适合，同时实现起来也比较方便。

DataStream API 中提供了基于 Event Time 和 Process Time 两种时间类型的 Tumbling 窗口，对应的 Assigner 分别为 TumblingEventTimeWindows 和 TumblingProcessTimeWindows。调用 DataStream API 的 Window 方法来指定相应的 Assigner，并使用每种 Assigner 的

of() 方法来定义窗口的大小，其中时间单位可以是 Time.milliseconds(x)、Time.seconds(x) 或 Time.minutes(x)，也可以是不同时间单位的组合。如代码清单 4-9 所示，定义 Event Time 和 Process Time 类型的滚动窗口，窗口时间按照 10s 进行切分，窗口的时间是 [1:00:00.000-1:00:09.999] 到 [1:00:10.000-1:00:19.999] 的等固定时间范围。

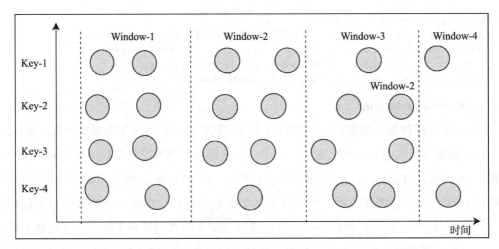

图 4-11　数据在 Tumbling Windows 中的分配过程

代码清单 4-9　定义 Event Time 和 Process Time Tumbling Windows

```
val inputStream:DataStream[T] = ...
// 定义 Event Time Tumbling Windows
val tumblingEventTimeWindows = inputStream
.keyBy(_.id)
// 通过使用 TumblingEventTimeWindows 定义 Event Time 滚动窗口
.window(TumblingEventTimeWindows.of(Time.seconds(10)))
.process(...)// 定义窗口函数

// 定义 Process Time Tumbling Windows
val tumblingProcessingTimeWindows = inputStream
  .keyBy(_.id)
// 通过使用 TumblingProcessTimeWindows 定义 Event Time 滚动窗口
.window(TumblingProcessTimeWindows.of(Time.seconds(10)))
.process(...)// 定义窗口函数
```

上述对滚动窗口定义相对比较常规，用户还可以直接使用 DataStream API 中 timeWindow() 快捷方法、定义 TumblingEventTimeWindows 或 TumblingProcessTimeWindows，时间的类型根据用户事先设定的时间概念确定。如下代码使用 timeWindow 方法来定义滚动窗口：

```
val inputStream:DataStream[T] = ...;
inputStream.keyBy(_.id)
// 通过使用 timeWindow 方式定义滚动窗口，窗口时间类型根据 time characteristic 确定
.timeWindow(Time.seconds(1))
.process(...)// 定义窗口函数
```

> **注意** 默认窗口时间的时区是 UTC-0，因此 UTC-0 以外的其他地区均需要通过设定时间偏移量调整时区，在国内需要指定 Time.hours（−8）的偏移量。

（2）滑动窗口

滑动窗口也是一种比较常见的窗口类型，其特点是在滚动窗口基础之上增加了窗口滑动时间（Slide Time），且允许窗口数据发生重叠。如图 4-12 所示，当 Windows size 固定之后，窗口并不像滚动窗口按照 Windows Size 向前移动，而是根据设定的 Slide Time 向前滑动。窗口之间的数据重叠大小根据 Windows size 和 Slide time 决定，当 Slide time 小于 Windows size 便会发生窗口重叠，Slide size 大于 Windows size 就会出现窗口不连续，数据可能不会在任何一个窗口内计算，Slide size 和 Windows size 相等时，Sliding Windows 其实就是 Tumbling Windows。滑动窗口能够帮助用户根据设定的统计频率计算指定窗口大小的统计指标，例如每隔 30s 统计最近 10min 内活跃用户数等。

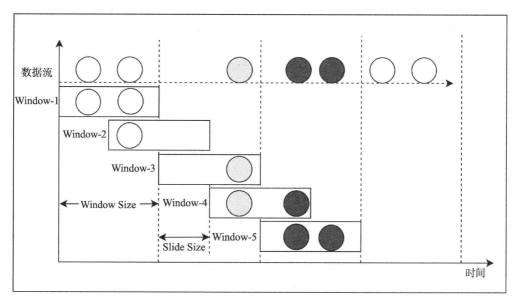

图 4-12　数据在 Sliding Windows 中的分配过程

DataStream API 针对 Sliding Windows 也提供了不同时间类型的 Assigner，其中包括基

于 Event Time 的 SlidingEventTimeWindows 和基于 Process Time 的 SlidingProcessingTime-Windows。代码清单 4-10 中分别创建了两种时间类型的 Sliding Windows，并指定 Windows size 为 1h，Slide time 为 10s。

代码清单 4-10　定义 Event Time 和 Process Time Sliding Windows

```
val inputStream:DataStream[T] = ...
// 定义 Event Time Sliding Windows
val slidingEventTimeWindows = inputStream
.keyBy(_.id)
// 通过使用 SlidingEventTimeWindows 定义 Event Time 滚动窗口
.window(SlidingEventTimeWindows.of(Time.hours(1),Time.minutes(10)))
.process(...)// 定义窗口函数

// 定义 Process Time Sliding Windows
val slidingProcessingTimeWindows= inputStream
.keyBy(_.id)
// 通过使用 SlidingProcessingTimeWindows 定义 Event Time 滚动窗口
.window(SlidingProcessingTimeWindows.of(Time.hours(1),Time.minutes(10)))
.process(...)// 定义窗口计算函数
```

和滚动窗口一样，Flink DataStream API 中也提供了创建两种窗口的快捷方式，通过调用 DataStream API 的 timeWindow 方法就能够创建对应的窗口。如下代码所示，通过 DataStream API timeWindow 方法定义滑动窗口，窗口的时间类型根据用户在 Execation Enviroment 中设定的 Time characteristic 确定，指定的参数分别 Windows Size、Slide Time 还有时区偏移量，如果是国内时区则设定为 Time.hours(-8)。

```
val inputStream:DataStream[T] = ...;
val slidingEventTimeWindows = inputStream
.keyBy(_.id)
// 通过使用 timeWindow 方式定义滑动窗口，窗口时间类型根据 time characteristic 确定
.timeWindow(Time.seconds(10),Time.seconds(1),Time.hours(-8))
.process(...)// 定义窗口函数
```

（3）会话窗口

会话窗口（Session Windows）主要是将某段时间内活跃度较高的数据聚合成一个窗口进行计算，窗口的触发的条件是 Session Gap，是指在规定的时间内如果没有数据活跃接入，则认为窗口结束，然后触发窗口计算结果。需要注意的是如果数据一直不间断地进入窗口，也会导致窗口始终不触发的情况。与滑动窗口、滚动窗口不同的是，Session Windows 不需要有固定 windows size 和 slide time，只需要定义 session gap，来规定不活跃数据的时间上限即可。如图 4-13 所示，通过 session gap 来判断数据是否属于同一活跃

数据集，从而将数据切分成不同的窗口进行计算。

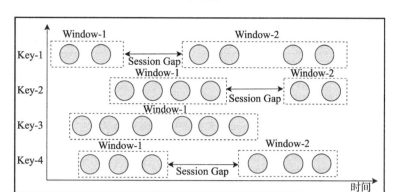

图 4-13　数据在 Session Windows 中的分配过程

Session Windows 窗口类型比较适合非连续型数据处理或周期性产生数据的场景，根据用户在线上某段时间内的活跃度对用户行为数据进行统计。和前面两个窗口一样，DataStream API 中可以创建基于 Event Time 和 Process Time 的 Session Windows，对应的 Assigner 分别为 EventTimeSessionWindows 和 ProcessTimeSessionWindows，如代码清单 4-11 所示，用户需要调用 withGap() 方法来指定 Session Gap，来规定不活跃数据的时间周期。

代码清单 4-11　定义 Event Time 和 Process Time Session Windows

```
val inputStream:DataStream[T] = ...
// 定义 Event Time Session Windows
val eventTimeSessionWindows  = inputStream
.keyBy(_.id)
// 通过使用 EventTimeSessionWindows 定义 Event Time 滚动窗口
.window(EventTimeSessionWindows.withGap(Time.milliseconds(10)))
.process(...)

// 定义 Process Time Session Windows
val processingTimeSessionWindows = inputStream
.keyBy(_.id)
// 通过使用 ProcessingTimeSessionWindows 定义 Event Time 滚动窗口
.window(ProcessingTimeSessionWindows.withGap(Time.milliseconds(10)))
.process(...)
```

在创建 Session Windows 的过程中，除了调用 withGap 方法输入固定的 Session Gap，Flink 也能支持动态的调整 Session Gap。如代码清单 4-12 所示，只需要实现 SessionWindowTimeGapExtractor 接口，并复写 extract 方法，完成动态 Session Gap 的抽

取，然后将创建好的 Session Gap 抽取器传入 ProcessingTimeSessionWindows.withDynamic Gap() 方法中即可。

代码清单 4-12　通过动态 Session Gap 定义 Event Time 和 Process Time Session Windows

```
val inputStream:DataStream[T] = ...;
// 定义 Event Time Session Windows
val eventTimeSessionWindows  = inputStream
.keyBy(_.id)
// 通过使用 EventTimeSessionWindows 定义 Event Time 滚动窗口
.window(EventTimeSessionWindows.withDynamicGap(
  // 实例化 SessionWindowTimeGapExtractor 接口
  new SessionWindowTimeGapExtractor[String] {
    override def extract(element: String): Long = {
      // 动态指定并返回 Session Gap
}}))
.process(...)

// 定义 Process Time Session Windows
val processingTimeSessionWindows  = inputStream
.keyBy(_.id)
// 通过使用 ProcessingTimeSessionWindows 定义 Event Time 滚动窗口
.window(ProcessingTimeSessionWindows.withDynamicGap(
    // 实例化 SessionWindowTimeGapExtractor 接口
  new SessionWindowTimeGapExtractor[String] {
    override def extract(element: String): Long = {
      // 动态指定并返回 Session Gap
}}))
.process(...)
```

> **注意**　由于 Session Windows 本质上没有固定的起止时间点，因此底层计算逻辑和 Tumbliing 窗口及 Sliding 窗口有一定的区别。Session Windows 为每个进入的数据都创建了一个窗口，最后再将距离 Session Gap 最近的窗口进行合并，然后计算窗口结果。因此对于 Session Windows 来说需要能够合并的 Trigger 和 Windows Function，比如 ReduceFunction、AggregateFunction、ProcessWindowFunction 等。

（4）全局窗口

全局窗口（Global Windows）将所有相同的 key 的数据分配到单个窗口中计算结果，窗口没有起始和结束时间，窗口需要借助于 Triger 来触发计算，如果不对 Global Windows 指定 Triger，窗口是不会触发计算的。因此，使用 Global Windows 需要非常慎重，用户需要非常明确自己在整个窗口中统计出的结果是什么，并指定对应的触发器，同时还需要有指定相应的数据清理机制，否则数据将一直留在内存中。

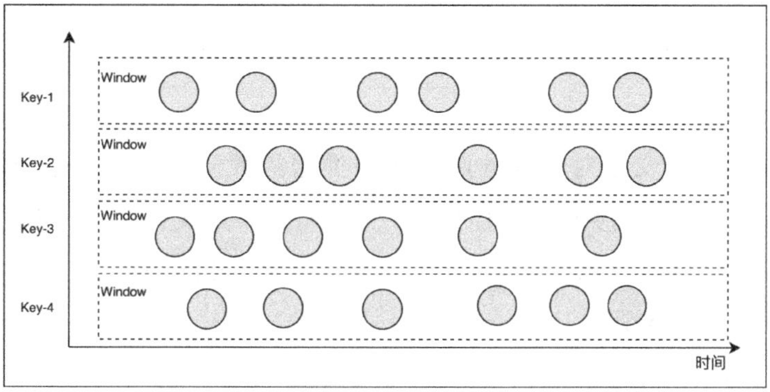

图 4-14　数据在 Global Windows 中的分配过程

如代码清单 4-13 所示，定义 Global Windows 相对比较简单，可以通过 Global-Windows 创建 Global Windows 的分配器。后面我们会讲到对窗口 Trigger 的定义，读者可以结合在本节内容学习。

代码清单 4-13　定义 Global Windows

```
Val inputStream:DataStream[T] = ...;
val globalWindows = inputStream
   .keyBy(_.id)
   .window(GlobalWindows.create())// 通过 GlobalWindows 定义 Global Windows
   .process(...)
```

4.3.2　Windows Function

在上一节的学习我们已经了解 Flink 支持了不同类型窗口的 Assigner，对数据集定义了 Window Assigner 之后，下一步就可以定义窗口内数据的计算逻辑，也就是 Window Function 的定义。Flink 中提供了四种类型的 Window Function，分别为 ReduceFunction、AggregateFunction、FoldFunction 以及 ProcessWindowFunction。

四种类型的 Window Function 按照计算原理的不同可以分为两大类，一类是增量聚合函数，对应有 ReduceFunction、AggregateFunction 和 FoldFunction；另一类是全量窗口函数，对应有 ProcessWindowFunction。增量聚合函数计算性能较高，占用存储空间少，主要因为基于中间状态的计算结果，窗口中只维护中间结果状态值，不需要缓存原始数据。而全量窗口函数使用的代价相对较高，性能比较弱，主要因为此时算子需要对所有属于该窗口的接入数据进行缓存,然后等到窗口触发的时候,对所有的原始数据进行汇总计算。如果接入数据量比较大或窗口时间比较长,就比较有可能导致计算性能的下降。下面将分别对每种 Window Function 在 Flink 中的使用进行解释和说明。

1. ReduceFunction

ReduceFunction 定义了对输入的两个相同类型的数据元素按照指定的计算方法进行聚合的逻辑,然后输出类型相同的一个结果元素。如代码清单 4-14 所示,创建好 Window Assigner 之后通过在 reduce() 方法中指定 ReduceFunction 逻辑,可以使用 Scala Lambda 表达式定义计算逻辑。

代码清单 4-14　使用 Scala Lambda 表达式定义 Windows ReduceFunction

```scala
val inputStream:DataStream[(Int,Long)] = ...;
val reduceWindowStream = inputStream
.keyBy(_._0)
// 指定窗口类型
.window(SlidingEventTimeWindows.of(Time.hours(1),Time.minutes(10)))
// 指定聚合函数逻辑,将根据 ID 将第二个字段求和
.reduce { (v1, v2) => (v1._1, v1._2 + v2._2) }
```

除了可以直接使用表达式的方式对 ReduceFunction 逻辑进行定义,也可以创建 Class 实现 ReduceFunction 接口来定义聚合逻辑,如代码清单 4-15 所示。

代码清单 4-15　使用 Class 实现接口的方式表达式定义 Windows ReduceFunction

```scala
val reduceWindowStream = inputStream
  .keyBy(_._1)
  // 指定窗口类型
  .window(SlidingEventTimeWindows.of(Time.hours(1), Time.minutes(10)))
  // 定义 ReduceFunction 实现类定义聚合函数逻辑,将根据 ID 将第二个字段求和
  .reduce(new ReduceFunction[(Int, Long)] {
  override def reduce(t1: (Int, Long), t2: (Int, Long)): (Int, Long) = {
    (t1._1, t1._2 + t2._2)
  }
})
```

2. AggregateFunction

和 ReduceFunction 相似,AggregateFunction 也是基于中间状态计算结果的增量计算函数,但 AggregateFunction 在窗口计算上更加通用。AggregateFunction 接口相对 ReduceFunction 更加灵活,实现复杂度也相对较高。AggregateFunction 接口中定义了三个需要复写的方法,其中 add() 定义数据的添加逻辑,getResult 定义了根据 accumulator

计算结果的逻辑，merge 方法定义合并 accumulator 的逻辑。如代码清单 4-16 所示，实现了 AggregateFunction 完成对数据集中字段求取平均值的聚合运算。

代码清单 4-16　定义 Windows AggregateFunction 并在 DataStream 中使用

```
// 定义求取平均值的 AggregateFunction
class MyAverageAggregate extends AggregateFunction[(String, Long), (Long,
  Long), Double] {
    // 定义 createAccumulator 为两个参数的元祖
    override def createAccumulator() = (0L, 0L)
    // 定义输入数据累加到 accumulator 的逻辑
    override def add(input: (String, Long), acc: (Long, Long)) =
      (acc._1 + input._2, acc._2 + 1L)
    // 根据累加器得出结果
    override def getResult(acc: (Long, Long)) = acc._1 / acc._2
    // 定义累加器合并的逻辑
    override def merge(acc1: (Long, Long), acc2: (Long, Long)) =
      (acc1._1 + acc2._1, acc1._2 + acc2._2)
}
在 DataStream API 使用定义好的 AggregateFunction
val inputStream:DataStream[(String,Long)] = ...
val aggregateWindowStream = inputStream
  .keyBy(_._1)
  // 指定窗口类型
  .window(SlidingEventTimeWindows.of(Time.hours(1), Time.minutes(10)))
  // 指定聚合函数逻辑，将根据 ID 将第二个字段求平均值
  .aggregate(new MyAverageAggregate)
```

3. FoldFunction

FoldFunction 定义了如何将窗口中的输入元素与外部的元素合并的逻辑，如代码清单 4-17 所示将 "flink" 字符串添加到 inputStream 数据集中所有元素第二个字段上，并将结果输出到下游 DataStream 中。

代码清单 4-17　Windows FoldFunction 定义说明

```
val inputStream:DataStream[(String,Long)] = ...;
val foldWindowStream = inputStream
.keyBy(_._1)
// 指定窗口类型
.window(SlidingEventTimeWindows.of(Time.hours(1), Time.minutes(10)))
// 指定聚合函数逻辑，将 flink 字符串和每个元祖中第二个字段相连并输出
.fold("flink") { (acc, v) => acc + v._2 }
```

FoldFunction 已经在 Flink DataStream API 中被标记为 @Deprecated，也就是说很可能会在未来的版本中移除，Flink 建议用户使用 AggregateFunction 来替换使用 FoldFunction。

4. ProcessWindowFunction

前面提到的 ReduceFunction 和 AggregateFunction 都是基于中间状态实现增量计算的窗口函数，虽然已经满足绝大多数场景，但在某些情况下，统计更复杂的指标可能需要依赖于窗口中所有的数据元素，或需要操作窗口中的状态数据和窗口元数据，这时就需要使用到 ProcessWindowsFunction，ProcessWindowsFunction 能够更加灵活地支持基于窗口全部数据元素的结果计算，例如统计窗口数据元素中某一字段的中位数和众数。在 Flink 中 ProcessWindowsFunction 抽象类定义如代码清单 4-18 所示，在类中的 Context 抽象类完整地定义了 Window 的元数据以及可以操作 Window 的状态数据，包括 GlobalState 以及 WindowState。

代码清单 4-18　Flink 中 ProcessWindowsFunction 抽象类定义

```
    public abstract class ProcessWindowFunction<IN, OUT, KEY, W extends Window>
    extends AbstractRichFunction {
    //评估窗口并且定义窗口输出的元素
     void process(KEY key, Context ctx, Iterable<IN> vals, Collector<OUT> out)
throws Exception;
    //定义清除每个窗口计算结束后中间状态的逻辑
    public void clear(Context ctx) throws Exception {}
    //定义包含窗口元数据的上下文
  public abstract class Context implements Serializable {
      //返回窗口的元数据
      public abstract W window();
      //返回窗口当前的处理时间
      public abstract long currentProcessingTime();
      //返回窗口当前的 event-time 的 Watermark
      public abstract long currentWatermark();
      //返回每个窗口的中间状态
      public abstract KeyedStateStore windowState();
      //返回每个 Key 对应的中间状态
      public abstract KeyedStateStore globalState();
      //根据 OutputTag 输出数据
      public abstract <X> void output(OutputTag<X> outputTag, X value); }
  }
```

在实现 ProcessWindowFunction 接口的过程中，如果不操作状态数据，则只需要实现 process() 方法即可，该方法中定义了评估窗口和具体数据输出的逻辑。如代码清单 4-19 所示，通过自定义实现 ProcessWindowFunction 完成基于窗口上的 Key 统计包括求和、最小值、最大值，以及平均值的聚合指标，并获取窗口结束时间等元数据信息。

代码清单 4-19　自定义 ProcessWindowFunction 实现指标统计

```scala
val inputStream:DataStream[(String,Long)] = ...;
// 向 DataStream 数据集指定 StaticProcessFunction
val staticStream = inputStream.keyBy(_._1).timeWindow(Time.seconds(10)).
                    process(new StaticProcessFunction)
// 定义 StaticProcessFunction，根据窗口中的数据统计指标
class StaticProcessFunction
      extends ProcessWindowFunction[(String, Long, Int), (String, Long, Long, Long, Long, Long), String, TimeWindow] {
    override def process(
      key: String,
      ctx: Context,
      vals: Iterable[(String, Long, Int)],
      out: Collector[(String, Long, Long, Long, Long, Long)]): Unit = {
    // 定义求和、最大值、最小值、平均值、窗口时间逻辑
    val sum = vals.map(_._2).sum
    val min = vals.map(_._2).min
    val max = vals.map(_._2).max
    var avg = sum / vals.size
    val windowEnd = ctx.window.getEnd
    // 通过 out.collect 返回计算结果
    out.collect((key, min, max, sum, avg, windowEnd))
  }
}
```

> **注意**　使用 ProcessWindowFunction 完成简单的聚合运算明显是非常浪费的，用户需要确认自己的业务计算场景，选择合适的 WindowFunction 来统计窗口结果。

5. Incremental Aggregation 和 ProcessWindowsFunction 整合

ReduceFunction 和 AggregateFunction 等这些增量聚合函数虽然在一定程度上能够提升窗口计算的性能，但是这些函数的灵活性却不及 ProcessWindowsFunction，例如对窗口状态数据的操作以及对窗口中元数据信息的获取等。但是如果使用 ProcessWindowsFunction 去完成一些基础的增量统计运算相对比较浪费系统资源。此时可以将 Incremental Aggregation Function 和 ProcessWindowsFunction 进行整合，以充分利用两种函数各自的优势。在 Flink DataStream API 也提供了对应的方法，如代码清单 4-20 所示，将增量 ReduceFuction 和 ProcessWindowFunction 整合，求取窗口中指标最大值以及对应窗口的终止时间。

代码清单 4-20　通过 ReduceFuction 和 ProcessWindowFunction 整合求取窗口结束时间和指标最小值

```
val inputStream:DataStream[(String,Long)] = ...;
val result = inputStream
.keyBy(_._1)
.timeWindow(Time.seconds(10))
.reduce(
  //定义 ReduceFunction,完成求取最小值的逻辑
  (r1: (String, Long, Int), r2: (String, Long, Int)) => {
    if (r1._2 > r2._2) r2 else r1
  }
  , //定义 ProcessWindowsFunction,完成对窗口元数据的采集
  (key: String,
  window: TimeWindow,
  minReadings: Iterable[(String, Long, Int)],
  out: Collector[(Long, (String, Long, Int))]) => {
    val min = minReadings.iterator.next()
    //采集窗口结束时间和最小值对应的数据元素
    out.collect((window.getEnd, min))
  })
```

从实例中我们可以看出计算过程中需要在 reduce 方法中定义两个 Function，分别是 ReduceFunction 和 ProcessWindowFunction。ReduceFunction 中定义了数据元素根据指定 Key 求取第二个字段对应最小值的逻辑，ProcessWindowFunction 定义了从窗口元数据中获取窗口结束时间属性，然后将 ReduceFution 统计的数据元素的最小值和窗口结束时间共同返回。同理，AggregateFunction 和 FoldFunction 也可以按照这种方式和 ProcessWindowsFunction 整合，在实现增量聚合计算的同时，也可以操作窗口的元数据信息以及状态数据。

6. ProcessWindowFunction 状态操作

除了能够通过 RichFunction 操作 keyed State 之外，ProcessWindowFunction 也可以操作基于窗口之上的状态数据，这类状态被称为 Per-window State。状态数据针对指定的 Key 在窗口上存储，例如将用户 ID 作为 key，求取每个用户 ID 最近一个小时的登录数，如果平台中一共有 3000 个用户，则窗口计算中会创建 3000 个窗口实例，每个窗口实例中都会保存每个 key 的状态数据。可以通过 ProcessWindowFunction 中的 Context 对象获取并操作 Per-window State 数据，其中 Per-window State 在 ProcessWindowFunction 中分为两种类型：

❑ globalState：窗口中的 keyed state 数据不限定在某个窗口中；

❑ windowState：窗口中的 keyed state 数据限定在固定窗口中。

获取这些状态数据适合于在同一窗口多次触发计算的场景，或针对迟到的数据来触发窗口计算，例如可以存储每次窗口触发的次数以及最新一次触发的信息，用于下一次窗口触发判断的逻辑。使用 Per-window State 数据时需要及时清理状态数据，可以调用 ProcessWindowFunction 的 clear() 方法完成对状态数据的清理。

4.3.3 Trigger 窗口触发器

数据接入窗口后，窗口是否触发 WindowFunction 计算，取决于窗口是否满足触发条件，每种类型的窗口都有对应的窗口触发机制，保障每一次接入窗口的数据都能够按照规定的触发逻辑进行统计计算。Flink 在内部定义了窗口触发器来控制窗口的触发机制，分别有 EventTimeTrigger、ProcessTimeTrigger 以及 CountTrigger 等。每种触发器都对应于不同的 Window Assigner，例如 Event Time 类型的 Windows 对应的触发器是 EventTimeTrigger，其基本原理是判断当前的 Watermark 是否超过窗口的 EndTime，如果超过则触发对窗口内数据的计算，反之不触发计算。以下对 Flink 自带的窗口触发器进行分类整理，用户可以根据需要选择合适的触发器：

❑ EventTimeTrigger：通过对比 Watermark 和窗口 EndTime 确定是否触发窗口，如果 Watermark 的时间大于 Windows EndTime 则触发计算，否则窗口继续等待；

❑ ProcessTimeTrigger：通过对比 ProcessTime 和窗口 EndTime 确定是否触发窗口，如果窗口 Process Time 大于 Windows EndTime 则触发计算，否则窗口继续等待；

❑ ContinuousEventTimeTrigger：根据间隔时间周期性触发窗口或者 Window 的结束时间小于当前 EventTime 触发窗口计算；

❑ ContinuousProcessingTimeTrigger：根据间隔时间周期性触发窗口或者 Window 的结束时间小于当前 ProcessTime 触发窗口计算；

❑ CountTrigger：根据接入数据量是否超过设定的阈值确定是否触发窗口计算；

❑ DeltaTrigger：根据接入数据计算出来的 Delta 指标是否超过指定的 Threshold，判断是否触发窗口计算；

❑ PurgingTrigger：可以将任意触发器作为参数转换为 Purge 类型触发器，计算完成后数据将被清理。

如果已有 Trigger 无法满足实际需求，用户也可以继承并实现抽象类 Trigger 自定义触发器，Flink Trigger 接口中共有如下方法需要复写，然后在 DataStream API 中调用

trigger 方法传入自定义 Trigger。

- OnElement()：针对每一个接入窗口的数据元素进行触发操作；
- OnEventTime()：根据接入窗口的 EventTime 进行触发操作；
- OnProcessTime()：根据接入窗口的 ProcessTime 进行触发操作；
- OnMerge()：对多个窗口进行 Merge 操作，同时进行状态的合并；
- Clear()：执行窗口及状态数据的清除方法。

在自定义触发器时，判断窗口触发方法返回的结果有如下类型，分别是 CONTINUE、FIRE、PURGE、FIRE_AND_PURGE。其中 CONTINUE 代表当前不触发计算，继续等待；FIRE 代表触发计算，但是数据继续保留；PURGE 代表窗口内部数据清除，但不触发计算；FIRE_AND_PURGE 代表触发计算，并清除对应的数据；用户在指定触发逻辑满足时可以通过将以上状态返回给 Flink，由 Flink 在窗口计算过程中，根据返回的状态选择是否触发对当前窗口的数据进行计算。

如代码清单 4-21 中所示，通过自定义 EarlyTriggeringTrigger 实现窗口触发的时间间隔，当窗口是 Session Windows 时，如果用户长时间不停地操作，导致 Session Gap 一直都不生成，因此该用户的数据会长期存储在窗口中，如果需要至少每隔五分钟统计一下窗口的结果，不想一直等待，此时就需要自定义 Trigger 来实现。Flink 中已经定义了 ContinuousEventTimeTrigger 窗口触发器来实现相似的功能，以下通过自定义实现类似 ContinuousEventTimeTrigger 的窗口触发器。

代码清单 4-21　自定义实现 EarlyTriggeringTrigger

```scala
class ContinuousEventTimeTrigger(interval: Long) extends Trigger[Object, TimeWindow] {
  // 重定义 Java.lang.Long 类型为 JLong 类型
  private type JLong = java.lang.Long
  // 实现函数，求取 2 个时间戳的最小值
  private val min = new ReduceFunction[JLong] {
    override def reduce(v1: JLong, v2: JLong): JLong = Math.min(v1, v2)
  }
  private val stateDesc = new ReducingStateDescriptor[JLong]("trigger-time", min, Types.LONG)
  // 处理接入的元素，每次都会被调用
  override def onElement(element: Object,
                         timestamp: Long,
                         window: TimeWindow,
                         ctx: TriggerContext): TriggerResult =
    // 如果当前的 Watermark 超过窗口的结束时间，则清除定时器内容，直接触发窗口计算
```

```scala
      if (window.maxTimestamp <= ctx.getCurrentWatermark) {
        clearTimerForState(ctx)
        TriggerResult.FIRE
      }
      else {
        // 否则将窗口的结束时间注册给 EventTime 定时器
        ctx.registerEventTimeTimer(window.maxTimestamp)
        // 获取当前分区状态中的时间戳
        val fireTimestamp = ctx.getPartitionedState(stateDesc)
        // 如果第一次执行，则对元素的 timestamp 进行 floor 操作，取整后加上传入的实例变量
interval，得到下一次触发时间并注册，添加到状态中
        if (fireTimestamp.get == null) {
          val start = timestamp - (timestamp % interval)
          val nextFireTimestamp = start + interval
          ctx.registerEventTimeTimer(nextFireTimestamp)
          fireTimestamp.add(nextFireTimestamp)
        }
        // 此时继续等待
        TriggerResult.CONTINUE
      }
    // 时间概念类型不选择 ProcessTime，不会基于 processing Time 触发，直接返回 CONTINUE
    override def onProcessingTime (time: Long,window: TimeWindow, ctx:
TriggerContext): TriggerResult = TriggerResult.CONTINUE
    // 当 Watermark 超过注册时间时，就会执行 onEventTime 方法
    override def onEventTime(time: Long,
                             window: TimeWindow,
                             ctx: TriggerContext): TriggerResult = {
      // 如果事件时间等于 maxTimestamp 时间，则清空状态数据，并触发计算
      if (time == window.maxTimestamp()) {
        clearTimerForState(ctx)
        TriggerResult.FIRE
      } else {
        // 否则，获取状态中的值 (maxTimestamp 和 nextFireTimestamp 的最小值)
        val fireTimestamp = ctx.getPartitionedState(stateDesc)
        // 如果状态中的值等于事件时间，则清除定时器时间戳，注册下一个 interval 的时间戳，并触
发窗口计算
        if (fireTimestamp.get == time) {
          fireTimestamp.clear()
          fireTimestamp.add(time + interval)
          ctx.registerEventTimeTimer(time + interval)
          TriggerResult.FIRE
        } else {// 否则继续等待
          TriggerResult.CONTINUE}}
    // 从 TriggerContext 中获取状态中的值，并从定时器中清除
    private def clearTimerForState(ctx: TriggerContext): Unit = {
      val timestamp = ctx.getPartitionedState(stateDesc).get()
      if (timestamp != null) {
        ctx.deleteEventTimeTimer(timestamp)}}
    // 用于 session window 的 merge，指定可以 merge
```

```
      override def canMerge: Boolean = true
    //定义窗口状态merge的逻辑
    override def onMerge(window: TimeWindow,
                 ctx: OnMergeContext): TriggerResult = {
      ctx.mergePartitionedState(stateDesc)
      val nextFireTimestamp = ctx.getPartitionedState(stateDesc).get()
      if (nextFireTimestamp != null) {
        ctx.registerEventTimeTimer(nextFireTimestamp)
      }
      TriggerResult.CONTINUE
    }
    //删除定时器中已经触发的时间戳，并调用Trigger的clear方法
    override def clear(window: TimeWindow,
                 ctx: TriggerContext): Unit = {
      ctx.deleteEventTimeTimer(window.maxTimestamp())
      val fireTimestamp = ctx.getPartitionedState(stateDesc)
      val timestamp = fireTimestamp.get
      if (timestamp != null) {
        ctx.deleteEventTimeTimer(timestamp)
        fireTimestamp.clear()}}
      override def toString: String = s" ContinuousEventTimeTrigger($interval)"
}
//类中的of方法，传入interval，作为参数传入此类的构造器，时间转换为毫秒
object ContinuousEventTimeTrigger {
    def of(interval: Time) = new
ContinuousEventTimeTrigger(interval.toMilliseconds)
    }
```

如以下代码所示，通过调用 DataStream API 中的 trigger() 方法，将自定义 ContinuousEventTimeTrigger 应用到窗口上，就能够按照自定义的窗口触发策略完成对窗口数据的计算。

```
val windowStream = inputStream
  .keyBy(_._1)
  //指定窗口类型
  .window(EventTimeSessionWindows.withGap(Time.milliseconds(10)))
  //指定窗口触发器
  .trigger(ContinuousEventTimeTrigger.of(Time.seconds(5)))
  .process(...)
})
```

从代码中可以看出，重写 Trigger 接口中的方法非常多，且每个方法中的逻辑也比较复杂，因此建议用户尽可能使用 Flink 中自带的窗口触发器。另外需要注意的是，当用户使用自定义触发器时，默认触发器将会被覆盖，因此用户在自己定义触发器的时候，需要考虑对默认触发器中的功能是否有依赖，例如使用 EventTime Windows 时，就需要考虑是否需要借助 EventTimeTrigger 中 Watermark 处理乱序数据的处理，并在当前自定义

的触发器中实现 EventTimeTrigger 的对应逻辑。另外 Flink 中 GlobalWindow 的默认触发器是 NeverTrigger，如果使用 GlobalWindow 窗口，则必须自定义触发器，否则数据接入 Window 后将永远不会触发计算，窗口中的数据量会越来越大，最终导致系统内存溢出等问题。

4.3.4　Evictors 数据剔除器

Evictors 是 Flink 窗口机制中一个可选的组件，其主要作用是对进入 WindowFuction 前后的数据进行剔除处理，Flink 内部实现 CountEvictor、DeltaEvictor、TimeEvitor 三种 Evictors。在 Flink 中 Evictors 通过调用 DataStream API 中 evictor() 方法使用，且默认的 Evictors 都是在 WindowsFunction 计算之前对数据进行剔除处理。

- CountEvictor：保持在窗口中具有固定数量的记录，将超过指定大小的数据在窗口计算前剔除；
- DeltaEvictor：通过定义 DeltaFunction 和指定 threshold，并计算 Windows 中的元素与最新元素之间的 Delta 大小，如果超过 threshold 则将当前数据元素剔除；
- TimeEvictor：通过指定时间间隔，将当前窗口中最新元素的时间减去 Interval，然后将小于该结果的数据全部剔除，其本质是将具有最新时间的数据选择出来，删除过时的数据。

和 Trigger 一样，用户也可以通过实现 Evictor 接口完成自定义 Evictor，如代码清单 4-22 所示，Evictor 接口需要复写的方法有两个：evictBefore() 方法定义数据在进入 WindowsFunction 计算之前执行剔除操作的逻辑，evictAfter() 方法定义数据在 WindowsFunction 计算之后执行剔除操作的逻辑。其中方法参数中 elements 是代表在当前窗口中所有的数据元素。

代码清单 4-22　Evictor 接口在 Flink 中的定义

```
public interface Evictor<T, W extends Window> extends Serializable {
    //定义 WindowFunction 触发之前的数据剔除逻辑
    void evictBefore(Iterable<TimestampedValue<T>> elements, int size, W window,
EvictorContext evictorContext);
    //定义 WindowFunction 触发之后的数据剔除逻辑
    void evictAfter(Iterable<TimestampedValue<T>> elements, int size, W window,
EvictorContext evictorContext);
    //定义上下文对象
    interface EvictorContext {
        long getCurrentProcessingTime();
```

```
    MetricGroup getMetricGroup();
    long getCurrentWatermark();
}}
```

> **注意** 从 Evictor 接口中能够看出，元素在窗口中其实并没有保持顺序，因此如果对数据在进入 WindowFunction 之前或之后进行预处理，其实和数据在进入窗口中的顺序是没有关系的，无法控制绝对的先后关系。

4.3.5 延迟数据处理

基于 Event-Time 的窗口处理流式数据，虽然提供了 Watermark 机制，却只能在一定程度上解决了数据乱序的问题。但在某些情况下数据可能延时会非常严重，即使通过 Watermark 机制也无法等到数据全部进入窗口再进行处理。Flink 中默认会将这些迟到的数据做丢弃处理，但是有些时候用户希望即使数据延迟到达的情况下，也能够正常按照流程处理并输出结果，此时就需要使用 Allowed Lateness 机制来对迟到的数据进行额外的处理。

DataStream API 中提供了 allowedLateness 方法来指定是否对迟到数据进行处理，在该方法中传入 Time 类型的时间间隔大小 (t)，其代表允许延时的最大时间，Flink 窗口计算过程中会将 Window 的 Endtime 加上该时间，作为窗口最后被释放的结束时间（P），当接入的数据中 Event Time 未超过该时间（P），但 Watermak 已经超过 Window 的 EndTime 时直接触发窗口计算。相反，如果事件时间超过了最大延时时间（P），则只能对数据进行丢弃处理。

需要注意的是，默认情况下 GlobleWindow 的最大 Lateness 时间为 Long.MAX_VALUE，也就是说不超时。因此数据会源源不断地累积到窗口中，等待被触发。其他窗口类型默认的最大 Lateness 时间为 0，即不允许有延时数据的情况。

通常情况下用户虽然希望对迟到的数据进行窗口计算，但并不想将结果混入正常的计算流程中，例如用户大屏数据展示系统，即使正常的窗口中没有将迟到的数据进行统计，但为了保证页面数据显示的连续性，后来接入到系统中迟到数据所统计出来的结果不希望显示在屏幕上，而是将延时数据和结果存储到数据库中，便于后期对延时数据进行分析。对于这种情况需要借助 Side Output 来处理，通过使用 sideOutputLateData （OutputTag）来标记迟到数据计算的结果，然后使用 getSideOutput（lateOutputTag）从窗口结果中获取 lateOutputTag 标签对应的数据，之后转成独立的 DataStream 数据集进行处理，如下代码所示，创建 late-data 的 OutputTag，再通过该标签从窗口结果中将迟到数据筛选出来。

```
// 创建延迟数据OutputTag, 标记为late-data
val lateOutputTag = OutputTag[T]("late-data")
val input: DataStream[T] = ...
val result = input
  .keyBy(<key selector>)
  .window(<window assigner>)
  .allowedLateness(<time>)
// 通过sideOutputLateData方法对迟到数据进行标记
  .sideOutputLateData(lateOutputTag)
  .process(...)
// 最后通过lateOutputTag从窗口结果中获取迟到数据产生的统计结果
val lateStream = result.getSideOutput(lateOutputTag)
```

4.3.6 连续窗口计算

对接入的流式数据进行窗口处理的过程，其实是将 DataStream 在窗口中完成窗口计算逻辑，处理完毕后数据又会被转换为 DataStream，对于 Windows 处理出来的结果，可以继续按照 DataStream 的方式进行后续处理。

1. 独立窗口计算

如代码清单 4-23 所示，针对同一个 DataStream 进行不同的窗口处理，窗口之间相对独立，输出结果在不同的 DataStream 中，这时在 Flink Runtime 执行环境中，将分为两个 Window Operator 在不同的 Task 中执行，相互之间元数据不会进行共享。

代码清单 4-23　独立窗口计算模式

```
val input: DataStream[T] = ...
// 定义Session Gap为100s的窗口并计算结果windowStream1
val windowStream1 = inputStream
  .keyBy(_._1)
  // 指定窗口类型
  .window(EventTimeSessionWindows.withGap(Time.milliseconds(100)))
  .process(...)
})
// 定义Session Gap为100s的窗口并计算结果windowStream2
val windowStream2 = inputStream
  .keyBy(_._1)
```

```
        // 指定窗口类型
        .window(EventTimeSessionWindows.withGap(Time.milliseconds(10)))
        .process(...)
})
```

2. 连续窗口计算

连续窗口计算表示上游窗口的计算结果是下游窗口计算的输入，窗口算子和算子之间上下游关联，窗口之间的元数据信息能够共享。如代码清单 4-24 所示，在上游窗口统计最近 10 种每个 Key 的最小值，通过下游窗口统计出整个窗口上 TopK 的值。可以看出，两个窗口的类型和 End-Time 都是一致的，上游将窗口元数据（Watermark）信息传递到下游窗口中，真正触发计算是在下游窗口中，窗口的计算结果全部在下游窗口中统计得出，最终完成在同一个窗口中同时计算与 Key 相关和非 key 相关的指标。

代码清单 4-24　在同一个窗口上计算按 Key 统计 Sum 值以及统计 TopK 结果

```
val input: DataStream[T] = ...
// 定义 Session Gap 为 100s 的窗口并计算结果 windowStream1
val windowStream1 = inputStream
    .keyBy(_._1)
    // 指定窗口类型
    .window(TumblingEventTimeWindows.of(Time.milliseconds(10)))
    .reduce(new Min())
})
// 在 windowStream1 上定义 Session Gap 为 10s 的窗口并计算结果 windowStream2
val windowStream2 = windowStream1
    // 指定窗口类型
    .windowAll(TumblingEventTimeWindows.of(Time.milliseconds(10)))
    .process(new TopKWindowFunction())
})
```

4.3.7　Windows 多流合并

在 Flink 中支持窗口上的多流合并，即在一个窗口中按照相同条件对两个输入数据流进行关联操作，需要保证输入的 Stream 要构建在相同的 Window 上，并使用相同类型的 Key 作为关联条件。如下代码所示，先通过 join 方法将 inputStream1 数据集和 inputStream2 数据集关联，形成 JoinedStreams 类型数据集，调用 where() 方法指定 inputStream1 数据集的 Key，调用 equalTo() 方法指定 inputStream2 对应关联的 Key，通过 window() 方法指定 Window Assigner，最后再通过 apply() 方法中传入用户自定义的 JoinFunction 或者 FlatJoinFunction 对输入的数据元素进行窗口计算。

```
inputStream1:DataStream[(Long,String,Int)] = ...
inputStream2:DataStream[(String,Long,Int)] = ...
// 通过 DataStream Join 方法将两个数据流关联
inputStream1.join(inputStream2)
    // 指定 inputStream1 的关联 Key
    .where(_._1)
    // 指定 inputStream2 的关联 Key
    .equalTo(_._2)/
    // 指定 Window Assigner
    .window(TumblingEventTimeWindows.of(Time.milliseconds(10)))
.apply(<JoinFunction>) // 指定窗口计算函数
```

在 Windows Join 过程中所有的 Join 操作都是 Inner-join 类型,也就是说必须满足在相同窗口中,每个 Stream 中都要有 Key 且 Key 值相同才能完成关联操作并输出结果,任何一个数据集中的 Key 不具备或缺失都不会输出关联计算结果。

在 Windows Join 中,指定不同的 Windows Assigner,DataStream 的关联过程也相应不同,包括数据计算的方式也会有所不同。在 Flink 中共有滚动窗口关联(Tumbling Window join)、滑动窗口关联(Sliding Window join)、会话窗口关联(Session Window join)以及间隔关联(Interval Join)四种多流合并的操作可以选择作用。

1. 滚动窗口关联

滚动窗口关联操作是将滚动窗口中相同 Key 的两个 DataStream 数据集中的元素进行关联,并应用用户自定义的 JoinFunction 计算关联结果。如图 4-15 所示两个 DataStream Join 的过程中,数据是在相同的窗口中进行关联,如果出现相同的 Key 值,则应用 JoinFunction 计算出结果并输出。在窗口中任何一个 DataStream 没有对应的 Key 的元素,窗口都不会输出计算结果。

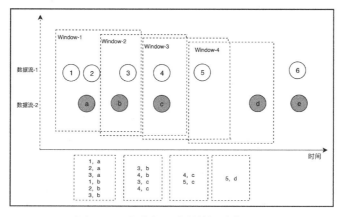

图 4-15 滚动窗口关联数据计算过程

图 4-15 中黑色代表的是一个 DataStream 数据集中的数据，白色代表另外一个 DataStream 数据集中的数据，两个 Stream 在相同的时间窗口中进行内连操作，最后一个窗口因为黑色数据集中没有数据，所以关联操作没有结果输出。图中的滚动窗口关联逻辑可以通过代码清单 4-25 实现。

代码清单 4-25　滚动窗口关联完成对黑白数据集的关联

```
// 创建黑色元素数据集
val blackStream: DataStream[(Int, Long)] = ...
// 创建白色元素数据集
val whiteStream: DataStream[(Int, Long)] = ...
// 通过 Join 方法将两个数据集进行关联
val windowStream: DataStream[(Int,Long)] = blackStream.join(whiteStream)
  .where(_._1)          // 指定第一个 Stream 的关联 Key
  .equalTo(_._1)        // 指定第二个 Stream 的关联 Key
  .window(TumblingEventTimeWindows.of(Time.milliseconds(10)))  // 指定窗口类型
  .apply((black, white) => (black._1,black._2 + white._2))   // 应用 JoinFunction
```

2. 滑动窗口关联

滑动窗口是指窗口在指定的 SlideTime 的间隔内进行滑动，同时允许窗口重叠，在滑动窗口关联操作过程中，就会出现重叠的关联操作，如图 4-16 所示，两个 DataStream 数据元素在单个窗口中根据相同的 Key 进行关联，且关联数据会发生重叠同时滑动窗口关联也是基于内连接，如果一个窗口中只出现了一个 DataStream 中的 Key，则不会输出关联计算结果。

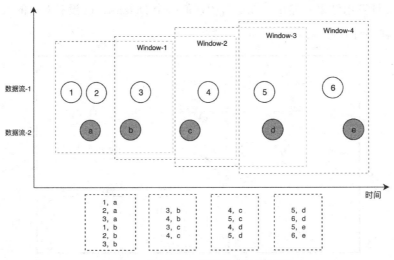

图 4-16　滑动窗口关联数据计算过程

随着时间的推后，会发现在第一个窗口中进行 Join 的 0 和 0 元素，同时在第二个窗口中进行关联得出来的结果为（0, 0）和（1, 0），各个窗口关联出来的结果中有可能会出现重复情况，这也是滑动窗口本身的特性允许窗口重叠造成的。图中对应窗口计算的实现如下，和滑动窗口关联相比，窗口的类型变为 SlidingEventTimeWindows，产生基于滑动窗口的计算结果。

```
//创建黑色元素数据集
val blackStream: DataStream[(Int, Long)] = ...
//创建白色元素数据集
val whiteStream: DataStream[(Int, Long)] = ...
//通过Join方法将两个数据集进行关联
val windowStream: DataStream[(Int,Long)] = blackStream.join(whiteStream)
  .where(_._1) // 指定第一个 Stream 的关联 Key
  .equalTo(_._1) // 指定第二个 Stream 的关联 Key
  .window(SlidingEventTimeWindows.of(Time.milliseconds(10),Time.milliseconds(2))) 
//指定窗口类型
  .apply((black, white) => (black._1,black._2 + white._2)) // 应用 JoinFunction
```

3. 会话窗口关联

会话窗口是根据 Session Gap 将数据集划分成不同的窗口，会话窗口关联对两个 Stream 的数据元素进行窗口关联操作，窗口中含有两个数据集元素，并且元素具有相同的 key，则输出关联计算结果，如图 4-17 所示，黑色数据元素和白色数据元素在相同的 Session 窗口中根据相同的 key 进行关联，并基于每个窗口中计算结果并输出。

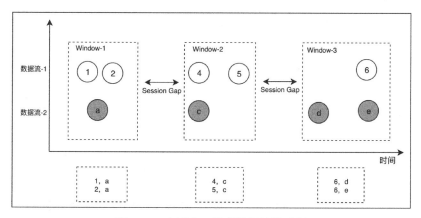

图 4-17　会话窗口关联数据计算过程

可以看出会话窗口中数据关联也是内连接，也就是在当窗口中两个 DataStream 必须同时含有相同 key 的数据元素，然后进行结果输出否则不输出窗口计算结果。虽然窗口不会重叠,但有可能会出现不连续的情况,例如两个 DataStream 的会话时间不在一个频道上,可能导致一段时间内两个 DataStream 都无法连接,这时需要根据情况重新设置 Gap 的大小。会话窗口关联代码实现如下,只需要在 window 中指定 EventTimeSessionWindows 类型即可,其余部分和其他窗口类似。

```
//创建黑色元素数据集
val blackStream: DataStream[(Int, Long)] = ...
//创建白色元素数据集
val whiteStream: DataStream[(Int, Long)] = ...
//通过 Join 方法将两个数据集进行关联
val windowStream: DataStream[(Int,Long)] = blackStream.join(whiteStream)
  .where(_._1) // 指定第一个 Stream 的关联 Key
  .equalTo(_._1) // 指定第二个 Stream 的关联 Key
  .window(EventTimeSessionWindows.withGap(Time.milliseconds(10)))// 指定窗口类型
  .apply((black, white) =>(black._1,black._2 + white._2)) // 应用 JoinFunction
```

4. 间隔关联

和其他窗口关联不同,间隔关联的数据元素关联范围不依赖窗口划分,而是通过 DataStream 元素的时间加上或减去指定 Interval 作为关联窗口,然后和另外一个 DataStream 的数据元素时间在窗口内进行 Join 操作。

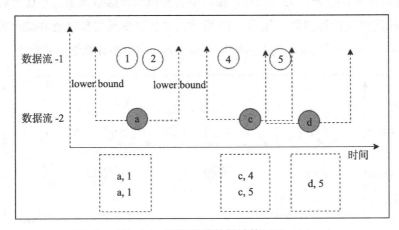

图 4-18 间隔关联数据计算过程

间隔关联结果依赖于 Inteval 的大小,Interval 越大,则关联的数据越多,反之亦然。如下代码所示,blackStream 调用 IntervalJoin 关联 whiteStream,此时 blackStream 和 whiteStream 都是转换成 KeyedStream 类型,同时在 between() 方法中指定 blackStream 数据元素的上下界,然后在 process() 方法中指定定义的 ProcessJoinFunction,完成指定

窗口内的数据计算和输出。

```
//创建黑色元素数据集
    val blackStream: DataStream[(Int, Long)] = env.fromElements((2, 21L), (4, 1L),
(5, 4L))
    //创建白色元素数据集
    val whiteStream: DataStream[(Int, Long)] = env.fromElements((2, 21L), (1, 1L),
(3, 4L))
    //通过Join方法将两个数据集进行关联
    val windowStream: DataStream[String] = blackStream.keyBy(_._1)
    //调用intervalJoin方法关联另外一个DataStream
      .intervalJoin(whiteStream.keyBy(_._1))
    //设定时间上限和下限
      .between(Time.milliseconds(-2), Time.milliseconds(1))
      .process(new ProcessWindowFunction())
    //通过单独定义ProcessWindowFunction实现ProcessJoinFunction
    class ProcessWindowFunction extends ProcessJoinFunction[(Int, Long), (Int,
Long), String] {
        override def processElement(in1: (Int, Long), in2: (Int, Long), context:
ProcessJoinFunction[(Int, Long), (Int, Long), String]#Context, collector:
Collector[String]): Unit = {
            collector.collect(in1 + ":" + (in1._2 + in2._2))
        }
    }
```

4.4 作业链和资源组

在 Flink 作业中,用户可以指定相应的链条将相关性非常强的转换操作绑定在一起,这样能够让转换过程上下游的 Task 在同一个 Pipeline 中执行,进而避免因为数据在网络或者线程间传输导致的开销。一般情况下 Flink 在例如 Map 类型的操作中默认开启 TaskChain,以提高 Flink 作业的整体性能。Flink 同时也为用户提供细粒度的链条控制,用户能够根据自己的需要创建作业链或禁止作业链。

4.4.1 作业链

(1) 禁用全局链条

用户能够通过禁止全局作业链的操作来关闭整个 Flink 作业的链条,需要注意这个操作会影响整个作业的执行情况,在选择关闭之前,用户需要非常清楚作业的执行过程,否则可能会出现一些意想不到的情况。

```
StreamExecutionEnvironment.disableOperatorChaining()
```

关闭全局作业链后，创建对应 Opecator 的链条，需要用户事先指定操作符，然后再通过使用 startNewChain() 方法来创建，且创建的链条只对当前的操作符和之后的操作符有效，不影响其他操作，例如：

```
someStream.filter(...).map(...).startNewChain().map(...)
```

在上述过程中，新创建的作业链只针对两个 map 操作进行链条绑定，对前面的 filter 操作无效，如果用户需要创建，则可以在 filter 操作和 map 操作之间进行 startNewChain() 方法即可。

(2) 禁用局部链条

如果用户不想关闭整体作业算子上的链条，而是只想关闭某些操作符上的链条，可以通过 disableChaining() 方法来禁用当前操作符上的链条，例如：

```
someStream.map(...).disableChaining();
```

在上述过程中，只会禁用 map 操作上的链条，且不会对其他操作符产生影响。

4.4.2 Slots 资源组

Slot 是整个 Flink 系统中所提供的资源最小单元，其概念上和 Yarn 中的 Container 类似，Flink 在 TaskManager 启动后，会自动管理当前 TaskManager 上所能提供的 Slot，在作业提交到 Flink 集群后，由 JobManager 进行统一分配 Slots 数量。在这里需要介绍的是 Slot 资源共享的问题，即多个 Task 计算过程中在同一个 Slot 中进行，这样能够对特定过程中的 Tasks 进行物理隔离，使其能够在同一个 Slot 中执行，对数据转换操作进行隔离。另外，如果当前操作符（operator）中所有 input 操作均具有相同的 slot group，则该操作符会继承前面操作符的 slot group，然后在同一个 Slot 中进行数据处理，如果不是则当前的操作符会选择默认的 slot group("default")，然后经作业发送到对应的 slot 上执行。如果用户不显示指定 slot group，则所有的操作符均在 default slot group 中执行操作，而默认情况 slot 相互之间没有隔离，故 Task 上的操作符执行可能会在不同的 slot 上转换执行。可以通过如下方法指定 slot group：

```
someStream.filter(...).slotSharingGroup("name");
```

这样就可以创建一个名为 name 的 slot group，将 filter 操作指定在 slot group 中对应的 slot 上执行计算操作。

4.5 Asynchronous I/O 异步操作

在使用 Flink 处理流式数据的过程中，会经常和外部系统进行数据交互。通常情况下在 Flink 中可以通过 RichMapFunction 来创建外部数据库系统的 Client 连接，然后通过 Client 连接将数据元素写入外部存储系统中或者从外部存储系统中读取数据。考虑到连接外部系统的网络等因素，这种同步查询和操作数据库的方式往往会影响整个函数的处理效率，用户如果想提升应用的处理效率，就必须考虑增加算子的并行度，这将导致大量的资源开销。Flink 在 1.2 版本中引入了 Asynchronous I/O，能够支持通过异步方式连接外部存储系统，以提升 Flink 系统与外部数据库交互的性能及吞吐量，但前提是数据库本身需要支持异步客户端。

如代码清单 4-26 所示，自定义实现 AsyncFunction，创建数据库异步客户端 DBClient，从数据库中异步获取数据，然后通过调用 callback 方法将结果返回给 ResultFuture 对象，完成从数据库中查询数据并创建下游 DataStream 数据集的操作。

代码清单 4-26　自定义实现 AsyncFunction，实现数据从 DB 中获取逻辑

```
// 通过实例化 AsyncFunction 接口，实现数据库数据异步查询
class AsyncDBFunction extends AsyncFunction[String, (String, String)] {
  // 创建数据连接的异步客户端，能够支持数据的异步查询
  lazy val dblient: DBClient = new DBClient(host, post)
  // 用于 future callbacks 的 context
  implicit lazy val executor: ExecutionContext = ExecutionContext.fromExecutor(Executors.directExecutor())
    // 复写 asyncInvoke 方法，实现 AsyncFunction 触发数据库数据查询
    override def asyncInvoke(str: String, resultFuture: ResultFuture[(String, String)]): Unit = {
      // 通过 client 查询数据传入字符串，返回 Future 对象
      val resultFutureRequested: Future[String] = dblient.query(str)
      // 当客户端查询完请求后，通过调用 callback 将查询结果返回给 resultFuture
      resultFutureRequested.onSuccess {
        case result: String => resultFuture.complete(Iterable((str, result)))
      }}}
// 创建 DataStream 数据集
val stream: DataStream[String] = ...
// 在现有的 DataStream 上应用创建好的 AsyncDatabaseRequest 方法，返回查询结果后回应的数据集
val resultStream: DataStream[(String, String)] =
  AsyncDataStream.unorderedWait(stream, new AsyncDatabaseRequest(), 1000, TimeUnit.MILLISECONDS, 100)
```

通过使用 Asynchronous I/O 的方式会在很大程度上提升 Flink 系统的性能和吞吐量，

主要原因是在异步函数中可以尽可能异步并发地查询外部数据库。在异步 IO 中需要考虑对数据库查询超时以及并发线程数控制两个因素。Asynchronous I/O 提供了 Timeout 和 Capacity 两个参数来配置异步数据 IO 操作,其中 Timeout 是定义 Asynchronous 请求最长等待时间,超过该时间 Flink 将认为查询数据超时而请求失败,避免因请求无法按时返回导致系统长时间等待的情况,对于超时的请求可以通过复写 AsyncFunction 中的 timeout 方法来处理。Capacity 定义在同一时间点异步请求并发数,通过 Capacity 参数来控制总的请求数,一旦 Capacity 定义的请求数被耗尽,Flink 会直接触发反压机制来抑制上游数据的接入,从而保证 Flink 系统的正常运行。

使用异步 IO 方式进行数据输出,其输出结果的先后顺序有可能并不是按照之前原有数据的顺序进行排序,因此在 Flink 异步 IO 中,需要用户显式指定是否对结果排序输出,而是否排序同样影响着结果的顺序和系统性能,下面针对结果是否进行排序输出进行对比:

- 乱序模式:异步查询结果输出中,原本数据元素的顺序可能会发生变化,请求一旦完成就会输出结果,可以使用 AsyncDataStream.unorderedWait(...) 方法应用这种模式。如果系统同时选择使用 Process Time 特征具有最低的延时和负载。
- 顺序模式:异步查询结果将按照输入数据元素的顺序输出,原本 Stream 数据元素的顺序保持不变,这种情况下具有较高的时延和负载,因为结果数据需要在 Operator 的 Buffer 中进行缓存,直到所有异步请求处理完毕,将按照原来元素顺序输出结果,这也将对 Checkpointing 过程造成额外的延时和性能损耗。可以使用 AsyncDataStream.orderedWait(...) 方法使用这种模式。

另外在使用 Event-Time 时间概念处理流数据的过程中,Asynchronous I/O Operator 总能够正确保持 Watermark 的顺序,即使使用乱序模式,输出 Watermark 也会保持原有顺序,但对于在 Watermark 之间的数据元素则不保持原来的顺序,也就是说如果使用了 Watermark,将会对异步 IO 造成一定的时延和开销,具体取决于 Watermark 的频率,频率越高时延越高同时开销越大。

4.6 本章小结

本章重点介绍了如何使用 Flink DataStream API 编写流式应用以及 DataStream API 所支持的高级特性等。4.1 节介绍了 DataStream API 编程模型以及开发环境准备,并通过简单的实例介绍如何使用 DataStream API 编写简单的流式应用,同时介绍了 DataStream API 中 DataSource 数据源支持,包括基本数据源和外部第三方数据源,以及 DataStream API 提供的常规的数据处理方法,包括针对单个 Stream 和多个 Stream 的转换方法,然后介绍利用 DataSink 组件将 DataStream 的数据输出到外部系统中。4.2 节介绍了 Flink DataStream API 中事件驱动以及 Watermark 机制,了解如何通过 EventTime 和 Watermark 处理乱序数据。4.3 节介绍了 DataStream API 支持的窗口计算方法,包括窗口 Assigner、Trigger、Evictor、WindowFunction 的使用,并介绍了多流合并的内容,以及如何对延迟数据进行处理。4.5 节介绍了 Flink 在数据输出过程中支持的异步 I/O 的特性,提升 Flink 和外部系统交互的性能和效率,降低系统的资源消耗。

第 5 章

Flink 状态管理和容错

本章将重点介绍 Flink 对有状态计算的支持,其中包括有状态计算和无状态计算的区别,以及在 Flink 中支持的不同状态类型,分别有 Keyed State 和 Operator State。另外针对状态数据的持久化,以及整个 Flink 任务的数据一致性保障,Flink 提供了 Checkpoint 机制处理和持久化状态结果数据。最后针对状态数据 Flink 提供了不同的状态管理器来管理状态数据,例如 MemoryStateBackend 等。

5.1 有状态计算

在 Flink 架构体系中,有状态计算可以说是 Flink 非常重要的特性之一。有状态计算是指在程序计算过程中,在 Flink 程序内部存储计算产生的中间结果,并提供给后续 Function 或算子计算结果使用。如图 5-1 所示,状态数据可以维系在本地存储中,这里的存储可以是 Flink 的堆内存或者堆外内存,也可以借助第三方的存储介质,例如 Flink 中已经实现的 RocksDB,当然用户也可以自己实现相应的缓存系统去存储状态信息,以完成更加复杂的计算逻辑。和状态计算不同的是,无状态计算不会存储计算过程中产生的结果,也不会将结果用于下一步计算过程中,程序只会在当前的计算流程中实行计算,计算完成就输出结果,然后下一条数据接入,然后再处理。

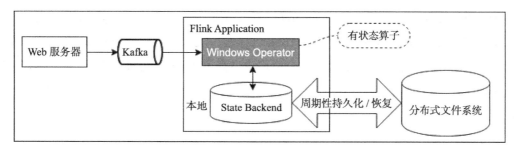

图 5-1　Flink 状态计算示意图

无状态计算实现的复杂度相对较低，实现起来较容易，但是无法完成提到的比较复杂的业务场景，例如下面的例子：

- 用户想实现 CEP（复杂事件处理），获取符合某一特定事件规则的事件，状态计算就可以将接入的事件进行存储，然后等待符合规则的事件触发；
- 用户想按照分钟、小时、天进行聚合计算，求取当前的最大值、均值等聚合指标，这就需要利用状态来维护当前计算过程中产生的结果，例如事件的总数、总和以及最大，最小值等；
- 用户想在 Stream 上实现机器学习的模型训练，状态计算可以帮助用户维护当前版本模型使用的参数；
- 用户想使用历史的数据进行计算，状态计算可以帮助用户对数据进行缓存，使用户可以直接从状态中获取相应的历史数据。

以上场景充分说明了状态计算在整个流式计算过程中重要性，可以看出，在 Flink 引入状态这一特性，能够极大地提升流式计算过程中数据的使用范围以及指标计算的复杂度，而不再需要借助类似于 Redis 外部缓存存储中间结果数据，这种方式需要频繁地和外部系统交互，并造成大量系统性能开销，且不易保证数据在传输和计算过程中的可靠性，当外部存储发生变化，就可能会影响到 Flink 内部的计算结果。

Flink 状态类型及应用

1. 状态类型

在 Flink 中根据数据集是否根据 Key 进行分区，将状态分为 Keyed State 和 Operator State（Non-keyed State）两种类型。

（1）Keyed State

表示和 key 相关的一种 State，只能用于 KeydStream 类型数据集对应的 Functions

和 Operators 之上。Keyed State 是 Operator State 的特例，区别在于 Keyed State 事先按照 key 对数据集进行了分区，每个 Key State 仅对应一个 Operator 和 Key 的组合。Keyed State 可以通过 Key Groups 进行管理，主要用于当算子并行度发生变化时，自动重新分布 Keyed State 数据。在系统运行过程中，一个 Keyed 算子实例可能运行一个或者多个 Key Groups 的 keys。

（2）Operator State

与 Keyed State 不同的是，Operator State 只和并行的算子实例绑定，和数据元素中的 key 无关，每个算子实例中持有所有数据元素中的一部分状态数据。Operator State 支持当算子实例并行度发生变化时自动重新分配状态数据。

同时在 Flink 中 Keyed State 和 Operator State 均具有两种形式，其中一种为托管状态（Managed State）形式，由 Flink Runtime 中控制和管理状态数据，并将状态数据转换成为内存 Hash tables 或 RocksDB 的对象存储，然后将这些状态数据通过内部的接口持久化到 Checkpoints 中，任务异常时可以通过这些状态数据恢复任务。另外一种是原生状态（Raw State）形式，由算子自己管理数据结构，当触发 Checkpoint 过程中，Flink 并不知道状态数据内部的数据结构，只是将数据转换成 bytes 数据存储在 Checkpoints 中，当从 Checkpoints 恢复任务时，算子自己再反序列化出状态的数据结构。DataStream API 支持使用 Managed State 和 Raw State 两种状态形式，在 Flink 中推荐用户使用 Managed State 管理状态数据，主要原因是 Managed State 能够更好地支持状态数据的重平衡以及更加完善的内存管理。

2. Managed Keyed State

Flink 中有以下 Managed Keyed State 类型可以使用，每种状态都有相应的使用场景，用户可以根据实际需求选择使用。

- ValueState[T]：与 Key 对应单个值的状态，例如统计 user_id 对应的交易次数，每次用户交易都会在 count 状态值上进行更新。ValueState 对应的更新方法是 update(T)，取值方法是 T value();
- ListState[T]：与 Key 对应元素列表的状态，状态中存放元素的 List 列表。例如定义 ListState 存储用户经常访问的 IP 地址。在 ListState 中添加元素使用 add(T) 或者 addAll(List[T]) 两个方法，获取元素使用 Iterable<T> get() 方法，更新元素使用 update(List[T]) 方法；

- ReducingState[T]：定义与 Key 相关的数据元素单个聚合值的状态，用于存储经过指定 ReduceFunction 计算之后的指标，因此，ReducingState 需要指定 ReduceFunction 完成状态数据的聚合。ReducingState 添加元素使用 add(T) 方法，获取元素使用 T get() 方法；
- AggregatingState[IN,OUT]：定义与 Key 对应的数据元素单个聚合值的状态，用于维护数据元素经过指定 AggregateFunction 计算之后的指标。和 ReducingState 相比，AggregatingState 输入类型和输出类型不一定是相同的，但 ReducingState 输入和输出必须是相同类型的。和 ListState 相似，AggregatingState 需要指定 AggregateFunction 完成状态数据的聚合操作。AggregatingState 添加元素使用 add(IN) 方法，获取元素使用 OUT get() 方法。
- MapState[UK,UV]：定义与 Key 对应键值对的状态，用于维护具有 key-value 结构类型的状态数据，MapState 添加元素使用 put(UK,UV) 或者 putAll(Map[UK,UV] 方法，获取元素使用 get(UK) 方法。和 HashMap 接口相似，MapState 也可以通过 entries()、keys()、values() 获取对应的 keys 或 values 的集合。

在 Flink 中需要通过创建 StateDescriptor 来获取相应 State 的操作类。StateDescriptor 主要定义了状态的名称、状态中数据的类型参数信息以及状态自定义函数。每种 Managed Keyed State 有相应的 StateDescriptor，例如 ValueStateDescriptor、ListStateDescriptor、ReducingState-Descriptor、FoldingStateDescriptor、MapStateDescriptor 等。

（1）Stateful Function 定义

接下来通过完整的实例来说明如何在 RichFlatmapFunction 中使用 ValueState，完成对接入数据最小值的获取。如代码清单 5-1 所示，通过定义 leastValueState 存储系统中指标的最小值，并在每次计算时和当前接入的数据对比，如果当前元素的数值小于状态中的最小值，则更新状态。然后在输出操作中增加对应指标的最小值作为新的数据集的字段。

代码清单 5-1　通过创建 ValueState 来获取指标的最小值

```
val env = StreamExecutionEnvironment.getExecutionEnvironment
// 创建元素数据集
val inputStream: DataStream[(Int, Long)] = env.fromElements((2, 21L), (4, 1L),
(5, 4L))
inputStream.keyBy(_._1).flatMap {
  // 定义和创建 RichFlatMapFunction，第一个参数为输入数据类型，第二个参数为输出数据类型
  new RichFlatMapFunction[(Int, Long), (Int, Long, Long)] {
//
    private var leastValueState: ValueState[Long] = _
```

```scala
    override def open(parameters: Configuration): Unit = {
      // 创建 ValueStateDescriptor, 定义状态名称为 leastValue, 并指定数据类型
        val leastValueStateDescriptor = new ValueStateDescriptor[Long]("leastValue", classOf[Long])
      // 通过 getRuntimeContext.getState 获取 State
      leastValueState = getRuntimeContext.getState(leastValueStateDescriptor)
    }
      override def flatMap(t: (Int, Long), collector: Collector[(Int, Long, Long)]): Unit = {
        // 通过 value 方法从 leastValueState 中获取最小值
        val leastValue = leastValueState.value()
        // 如果当前指标大于最小值, 则直接输出数据元素和最小值
        if (t._2 > leastValue) {
          collector.collect((t._1, t._2, leastValue))
        } else {
          // 如果当前指标小于最小值, 则更新状态中的最小值
          leastValueState.update(t._2)
          // 将当前数据中的指标作为最小值输出
          collector.collect((t._1, t._2, t._2))
        }}}}
```

从以上代码实例中可以看出，在定义的 RichFlatMapFunction 接口中，Flink 提供了 RuntimeContext 用于获取状态数据，同时 RuntimeContext 提供了常用的 Managed Keyd State 的获取方式，可以通过创建相应的 StateDescriptor 并调用 RuntimeContext 方法来获取状态数据。例如获取 ValueState 可以调用 ValueState[T] getState(ValueStateDescriptor[T]) 方法，获取 ReducingState 可以调用 ReducingState[T] getReducingState(ReducingStateDescriptor[T]) 方法。

（2）State 生命周期

对于任何类型 Keyed State 都可以设定状态的生命周期（TTL），以确保能够在规定时间内及时地清理状态数据。状态生命周期功能可以通过 StateTtlConfig 配置，然后将 StateTtlConfig 配置传入 StateDescriptor 中的 enableTimeToLive 方法中即可。Keyed State 配置实例如代码清单 5-2 所示。

代码清单 5-2　状态生命周期配置

```scala
// 创建 StateTtlConfig
val stateTtlConfig = StateTtlConfig
  // 指定 TTL 时长为 10s
  .newBuilder(Time.seconds(10))
  // 指定 TTL 刷新时只对创建和写入操作有效
  .setUpdateType(StateTtlConfig.UpdateType.OnCreateAndWrite)
  // 指定状态可见性为永远不返回过期数据
```

```
    .setStateVisibility(StateTtlConfig.StateVisibility.NeverReturnExpired)
    .build
// 创建 ValueStateDescriptor
val valueStateDescriptor = new ValueStateDescriptor[String]("valueState",
classOf[Long])
// 指定创建好的 stateTtlConfig
valueStateDescriptor.enableTimeToLive(stateTtlConfig)
```

在 StateTtlConfig 中除了通过 newBuilder 方法中设定过期时间的参数是必需的之外，其他参数都是可选的或使用默认值。其中 setUpdateType 方法中传入的类型有两种：

❏ StateTtlConfig.UpdateType.OnCreateAndWrite 仅在创建和写入时更新 TTL；

❏ StateTtlConfig.UpdateType. OnReadAndWrite 所有读与写操作都更新 TTL。

需要注意的是，过期的状态数据根据 UpdateType 参数进行配置，只有被写入或者读取的时间才会更新 TTL，也就是说如果某个状态指标一直不被使用或者更新，则永远不会触发对该状态数据的清理操作，这种情况可能会导致系统中的状态数据越来越大。目前用户可以使用 StateTtlConfig. cleanupFullSnapshot 设定当触发 State Snapshot 的时候清理状态数据，需要注意这个配置不适合用于 RocksDB 做增量 Checkpointing 的操作。

另外可以通过 setStateVisibility 方法设定状态的可见性，根据过期数据是否被清理来确定是否返回状态数据。

❏ StateTtlConfig.StateVisibility.NeverReturnExpired：状态数据过期就不会返回（默认）；

❏ StateTtlConfig.StateVisibility.ReturnExpiredIfNotCleanedUp：状态数据即使过期但没有被清理依然返回。

（3）Scala DataStream API 中直接使用状态

除了像上一小节中通过定义 RichFlatMapFunction 或者 FichMapFunction 操作状态之外，Flink Scala 版本的 DataStream API 提供了快捷方式来创建和查询状态数据。在 KeyedStream 接口中提供了 filterWithState、mapWithState、flatMapWithState 三种方法来定义和操作状态数据，以 mapWithState 为例，可以在 mapWithState 指定输入参数类型和状态数据类型，系统会自动创建 count 对应的状态来存储每次更新的累加值，整个过程不需要像实现 RichFunction 那样操作状态数据，如代码清单 5-3 所示。

代码清单 5-3　使用 mapuwithState 直接操作状态数据

```
// 创建元素数据集
val inputStream: DataStream[(Int, Long)] = env.fromElements((2, 21L), (4, 1L),
(5, 4L))
```

```
val counts: DataStream[(Int, Int)] = inputStream
  .keyBy(_._1)
  // 指定输入参数类型和状态参数类型
  .mapWithState((in: (Int, Long), count: Option[Int]) =>
    // 判断 count 类型是否非空
    count match {
        // 输出 key,count,并在原来的 count 数据上累加
      case Some(c) => ((in._1, c), Some(c + in._2))
        // 如果输入状态为空,则将指标填入
      case None => ((in._1, 0), Some(in._2))
    })
```

3. Managed Operator State

Operator State 是一种 non-keyed state，与并行的操作算子实例相关联，例如在 Kafka Connector 中，每个 Kafka 消费端算子实例都对应到 Kafka 的一个分区中，维护 Topic 分区和 Offsets 偏移量作为算子的 Operator State。在 Flink 中可以实现 CheckpointedFunction 或者 ListCheckpointed<T extends Serializable> 两个接口来定义操作 Managed Operator State 的函数。

（1）通过 CheckpointedFunction 接口操作 Operator State

CheckpointedFunction 接口定义如代码清单 5-4 所示，需要实现两个方法，当 checkpoint 触发时就会调用 snapshotState() 方法，当初始化自定义函数的时候会调用 initializeState() 方法，其中包括第一次初始化函数和从之前的 checkpoints 中恢复状态数据，同时 initializeState() 方法中需要包含两套逻辑，一个是不同类型状态数据初始化的逻辑，另外一个是从之前的状态中恢复数据的逻辑。

代码清单 5-4　CheckpointedFunction 接口定义

```
public interface CheckpointedFunction {
    // 每当 checkpoint 触发时,调用此方法
  void snapshotState(FunctionSnapshotContext context) throws Exception;
    // 每次自定义函数初始化的时候,调用此方法初始化状态
  void initializeState(FunctionInitializationContext context) throws Exception;}
```

在每个算子中 Managed Operator State 都是以 List 形式存储，算子和算子之间的状态数据相互独立，List 存储比较适合于状态数据的重新分布，Flink 目前支持对 Managed Operator State 两种重分布的策略，分别是 Even-split Redistribution 和 Union Redistribution。

❑ Even-split Redistribution：每个算子实例中含有部分状态元素的 List 列表，整个状态数据是所有 List 列表的合集。当触发 restore/redistribution 动作时，通过将状态

数据平均分配成与算子并行度相同数量的 List 列表，每个 task 实例中有一个 List，其可以为空或者含有多个元素。

❑ Union Redistribution：每个算子实例中含有所有状态元素的 List 列表，当触发 restore/redistribution 动作时，每个算子都能够获取到完整的状态元素列表。

例如可以通过实现 FlatMapFunction 和 CheckpointedFunction 完成对输入数据中每个 key 的数据元素数量和算子的元素数量的统计。如代码清单 5-5 所示，通过在 initializeState() 方法中分别创建 keyedState 和 operatorState 两种状态，存储基于 Key 相关的状态值以及基于算子的状态值。

代码清单 5-5　实现 CheckpointedFunction 接口利用 Operator State 统计输入到算子的数据量

```scala
private class CheckpointCount(val numElements: Int)
    extends FlatMapFunction[(Int, Long), (Int, Long, Long)] with CheckpointedFunction {
  // 定义算子实例本地变量，存储 Operator 数据数量
  private var operatorCount: Long = _
  // 定义 keyedState，存储和 Key 相关的状态值
  private var keyedState: ValueState[Long] = _
  // 定义 operatorState，存储算子的状态值
  private var operatorState: ListState[Long] = _
  override def flatMap(t: (Int, Long), collector: Collector[(Int, Long, Long)]): Unit = {
    val keyedCount = keyedState.value() + 1
    // 更新 keyedState 数量
    keyedState.update(keyedCount)
    // 更新本地算子 operatorCount 值
    operatorCount = operatorCount + 1
    // 输出结果，包括 id,id 对应的数量统计 keyedCount，算子输入数据的数量统计 operatorCount
    collector.collect((t._1, keyedCount, operatorCount))
  }

  // 初始化状态数据
  override def initializeState(context: FunctionInitializationContext): Unit = {
    // 定义并获取 keyedState
    keyedState = context.getKeyedStateStore.getState(
      new ValueStateDescriptor[Long](
        "keyedState", createTypeInformation[Long]))
    // 定义并获取 operatorState
    operatorState = context.getOperatorStateStore.getListState(
      new ListStateDescriptor[Long](
        "operatorState", createTypeInformation[Long]))
    // 定义在 Restored 过程中，从 operatorState 中恢复数据的逻辑
    if (context.isRestored) {
      operatorCount = operatorState.get().asScala.sum
    }
```

```
    }
    // 当发生 snapshot 时，将 operatorCount 添加到 operatorState 中
  override def snapshotState(context: FunctionSnapshotContext): Unit = {
    operatorState.clear()
    operatorState.add(operatorCount)
  }}
```

可以从上述代码中看到的是，在 snapshotState() 方法中清理掉上一次 checkpoint 中存储的 operatorState 的数据，然后再添加并更新本次算子中需要 checkpoint 的 operatorCount 状态变量。当系统重启时会调用 initializeState 方法，重新恢复 keyedState 和 operatorState，其中 operatorCount 数据可以从最新的 operatorState 中恢复。

对于状态数据重分布策略的使用，可以在创建 operatorState 的过程中通过相应的方法指定：如果使用 Even-split Redistribution 策略，则通过 context. getListState(descriptor) 获取 Operator State；如果使用 Union Redistribution 策略，则通过 context. getUnionList State(descriptor) 来获取。实例代码中默认使用的 Even-split Redistribution 策略。

（2）通过 ListCheckpointed 接口定义 Operator State

ListCheckpointed 接口和 CheckpointedFunction 接口相比在灵活性上相对弱一些，只能支持 List 类型的状态，并且在数据恢复的时候仅支持 even-redistribution 策略。在 ListCheckpointed 接口中需要实现以下两个方法来操作 Operator State：

```
List<T> snapshotState(long checkpointId, long timestamp) throws Exception;
void restoreState(List<T> state) throws Exception;
```

其中 snapshotState 方法定义数据元素 List 存储到 checkpoints 的逻辑，restoreState 方法则定义从 checkpoints 中恢复状态的逻辑。如果状态数据不支持 List 形式，则可以在 snapshotState 方法中返回 Collections.singletonList(STATE)。如代码清单 5-6 所示，通过实现 FlatMapFunction 接口和 ListCheckpointed 接口完成对输入到 FlatMapFunction 算子中的数据量统计，同时在函数中实现了 snapshotState 方法，将本地定义的算子变量 numberRecords 写入 Operator State 中，并通过 restoreState 方法从状态中恢复 numberRecords 数据。

代码清单 5-6　实现 ListCheckpointed 接口利用 Operator State 统计算子输入数据量

```
class numberRecordsCount extends FlatMapFunction[(String, Long), (String,
    Long)] with ListCheckpointed[Long] {
  // 定义算子中接入的 numberRecords 数量
  private var numberRecords: Long = 0L
   override def flatMap(t: (String, Long), collector: Collector[(String,
    Long)]): Unit = {
    // 接入一条记录则进行统计，并输出
```

```
    numberRecords += 1
    collector.collect(t._1, numberRecords)
}
override def snapshotState(checkpointId: Long, ts: Long): util.List[Long] = {
  //Snapshot 状态的过程中将 numberRecords 写入
  Collections.singletonList(numberRecords)
}
override def restoreState(list: util.List[Long]): Unit = {
  numberRecords = 0L
  for (count <- list) {
    // 从状态中恢复 numberRecords 数据
    numberRecords += count }}}
```

5.2 Checkpoints 和 Savepoints

5.2.1 Checkpoints 检查点机制

Flink 中基于异步轻量级的分布式快照技术提供了 Checkpoints 容错机制，分布式快照可以将同一时间点 Task/Operator 的状态数据全局统一快照处理，包括前面提到的 Keyed State 和 Operator State。如图 5-2 所示，Flink 会在输入的数据集上间隔性地生成 checkpoint barrier，通过栅栏（barrier）将间隔时间段内的数据划分到相应的 checkpoint 中。当应用出现异常时，Operator 就能够从上一次快照中恢复所有算子之前的状态，从而保证数据的一致性。例如在 KafkaConsumer 算子中维护 Offset 状态，当系统出现问题无法从 Kafka 中消费数据时，可以将 Offset 记录在状态中，当任务重新恢复时就能够从指定的偏移量开始消费数据。对于状态占用空间比较小的应用，快照产生过程非常轻量，高频率创建且对 Flink 任务性能影响相对较小。checkpoint 过程中状态数据一般被保存在一个可配置的环境中，通常是在 JobManager 节点或 HDFS 上。

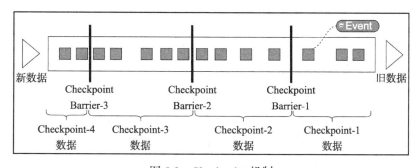

图 5-2 Checkpoint 机制

默认情况下 Flink 不开启检查点的，用户需要在程序中通过调用 enable-Checkpointing(n) 方法配置和开启检查点，其中 n 为检查点执行的时间间隔，单位为毫秒。除了配置检查点时间间隔，针对检查点配置还可以调整其他相关参数：

（1）Checkpoint 开启和时间间隔指定

开启检查点并且指定检查点时间间隔为 1000ms，根据实际情况自行选择，如果状态比较大，则建议适当增加该值。

```
env.enableCheckpointing(1000);
```

（2）exactly-once 和 at-least-once 语义选择

可以选择 exactly-once 语义保证整个应用内端到端的数据一致性，这种情况比较适合于数据要求比较高，不允许出现丢数据或者数据重复，与此同时，Flink 的性能也相对较弱，而 at-least-once 语义更适合于时延和吞吐量要求非常高但对数据的一致性要求不高的场景。如下通过 setCheckpointingMode() 方法来设定语义模式，默认情况下使用的是 exactly-once 模式。

```
env.getCheckpointConfig().setCheckpointingMode(CheckpointingMode.EXACTLY_ONCE);
```

（3）Checkpoint 超时时间

超时时间指定了每次 Checkpoint 执行过程中的上限时间范围，一旦 Checkpoint 执行时间超过该阈值，Flink 将会中断 Checkpoint 过程，并按照超时处理。该指标可以通过 setCheckpointTimeout 方法设定，默认为 10 分钟。

```
env.getCheckpointConfig().setCheckpointTimeout(60000);
```

（4）检查点之间最小时间间隔

该参数主要目的是设定两个 Checkpoint 之间的最小时间间隔，防止出现例如状态数据过大而导致 Checkpoint 执行时间过长，从而导致 Checkpoint 积压过多，最终 Flink 应用密集地触发 Checkpoint 操作，会占用了大量计算资源而影响到整个应用的性能。

```
env.getCheckpointConfig().setMinPauseBetweenCheckpoints(500);
```

（5）最大并行执行的检查点数量

通过 setMaxConcurrentCheckpoints() 方法设定能够最大同时执行的 Checkpoint 数量。在默认情况下只有一个检查点可以运行，根据用户指定的数量可以同时触发多个 Checkpoint，进而提升 Checkpoint 整体的效率。

```
env.getCheckpointConfig().setMaxConcurrentCheckpoints(1);
```

（6）外部检查点

设定周期性的外部检查点，然后将状态数据持久化到外部系统中，使用这种方式不会在任务正常停止的过程中清理掉检查点数据，而是会一直保存在外部系统介质中，另外也可以通过从外部检查点中对任务进行恢复。

```
env.getCheckpointConfig().enableExternalizedCheckpoints(ExternalizedCheckp
ointCleanup.RETAIN_ON_CANCELLATION);
```

（7）failOnCheckpointingErrors

failOnCheckpointingErrors 参数决定了当 Checkpoint 执行过程中如果出现失败或者错误时，任务是否同时被关闭，默认值为 True。

```
env.getCheckpointConfig().setFailOnCheckpointingErrors (false);
```

5.2.2　Savepoints 机制

Savepoints 是检查点的一种特殊实现，底层其实也是使用 Checkpoints 的机制。Savepoints 是用户以手工命令的方式触发 Checkpoint，并将结果持久化到指定的存储路径中，其主要目的是帮助用户在升级和维护集群过程中保存系统中的状态数据，避免因为停机运维或者升级应用等正常终止应用的操作而导致系统无法恢复到原有的计算状态的情况，从而无法实现端到端的 Excatly-Once 语义保证。

1. Operator ID 配置

当使用 Savepoints 对整个集群进行升级或运维操作的时候，需要停止整个 Flink 应用程序，此时用户可能会对应用的代码逻辑进行修改，即使 Flink 能够通过 Savepoint 将应用中的状态数据同步到磁盘然后恢复任务，但由于代码逻辑发生了变化，在升级过程中有可能导致算子的状态无法通过 Savepoints 中的数据恢复的情况，在这种情况下就需要通过唯一的 ID 标记算子。在 Flink 中默认支持自动生成 Operator ID，但是这种方式不利于对代码层面的维护和升级，建议用户尽可能使用手工的方式对算子进行唯一 ID 标记，ID 的应用范围在每个算子内部，具体的使用方式如代码清单 5-7 所示，可以通过使用 Operator 中提供的 uid 方法指定唯一 ID，这样就能将算子唯一区分出来。

代码清单 5-7　使用 Operator ID 标计算子

```
DataStream<String> stream = env.
```

```
// Stateful source (e.g. Kafka) with ID
.addSource(new StatefulSource())
.uid("source-id") // ID for the source operator
.shuffle()
// Stateful mapper with ID
.map(new StatefulMapper())
.uid("mapper-id") // ID for the mapper
// Stateless printing sink
.print(); // Auto-generated ID
```

2. Savepoints 操作

Savepoint 操作可以通过命令行的方式进行触发，命令行提供了取消任务、从 Savepoints 中恢复任务、撤销 Savepoints 等操作，在 Flink1.2 版本以后也可以通过 Flink Web 页面从 Savepoints 中恢复应用。

（1）手动触发 Savepoints

通过在 Flink 命令中指定"savepoint"关键字来触发 Savepoints 操作，同时需要在命令中指定 jobId 和 targetDirectory（两个参数），其中 jobId 是需要触发 Savepoints 操作的 Job Id 编号，targetDirectory 指定 Savepoint 数据存储路径，所有 Savepoint 存储的数据都会放置在该配置路径中。

```
bin/flink savepoint :jobId [:targetDirectory]
```

在 Hadoop Yarn 上提交的应用，需要指定 Flink jobId 的同时也需要通过使用 yid 指定 YarnAppId，其他参数和普通模式一样。

```
bin/flink savepoint :jobId [:targetDirectory] -yid :yarnAppId
```

（2）取消任务并触发 Savepoints

通过 cancel 命令将停止 Flink 任务的同时将自动触发 Savepoints 操作，并把中间状态数据写入磁盘，用以后续的任务恢复。

```
bin/flink cancel -s [:targetDirectory] :jobId
```

（3）通过从 Savepoints 中恢复任务

```
bin/flink run -s :savepointPath [:runArgs]
```

通过使用 run 命令将任务从保存的 Savepoint 中恢复，其中 -s 参数指定了 Savepoint 数据存储路径。通常情况下 Flink 通过使用 savepoint 可以恢复应用中的状态数据，但在某些情况下如果应用中的算子和 Savepoint 中的算子状态可能不一致，例如用户在新的代码中删除了某个算子，这时就会出现任务不能恢复的情况，此时可以通过 --allowNonRestoredState（--n）参数来设置忽略状态无法匹配的问题，让程序能够正常启动和运行。

（4）释放 Savepoints 数据

```
bin/flink savepoint -d :savepointPath
```

可以通过以上 --dispose（-d）命令释放已经存储的 Savepoint 数据，这样存储在指定路径中的 savepointPath 将会被清除掉。

3. TargetDirectory 配置

在前面的内容中我们已经知道 Flink 在执行 Savepoints 过程中需要指定目标存储路径，但对目标路径配置除了可以在每次生成 Savepoint，通过在命令行中指定之外，也可以在系统环境中配置默认的 TargetDirectory，这样就不需要每次在命令行中指定。需要注意，默认路径和命令行中必须至少指定一个，否则无法正常执行 Savepoint 过程。

（1）默认 TargetDirecy 配置

在 flink-conf.yaml 配置文件中配置 state.savepoints.dir 参数，配置的路径参数需要是 TaskManager 和 JobManager 都能够访问到的路径，例如分布式文件系统 Hdfs 的路径。

```
state.savepoints.dir: hdfs:///flink/savepoints
```

（2）TargetDirectoy 文件路径结构

TargetDirectoy 文件路径结构如下，其中包括 Savepoint directory 以及 metadata 路径信息。需要注意，即便 Flink 任务的 Savepoints 数据存储在一个路径中，但目前还不支持将 Savepoint 路径拷贝到另外的环境中，然后通过 Savepoint 恢复 Flink 任务的操作，这主要是因为在 _metadata 文件中使用到了绝对路径，这点会在 Flink 未来的版本中得到改善，也就是支持不同环境中的 Flink 任务的恢复和迁移。

```
# Savepoint target directory
/savepoints/
# Savepoint directory
/savepoints/savepoint-:shortjobid-:savepointid/
# Savepoint file contains the checkpoint meta data
/savepoints/savepoint-:shortjobid-:savepointid/_metadata
# Savepoint state
/savepoints/savepoint-:shortjobid-:savepointid/...
```

5.3 状态管理器

在 Flink 中提供了 StateBackend 来存储和管理 Checkpoints 过程中的状态数据。

5.3.1 StateBackend 类别

Flink 中一共实现了三种类型的状态管理器，包括基于内存的 MemoryStateBackend、基于文件系统的 FsStateBackend，以及基于 RockDB 作为存储介质的 RocksDBStateBackend。这三种类型的 StateBackend 都能够有效地存储 Flink 流式计算过程中产生的状态数据，在默认情况下 Flink 使用的是内存作为状态管理器，下面分别对每种状态管理器的特点进行说明。

1. MemoryStateBackend

基于内存的状态管理器将状态数据全部存储在 JVM 堆内存中，包括用户在使用 DataStream API 中创建的 Key/Value State，窗口中缓存的状态数据，以及触发器等数据。基于内存的状态管理具有非常快速和高效的特点，但也具有非常多的限制，最主要的就是内存的容量限制，一旦存储的状态数据过多就会导致系统内存溢出等问题，从而影响整个应用的正常运行。同时如果机器出现问题，整个主机内存中的状态数据都会丢失，进而无法恢复任务中的状态数据。因此从数据安全的角度建议用户尽可能地避免在生产环境中使用 MemoryStateBackend。

Flink 将 MemoryStateBackend 作为默认状态后端管理器，也可以通过如下参数配置初始化 MemoryStateBackend，其中"MAX_MEM_STATE_SIZE"指定每个状态值最大的内存使用大小。

```
new MemoryStateBackend(MAX_MEM_STATE_SIZE, false);
```

在 Flink 中 MemoryStateBackend 具有如下特点，需要用户在选择使用中注意：

- 聚合类算子的状态会存储在 JobManager 内存中，因此对于聚合类算子比较多的应用会对 JobManager 的内存有一定压力，进而对整个集群会造成较大负担。
- 尽管在创建 MemoryStateBackend 时可以指定状态初始化内存大小，但是状态数据传输大小也会受限于 Akka 框架通信的"akka.framesize"大小限制（默认：10485760bit），该指标表示在 JobManage 和 TaskManager 之间传输数据的最大消息容量。

❑ JVM 内存容量受限于主机内存大小，也就是说不管是 JobManager 内存还是在 TaskManager 的内存中维护状态数据都有内存的限制，因此对于非常大的状态数据则不适合使用 MemoryStateBackend 存储。

因此综上可以得出，MemoryStateBackend 比较适合用于测试环境中，并用于本地调试和验证，不建议在生产环境中使用。但如果应用状态数据量不是很大，例如使用了大量的非状态计算算子，也可以在生产环境中使用 MemoryStateBackend，否则应该改用其他更加稳定的 StateBackend 作为状态管理器，例如后面讲到的 FsStateBackend 和 RockDbStateBackend 等。

2. FsStateBackend

和 MemoryStateBackend 有所不同，FsStateBackend 是基于文件系统的一种状态管理器，这里的文件系统可以是本地文件系统，也可以是 HDFS 分布式文件系统。

```
new FsStateBackend(path, false);
```

如以上创建 FsStateBackend 的实例代码，其中 path 如果为本地路径，其格式为"file:///data/flink/checkpoints"，如果 path 为 HDFS 路径，其格式为 "hdfs://nameservice/flink/checkpoints"。FsStateBackend 中第二个 Boolean 类型的参数指定是否以同步的方式进行状态数据记录，默认采用异步的方式将状态数据同步到文件系统中，异步方式能够尽可能避免在 Checkpoint 的过程中影响流式计算任务。如果用户想采用同步的方式记录检查点数据，则将第二个参数指定为 True 即可。相比于 MemoryStateBackend，FsStateBackend 更适合任务状态非常大的情况，例如应用中含有时间范围非常长的窗口计算，或 Key/Value State 状态数据量非常大的场景，这时系统内存不足以支撑状态数据的存储。同时基于文件系统存储最大的好处是相对比较稳定，同时借助于像 HDFS 分布式文件系统中具有三副本备份的策略，能最大程度保证状态数据的安全性，不会出现因为外部故障而导致任务无法恢复等问题。

3. RocksDBStateBackend

RocksDBStateBackend 是 Flink 中内置的第三方状态管理器，和前面的状态管理器不同，RocksDBStateBackend 需要单独引入相关的依赖包到工程中。通过初始化 RockDBStateBackend 类，使可以得到 RockDBStateBackend 实例类。

```
// 创建 RocksDBStateBackend 实例类
new RocksDBStateBackend(path);
```

RocksDBStateBackend 采用异步的方式进行状态数据的 Snapshot, 任务中的状态数据首先被写入 RockDB 中, 然后再异步地将状态数据写入文件系统中, 这样在 RockDB 仅会存储正在进行计算的热数据, 对于长时间才更新的数据则写入磁盘中进行存储。而对于体量比较小的元数据状态, 则直接存储在 JobManager 的内存中。

与 FsStateBackend 相比, RocksDBStateBackend 在性能上要比 FsStateBackend 高一些, 主要是因为借助于 RocksDB 存储了最新热数据, 然后通过异步的方式再同步到文件系统中, 但 RocksDBStateBackend 和 MemoryStateBackend 相比性能就会较弱一些。

需要注意的是 RocksDB 通过 JNI 的方式进行数据的交互, 而 JNI 构建在 byte[] 数据结构之上, 因此每次能够传输的最大数据量为 2^31 字节, 也就是说每次在 RocksDBStateBackend 合并的状态数据量大小不能超过 2^31 字节限制, 否则将会导致状态数据无法同步, 这是 RocksDB 采用 JNI 方式的限制, 用户在使用过程中应当注意。

综上可以看出, RocksDBStateBackend 和 FsStateBackend 一样, 适合于任务状态数据非常大的场景。在 Flink 最新版本中, 已经提供了基于 RocksDBStateBackend 实现的增量 Checkpoints 功能, 极大地提高了状态数据同步到介质中的效率和性能, 在后续的社区发展中, RocksDBStateBackend 也会作为状态管理器重点使用的方式之一。

5.3.2 状态管理器配置

在 StateBackend 应用过程中, 除了 MemoryStateBackend 不需要显示配置之外, 其他状态管理器都需要进行相关的配置。在 Flink 中包含了两种级别的 StateBackend 配置: 一种是应用层面配置, 配置的状态管理器只会针对当前应用有效; 另外一种是整个集群的默认配置, 一旦配置就会对整个 Flink 集群上的所有应用有效。

1. 应用级别配置

在 Flink 应用中通过 StreamExecutionEnvironment 提供的 setStateBackend() 方法配置状态管理器, 代码清单 5-8 通过实例化 FsStateBackend, 然后在 setStateBackend 方法中指定相应的状态管理器, 这样后续应用的状态管理都会基于 HDFS 文件系统进行。

代码清单 5-8 设定应用层面的 StateBackend

```
StreamExecutionEnvironment env =
StreamExecutionEnvironment.getExecutionEnvironment();
   env.setStateBackend(new      FsStateBackend("hdfs://namenode:40010/flink/
checkpoints"));
```

如果使用 RocksDBStateBackend 则需要单独引入 rockdb 依赖库，如代码清单 5-9 所示，将相关的 Maven 依赖配置引入到本地工程中。

代码清单 5-9　RocksDBStateBackend Maven 配置

```
<dependency>
  <groupId>org.apache.flink</groupId>
  <artifactId>flink-statebackend-rocksdb_2.11</artifactId>
  <version>1.7.0</version>
</dependency>
```

经过上述配置后，如代码清单 5-10 所示就可以使用 RocksDBStateBackend 作为状态管理器进行算子或者数据的状态管理。其中需要配置的参数和 FsStateBackend 基本一致。

代码清单 5-10　RocksDBStateBackend 应用配置

```
StreamExecutionEnvironment env =
StreamExecutionEnvironment.getExecutionEnvironment();
env.setStateBackend(
new RocksDBStateBackend ("hdfs://namenode:40010/flink/checkpoints"));
```

2. 集群级别配置

前面已经提到除了能够在应用层面对 StateBackend 进行配置，应用独立使用自己的 StateBackend 之外，Flink 同时支持在集群中配置默认的 StateBackend。具体的配置项在 flink-conf.yaml 文件中，如下代码所示，参数 state.backend 指明 StateBackend 类型，state.checkpoints.dir 配置具体的状态存储路径，代码中使用 filesystem 作为 StateBackend，然后指定相应的 HDFS 文件路径作为 state 的 checkpoint 文件夹。

```
state.backend: filesystem
# Directory for storing checkpoints
state.checkpoints.dir: hdfs://namenode:40010/flink/checkpoints
```

如果在集群默认使用 RocksDBStateBackend 作为状态管理器，则对应在 flink-conf.yaml 中的配置参数如下：

```
state.backend.rocksdb.checkpoint.transfer.thread.num: 1
state.backend.rocksdb.localdir: /var/rockdb/flink/checkpoints
state.backend.rocksdb.timer-service.factory: HEAP
```

- state.backend.rocksdb.checkpoint.transfer.thread.num：用于指定同时可以操作 RocksDBStateBackend 的线程数量，默认值为 1，用户可以根据实际应用场景进行调整，如果状态量比较大则可以将此参数适当增大。

- state.backend.rocksdb.localdir：用于指定 RocksDB 存储状态数据的本地文件路径，在每个 TaskManager 提供该路径存储节点中的状态数据。
- state.backend.rocksdb.timer-service.factory：用于指定定时器服务的工厂类实现类，默认为"HEAP"，也可以指定为"RocksDB"。

5.4 Querable State

在 Flink 中将算子的状态视为头等公民，状态作为系统流式数据计算的重要数据支撑，借助于状态可以完成了相比于无状态计算更加复杂的场景。而在通常情况下流式系统中基于状态统计出的结果数据必须输出到外部系统中才能被其他系统使用，业务系统无法与流系统直接对接并获取中间状态结果。在 Flink 新的版本中提出可查询的状态服务，也就是说业务系统可以通过 Flink 提供的 RestfulAPI 接口直接查询 Flink 系统内部的状态数据。

1. Querable State 架构

从图 5-3 中可以看出，Flink 可查询状态架构中包含三个重要组件：

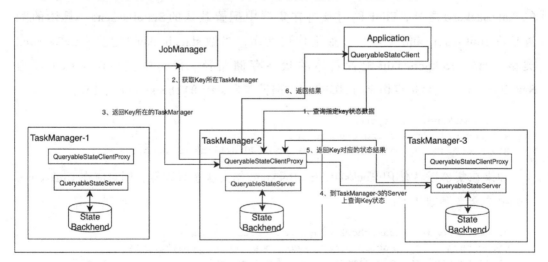

图 5-3　Flink Querable State 服务架构

- QueryableStateClient：用于外部应用中，作为客户端提交查询请求并收集状态查询结果。
- QueryableStateClientProxy：用于接收和处理客户端的请求，每个 TaskManager 上

运行一个客户端代理。状态数据分布在算子所有并发的实例中，Client Proxy 需要通过从 JobManager 中获取 Key Group 的分布，然后判断哪一个 TaskManager 实例维护了 Client 中传过来的 Key 对应的状态数据，并且向所在的 TaskManager 的 Server 发出访问请求并将查询到的状态值返回给客户端。

❑ QueryableStateServer：用于接收 Client Proxy 的请求，每个 TaskManager 上会运行一个 State Server，该 Server 用于通过从本地的状态后台管理器中查询状态结果，然后返回给客户端代理。

2. 激活可查询状态服务

为了能够开启可查询状态服务，需要在 Flink 中引入 flink-queryable-state-runtime.jar 文件，可以通过将 flink-queryable-state-runtime.jar 从安装路径中 ./opt 拷贝到 ./lib 路径下引入，每次 Flink 集群启动时就会将 flink-queryable-state-runtime.jar 加载到 TaskManager 的环境变量中。在 Flink 集群启动时，Queryable State 的服务就会在 TaskManager 中被拉起，此时就能够处理由 Client 发送的请求。可以通过检查 TaskManager 日志的方式来确认 Queryable State 服务是否成功启动，如果日志中出现："Started the Queryable State Proxy Server"，则表明 Queryable State 服务被正常启动并可以使用。Queryable State Proxy 和 Server 端口以及其他相关的参数均可以在 flink-conf.yaml 文件中配置。

3. 可查询状态应用配置

除了在集群层面激活 Queryable State 服务，还需要在 Flink 应用中修改应用程序的代码，将需要暴露的可查询状态通过配置开放出来。在代码中增加 Queryable State 功能相对比较简单，在创建状态的 StateDescriptor 中调用 setQueryable(String) 方法就能够将需要暴露的状态开发出来。如代码清单 5-11 所示，在有状态计算的算子上增加可查询状态的功能：

代码清单 5-11　在 Flink 应用中配置可查询状态服务

```
override def open(parameters: Configuration): Unit = {
  // 创建 ValueStateDescriptor,定义状态名称为 leastValue,并指定数据类型
  val leastValueStateDescriptor = new ValueStateDescriptor[Long]("leastValue",
classOf[Long])
  // 打开可查询状态功能,让状态可以被外部应用检索
  leastValueStateDescriptor.setQueryable("leastQueryValue")
  // 通过 getRuntimeContext.getState 获取 State
  leastValueState = getRuntimeContext.getState(leastValueStateDescriptor)
}
```

以上是通过创建 StateDescripeor 来设定状态是否可查询，Flink 同时提供了在 DataSteam 数据集上来配置可查询的状态数据，具体使用方式如代码清单 5-12 所示，统计 5s 窗口上每个 key 对应的最大值，并设定为可查询状态。

代码清单 5-12　直接在 DataSteam 数据集上配置可查询状态

```
val maxInputStream: DataStream[(Int, Long)] = inputStream
  .map(r => (r._1, r._2))
  .keyBy(_._1)
  .timeWindow(Time.seconds(5))
  .max(1)
// 存储每个 key 在 5s 窗口上的最大值
maxInputStream
// 根据 Key 进行分区，并设定为可查询状态
  .keyBy(_._1).asQueryableState("maxInputState")
```

通过在 KeyedStream 上使用 asQueryableState 方法来设定可查询状态，其中返回的 QueryableStateStream 数据集将被当作 DataSink 算子，因此后面不能再接入其他算子。根据状态类型的不同，可以在 asQueryableState() 方法中指定不同的 StatDesciptor 来设定相应的可查询状态：

（1）ValueState

```
QueryableStateStream asQueryableState(
  String queryableStateName,
  ValueStateDescriptor stateDescriptor)
// ValueState 的简易使用方法，不需要传入 stateDescriptor
QueryableStateStream asQueryableState(String queryableStateName)
```

（2）FoldingState

```
QueryableStateStream asQueryableState(
  String queryableStateName,
  FoldingStateDescriptor stateDescriptor)
```

（3）ReducingState

```
QueryableStateStream asQueryableState(
  String queryableStateName,
  ReducingStateDescriptor stateDescriptor)
```

开启可查询状态的应用其执行过程和普通类型的应用没有特别大的区别，但需要确认的是集群环境一定要事先打开可查询状态服务，否则提交的应用将不能被正常运行。

4. 通过外部应用查询状态数据

对于基于 JVM 的业务应用，可以通过 QueryableStateClient 获取 Flink 应用中的可查询状态数据，QueryableStateClient 在 flink-queryable-state-client-java.jar 包中，可通过添加代码清单 5-13 中的 flink-core 和 flink-queryable-state-client-java_2.11 的 Maven 依赖配置到项目中将相关库引入。

代码清单 5-13　Flink QueryableStateClient 客户端 Maven 配置

```xml
<dependency>
  <groupId>org.apache.flink</groupId>
  <artifactId>flink-core</artifactId>
  <version>1.7.0</version>
</dependency>
<dependency>
  <groupId>org.apache.flink</groupId>
  <artifactId>flink-queryable-state-client-java_2.11</artifactId>
  <version>1.7.0</version>
</dependency>
```

如下代码所示，QueryableStateClient 初始化参数分别为 TaskManager 的 Hostname 以及客户端代理监听端口。通常情况下，Querable State Client Proxy 的默认端口是 9067，也可以在 ./conf/flink-conf.yaml 文件中配置监听端口。

```
QueryableStateClient client = new QueryableStateClient(tmHostname, proxyPort);
```

获取到 QueryableStateClient 之后，就可以通过调用客户端中的 getKvState() 方法查询 Flink 流式应用中的状态值。其中 getKvState() 方法定义如下，参数中包括 Flink Job 任务的 jobID，可查询状态名称 queryableStateName 以及需要查询的 key，还有 key 对应的数据元素的 keyTypeInfo，另外在 stateDescriptor 参数中包含了可查询状态的信息，如状态名称、类型以及序列化和反序列化等信息。

```
CompletableFuture<S> getKvState(
  JobID jobId,
  String queryableStateName,
  K key,
  TypeInformation<K> keyTypeInfo,
  StateDescriptor<S, V> stateDescriptor)
```

同时 getKvState() 方法返回值可以指定返回的状态数据类型，目前 Flink 支持查询 ValueState、ReduceState、ListState、MapState、AggregatingState 几种类型的状态值。可以调用相应的 get() 方法获取状态中的指标，例如对于 ValueState 可以使用 ValueState.get() 获取结果。注意可查询状态结果是不可变的，不可以调用 update() 或者 add() 对状态进行修改，否则会报出 UnsupportedOperationException 异常。如代码清单 5-14 所示，使用 QueryableStateClient 查询代码清单 5-6 中定义的可查询状态值。

代码清单 5-14　使用 QueryableStateClient 查询 Flink 应用中可查询状态值

```
val tmHostname: String = "localhost"
val proxyPort: Int = 9069
val jobId: String = "d1227b1a350d952c372re4c886d2re243"
val key: Integer = 5
// 创建 QueryableStateClient
val client: QueryableStateClient = new QueryableStateClient(tmHostname, proxyPort)
// 创建需要查询的状态对应的 ValueStateDescriptor
val valueDescriptor: ValueStateDescriptor[Long] = new ValueStateDescriptor[Long]("leastValue", TypeInformation.of(new TypeHint[Long](){}))
// 查询 key 为 5 的可查询状态值
val resultFuture: CompletableFuture[ValueState[Long]] = client.getKvState(
  JobID.fromHexString(jobId),
  "leastQueryValue",
  key,
  Types.INT,
  valueDescriptor)
}
// 从 resultFuture 等待返回结果
resultFuture.thenAccept(response => {
  try
    val res = response.value()
    println(res)
  catch {
    case e: Exception =>
      e.printStackTrace()
  }
})
```

5.5 本章小结

本章重点介绍了 Flink 所支持的有状态计算相关的知识和概念。在 5.1 节介绍了状态计算的概念和应用范围。5.2 节介绍了 Flink 中支持的状态类型，包括对 Keyed State、Operator State 以及每种类型的状态在流数据处理过程中的应用方式和区别。5.3 节介绍了 Flink 容错中对状态数据的持久化操作 Checkpoint，以及 Checkpoints 和 Savepoints 之间的关系和各自的应用场景。5.4 节介绍了 Flink 中支持的 StateBackend，如 MemoryStateBackend、FsStateBackend、RocksDBStateBackend 等，并比较了每种 StateBackend 所具有的特点以及各自的应用场景。在 5.4 节同时介绍了 Flink 新特性 Querable State 的使用，了解如何在外部业务系统中查询 Flink 流式应用中的状态数据。

第 6 章
DataSet API 介绍与使用

目前 Flink 在批量计算领域的应用不是特别广泛，但并不代表 Flink 不擅长处理批量数据，从前面的章节中已经知道批量数据其实是流式数据的子集，可以通过一套引擎处理批量和流式数据，而 Flink 在未来也会重点投入更多的资源到批流融合中。本章将从多个方面介绍 Flink 在批计算领域的应用，包括 Flink 提出的针对批处理计算的 DataSet API 的介绍与使用，以及 Flink 对迭代计算的支持等。通过本章的学习读者可以了解如何使用 DataSet API 开发批计算应用。

6.1 DataSet API

和 DataStream API 一样，Flink 提出 DataSet API 用于处理批量数据。Flink 将接入数据转换成 DataSet 数据集，并行分布在集群的每个节点上，基于 DataSet 数据集完成各种转换操作（map，filter 等），并通过 DataSink 操作将结果数据输出到外部系统中。

开发环境配置

在使用 Flink DataSet API 进行批量应用程序开发之前，需要在工程中引入 Flink 批量计算相关依赖库，可以在项目工程中的 pom.xml 文件中添加 flink-java 对应的 Dependency 配置，引入 DataSet API 所需要的依赖库，用户可以根据需要选择 Java 版本或者 Scala 版本，也可以将两个依赖库同时引入工程。

```xml
// 基于 Java 版本的批量计算依赖库
<dependency>
  <groupId>org.apache.flink</groupId>
  <artifactId>flink-java</artifactId>
  <version>1.7.0</version>
</dependency>
// 引入 Scala 版本的批量计算依赖库
<dependency>
  <groupId>org.apache.flink</groupId>
  <artifactId>flink-scala_2.11</artifactId>
  <version>1.7.0</version>
</dependency>
```

6.1.1 应用实例

通过代码清单 6-1 可以看出，DataSet API 其实和 DataStream API 相似，都是需要创建 ExecutionEnvironment 环境，然后使用 ExecutionEnvironment 提供的方法读取外部数据，将外部数据转换成 DataSet 数据集，最后在创建好的数据集上应用 DataSet API 提供的 Transformation 操作，对数据进行转换，处理成最终的结果，并对结果进行输出。

代码清单 6-1　Flink DataSet API wordcount 实例

```scala
// 如果使用 Scala 语言编写 DataSet API 程序，需要引入相应隐式的方法
import org.apache.flink.api.scala._
object WordCount {
  def main(args: Array[String]) {
    // 创建 ExecutionEnvironment
    val env = ExecutionEnvironment.getExecutionEnvironment
    // 读取数据集
    val text = env.fromElements(
      "Who's there?", "Hello World")
    // 对数据集进行转换操作，形成 (Word,value) 格式，并进行 Group 操作，统计词频
    val counts = text.flatMap { _.toLowerCase.split("\\W+") filter { _.nonEmpty } }
      .map { (_, 1) }
      .groupBy(0)
      .sum(1)
    // 输出统计出来的结果
    counts.print()
  }
}
```

6.1.2 DataSources 数据接入

DataSet API 支持从多种数据源中将批量数据集读到 Flink 系统中，并转换成 DataSet 数据集。数据接入接口共有三种类型，分别是文件系统类型、Java Collection 类型，以及通用类数据源。同时在 DataSet API 中可以自定义实现 InputFormat/RichInputFormat 接口，以接入不同数据格式类型的数据源，常见的数据格式有 CsvInputFormat、TextInputFormat、SequenceFileInputFormat 等。

1. 文件类数据

（1）readTextFile(path) / TextInputFormat

使用 DataSet API 中的 readTextFile 方法读取文本文件，并将文件内容转换成 DataSet[String] 类型数据集。

```
// 读取本地文件
val textFiles: DataSet[String] = env.readTextFile("file:///path/textfile")
// 读取 HDFS 文件
val hdfsFiles =  env.readTextFile("hdfs://nnHost:nnPort/path/textfile")
```

（2）readTextFileWithValue(path) / TextValueInputFormat

读取文本文件内容，将文件内容转换成 DataSet[StringValue] 类型数据集。StringValue 是一种可变的 String 类型，通过 StringValue 存储文本数据可以有效降低 String 对象创建数量，从而降低系统性能上的开销。

```
// 读取本地文件，指定读取字符格式类型为 UTF-8
val ds = env.readTextFileWithValue("file:///path/textfile", "UTF-8")
```

（3）readCsvFile(path) / CsvInputFormat

读取指定分隔符切割的 CSV 文件，且可以直接转换成 Tuple 类型、Case Class 对象或者 POJOs 类。在方法中可以指定行切割符、列切割符、字段等信息。

```
val csvInput = env.readCsvFile[(String, Double)](
  " hdfs://nnHost:nnPort/path/to/csvfile ",
  includedFields = Array(0, 3))
```

（4）readSequenceFile(Key, Value, path) / SequenceFileInputFormat

读取 SequenceFileInputFormat 类型的文件，在参数中指定 Key Class 和 Value Class 类型，返回结果为 Tuple2[Key,Value] 类型。

```
val tuples = env.readSequenceFile(classOf[IntWritable], classOf[Text],
"hdfs://nnHost:nnPort/path/to/file")
```

2. 集合类数据

（1）fromCollection(Seq)

从给定集合中创建 DataSet 数据集，集合类型可以是数组、List 等，也可以从非空 Iterable 中创建，需要指定数据集的 Class 类型。

```
// 从 Seq 中创建 DataSet 数据集
val dataSet: DataSet[String] = env.fromCollection(Seq("flink",
  "hadoop", "spark"))
// 从 Iterable 中创建 DataSet 数据集
val dataSet: DataSet[String] =
env.fromCollection(Iterable("flink","hadoop", "spark"))
```

（2）fromElements(elements: _*)

从给定数据元素序列中创建 DataSet 数据集，且所有的数据对象类型必须一致。

```
  val dataSet: DataSet[String] = env.fromElements("flink", "hadoop",
"spark")
```

（3）generateSequence(from, to)

指定 from 到 to 范围区间，然后在区间内部生成数字序列数据集。

```
val numbers: DataSet[Long] = env.generateSequence(1, 10000000)
```

3. 通用数据接口

DataSet API 中提供了 Inputformat 通用的数据接口，以接入不同数据源和格式类型的数据。InputFormat 接口主要分为两种类型：一种是基于文件类型，在 DataSet API 对应 readFile() 方法；另外一种是基于通用数据类型的接口，例如读取 RDBMS 或 NoSQL 数据库中等，在 DataSet API 中对应 createInput() 方法。

（1）readFile(inputFormat, path) / FileInputFormat

自定义文件类型输入源，将指定格式文件读取并转成 DataSet 数据集。

```
// 通过自定义 PointInFormat, 读取指定格式数据
env.readFile(new PointInFormat(),"file:///path/file")
```

（2）createInput(inputFormat) / InputFormat

自定义通用型数据源，将读取的数据转换为 DataSet 数据集。如以下实例使用 Flink 内置的 JDBCInputFormat，创建读取 mysql 数据源的 JDBCInputFormat，完成从 mysql 中读取 Person 表，并转换成 DataSet [Row] 数据集。

```
// 通过创建 JDBCInputFormat 读取 JDBC 数据源
val jdbcDataSet: DataSet[Row] =
env.createInput(
  JDBCInputFormat.buildJDBCInputFormat()
    .setDrivername("com.mysql.jdbc.Driver")
    .setDBUrl("jdbc:mysql://localhost:3306/test ")
    .setQuery("select id, name from person")
    .setRowTypeInfo(new RowTypeInfo(BasicTypeInfo.LONG_TYPE_INFO, BasicTypeInfo.
STRING_TYPE_INFO))
    .finish()
)
```

4. 第三方文件系统

为简化用户和其他第三方文件系统之间的交互，Flink 针对常见类型数据源提出通用的 FileSystem 抽象类，每种数据源分别继承和实现 FileSystem 类，将数据从各个系统中读取到 Flink 中。DataSet API 中内置了 HDFS 数据源、Amazon S3，MapR file system，Alluxio 等文件系统的连接器，用户可以参考官方文档说明进行使用。

6.1.3 DataSet 转换操作

针对 DataSet 数据集上的转换，Flink 提供了非常丰富的转换操作符，从而实现基于 DataSet 批量数据集的转换。转换操作实质是将 DataSet 转换成另外一个新的 DataSet，然后将各个 DataSet 的转换连接成有向无环图，并基于 Dag 完成对批量数据的处理。

1. 数据处理

（1）Map

完成对数据集 Map 端的转换，并行将每一条数据转换成新的一条数据，数据分区不发生变化。

```
val dataSet: DataSet[String] = env.fromElements("flink", "hadoop", "spark")
val transformDS: DataSet[String] = dataSet.map(x => x.toUpperCase)
```

（2）FlatMap

将接入的每一条数据转换成多条数据输出，包括空值。例如以下实例将文件中每一行文本切割成字符集合。

```
val dataSet: DataSet[String] = env.fromElements("flink,hadoop,spark")
val words = dataSet.flatMap { _.split(",") }
```

(3) MapPartition

功能和 Map 函数相似，只是 MapPartition 操作是在 DataSet 中基于分区对数据进行处理，函数调用中会按照分区将数据通过 Iteator 的形式传入，并返回任意数量的结果值。

```
val dataSet: DataSet[String] = env.fromElements("flink", "hadoop", "spark")
dataSet.mapPartition { in => in map { (_, 1) } }
```

(4) Filter

根据条件对传入数据进行过滤，当条件为 True 后，数据元素才会传输到下游的 DataSet 数据集中。

```
val dataSet: DataSet[Long] = env.fromElements(222,12,34,323)
val resultDs = dataSet.filter(x => x > 100)
```

2. 聚合操作

(1) Reduce

通过两两合并，将数据集中的元素合并成一个元素，可以在整个数据集上使用，也可以和 Group Data Set 结合使用。

```
val dataSet: DataSet[Long] = env.fromElements(222,12,34,323)
val result = dataSet.reduce((x, y) => x + y)
```

(2) ReduceGroup

将一组元素合并成一个或者多个元素，可以在整个数据集上使用，也可以和 Group Data Set 结合使用。

```
val dataSet: DataSet[Long] = env.fromElements(222,12,34,323)
dataSet.reduceGroup { collector => collector.sum }
```

(3) Aggregate

通过 Aggregate Function 将一组元素值合并成单个值，可以在整个 DataSet 数据集上使用，也可以和 Group Data Set 结合使用。如下代码是，在 DataSet 数据集中根据第一个字段求和，根据第三个字段求最小值。

```
val dataSet: DataSet[(Int, String, Long)] = env.fromElements((12, "Alice", 34),
(12, "Alice", 34), (12, "Alice", 34))
val result:DataSet[(Int, String, Long)]
= dataSet.aggregate(Aggregations.SUM, 0).aggregate(Aggregations.MIN, 2)
```

也可以使用 Aggregation 函数的缩写方法，sum()、min()、max() 等。

```
val result2: DataSet[(Int, String, Long)] = dataSet.sum(0).min(2)
```

(4) Distinct

求取 DataSet 数据集中的不同记录，去除所有重复的记录。

```
val dataSet: DataSet[Long] = env.fromElements(222,12,12,323)
val distinct: DataSet[Long] = dataSet.distinct
```

3. 多表关联

(1) Join

根据指定的条件关联两个数据集，然后根据选择的字段形成一个数据集。关联的 key 可以通过 key 表达式、Key-selector 函数、字段位置以及 Case Class 字段指定。

对于两个 Tuple 类型的数据集可以通过字段位置进行关联，左边数据集的字段通过 where 方法指定，右边数据集的字段通过 equalTo() 方法指定。

```
val dataSet1: DataSet[(Int, String)] = ...
val dataSet2: DataSet[(Double, Int)] = ...
val result = dataSet1.join(dataSet2).where(0).equalTo(1)
```

对于 Case Class 类型的数据集可以直接使用字段名称作为关联 Key：

```
val dataSet1: DataSet[Person] =
env.fromElements(Person(1,"Peter"),Person(2,"Alice"))
val dataSet2: DataSet[(Double, Int)] = env.fromElements((12.3,1),(22.3,3))
val result = dataSet1.join(dataSet2).where("id").equalTo(1)
```

可以在关联的过程中指定自定义 Join Function，Function 的入参为左边数据集中的数据元素和右边数据集的中的数据元素所组成的元祖，并返回一个经过计算处理后的数据，其中 Left 和 right 的 Key 相同。

```
val result = dataSet1.join(dataSet2).where("id").equalTo(1){
  (left,right) => (left.id,left.name,right._1 + 1)
}
```

FlatMap 与 Map 方法的相似，Join Function 中同时提供了 FlatJoin Function 用来关联两个数据集，FlatJoin 函数返回可以是一个或者多个元素，也可以不返回任何结果。

```
val result = dataSet1.join(dataSet2).where("id").equalTo(1) {
  (left, right, collector: Collector[(String, Double)]) =>
    collector.collect(left.name, right._1 + 1)
    collector.collect("prefix_" + left.name, right._1 + 2)
}
```

为了能够更好地引导 Flink 底层去正确地处理数据集，可以在 DataSet 数据集关联中，通过 Size Hint 标记数据集的大小，Flink 可以根据用户给定的线索调整计算策略，例如可以使用 joinWithTiny 或 joinWithHuge 提示第二个数据集的大小。

```
val dataSet1: DataSet[Person] =
env.fromElements(Person(1,"Peter"),Person(2,"Alice"))
val dataSet2: DataSet[(Double, Int)] = env.fromElements((12.3,1),(22.3,3))
// 提示 Flink 第二个数据集是小数据集
val result = dataSet1. joinWithTiny (dataSet2).where("id").equalTo(1)
// 提示 Flink 第二个数据集是大数据集
val result = dataSet1.joinWithHuge(dataSet2).where("id").equalTo(1)
```

除了能够使用 joinWithTiny 或 joinWithHuge 方法来提示关联数据集的大小之外，Flink 还提供了 Join 算法提示，可以让 Flink 更加灵活且高效地执行 Join 操作。

```
// 将第一个数据集广播出去，并转换成 HashTable 存储，该策略适用于第一个数据集非常小的情况
ds1.join(ds2,JoinHint.BROADCAST_HASH_FIRST).where("id").equalTo(1)
// 将第二个数据集广播出去，并转换成 HashTable 存储，该策略适用于第二个数据集非常小的情况
ds1.join(ds2,JoinHint.BROADCAST_HASH_SECOND).where("id").equalTo(1)
// 和不设定 Hint 相同，将优化的工作交给系统处理
ds1.join(ds2,JoinHint.OPTIMIZER_CHOOSES).where("id").equalTo(1)
// 将两个数据集重新分区，并将第一个数据集转换成 HashTable 存储，该策略适用于第一个数据集比
第二个数据集小，但两个数据集相对都比较大的情况
ds1.join(ds2,JoinHint.REPARTITION_HASH_FIRST).where("id").equalTo(1)
// 将两个数据集重新分区，并将第二个数据集转换成 HashTable 存储，该策略适用于第二个数据集比
第一个数据集小，但两个数据集相对都比较大的情况
ds1.join(ds2,JoinHint.REPARTITION_HASH_SECOND).where("id").equalTo(1)
// 将两个数据集重新分区，并将每个分区排序，该策略适用于两个数据集已经排好顺序的情况
ds1.join(ds2,JoinHint.REPARTITION_SORT_MERGE).where("id").equalTo(1)
```

（2）OuterJoin

OuterJoin 对两个数据集进行外关联，包含 left、right、full outer join 三种关联方式，分别对应 DataSet API 中的 leftOuterJoin、rightOuterJoin 以及 fullOuterJoin 方法。

```
// 左外关联两个数据集，按照相同的 key 进行关联，如果右边数据集中没有数据则会填充空值
dataSet1.leftOuterJoin(dataSet2).where("id").equalTo(1)
// 右外关联两个数据集，按照相同的 key 进行关联，如果左边数据集中没有数据则会填充空值
dataSet1.rightOuterJoin(dataSet2).where("id").equalTo(1)
```

和 JoinFunction 一样，OuterJoin 也可以指定用户自定义的 JoinFunction。

```
dataSet1.leftOuterJoin(dataSet2).where("id").equalTo(1){
  (left, right) =>
    if(right == null) {(left.id,1)
    } else{ (left.id,right._1)
    }
 }
```

对于大数据集，Flink 也在 OuterJoin 操作中提供相应的关联算法提示，可以针对左右数据集的分布情况选择合适的优化策略，以提升整体作业的处理效率。

```
// 将第二个数据集广播出去，并转换成 HashTable 存储，该策略适用于第一个数据集非常小的情况
ds1.leftOuterJoin(ds2,JoinHint.BROADCAST_HASH_SECOND).where("id").equalTo(1)
// 将两个数据集重新分区，并将第二个数据集转换成 HashTable 存储，该策略适用于第一个数据集比
第二个数据集小，但两个数据集相对都比较大的情况
ds1.leftOuterJoin(ds2,JoinHint.REPARTITION_HASH_SECOND).where("id").equalTo(1)
```

和 Join 操作不同，OuterJoin 的操作只能适用于部分关联算法提示。其中 leftOuterJoin 仅支持 OPTIMIZER_CHOOSES、BROADCAST_HASH_SECOND、REPARTITION_HASH_SECOND 以及 REPARTITION_SORT_MERGE 四种策略。rightOuterJoin 仅支持 OPTIMIZER_CHOOSES、BROADCAST_HASH_FIRST、REPARTITION_HASH_FIRST 以及 REPARTITION_SORT_MERGE 四种策略。fullOuterJoin 仅支持 OPTIMIZER_CHOOSES、REPARTITION_SORT_MERGE 两种策略。

(3) Cogroup

将两个数据集根据相同的 Key 记录组合在一起，相同 Key 的记录会存放在一个 Group 中，如果指定 key 仅在一个数据集中有记录，则 co-group Function 会将这个 Group 与空的 Group 关联。

```
val dataset = dataSet1.coGroup(dataSet2).where("id").equalTo(1)
```

(4) Cross

将两个数据集合并成一个数据集，返回被连接的两个数据集所有数据行的笛卡儿积，返回的数据行数等于第一个数据集中符合查询条件的数据行数乘以第二个数据集中符合查询条件的数据行数。Cross 操作可以通过应用 Cross Function 将关联的数据集合并成目标格式的数据集，如果不指定 Cross Function 则返回 Tuple2 类型的数据集。

```
val dataSet1: DataSet[(Int, String)] = env.fromElements((12, "flink"), (22, "spark"))
val dataSet2: DataSet[String] = env.fromElements("flink")
// 不指定 Cross Function,返回 Tuple[T,V]，其中 T 为左边数据集数据类型,V 为右边数据集
val crossDataSet: DataSet[((Int, String), String)] = dataSet1.cross(dataSet2)
```

4. 集合操作

(1) Union

合并两个 DataSet 数据集，两个数据集的数据元素格式必须相同，多个数据集可以连

续合并。

```
val dataSet1: DataSet[(Long, Int)] = ...
val dataSet2: DataSet[(Long, Int)] = ...
//合并两个数据集
val unioned = dataSet1.union(dataSet2)
```

(2) Rebalance

对数据集中的数据进行平均分布,使得每个分区上的数据量相同。

```
val dataSet: DataSet[String] = env.fromElements("flink","spark")
// 将 DataSet 数据集进行重平衡,然后执行 map 操作
val result = dataSet.rebalance().map {_.toUpperCase}
```

(3) Hash-Partition

根据给定的 Key 进行 Hash 分区,key 相同的数据会被放入同一个分区内。

```
val dataSet: DataSet[(String, Int)] = ...
// 根据第一个字段进行数据重分区,然后再执行 MapPartition 操作处理每个分区的数据
val result = dataSet.partitionByHash(0).mapPartition { ... }
```

(4) Range-Partition

根据给定的 Key 进行 Range 分区,key 相同的数据会被放入同一个分区内。

```
val dataSet: DataSet[(String, Int)] = ...
// 根据第一个字段进行数据重分区,然后再执行 MapPartition 操作处理每个分区的数据
val result = dataSet.partitionByRange(0).mapPartition { ... }
```

(5) Sort Partition

在本地对 DataSet 数据集中的所有分区根据指定字段进行重排序,排序方式通过 Order.ASCENDING 以及 Order.DESCENDING 关键字指定。

```
val dataSet: DataSet[(String, Int)] = ...
//本地对根据第二个字段对分区数据进行逆序排序,
val result = dataSet.sortPartition(1, Order. DESCENDING)
            // 根据第一个字段对分区进行升序排序
            .sortPartition(0, Order. ASCENDING)
            // 然后在排序的分区上执行 MapPartition 转换操作
            .mapPartition { ... }
```

5. 排序操作

(1) First-n

返回数据集的 n 条随机结果,可以应用于常规类型数据集、Grouped 类型数据集以

及排序数据集上。

```
val dataSet: DataSet[(Int, String)] = ...
// 普通数据集上返回五条记录
val result1 = dataSet.first(5)
// 聚合数据集上返回五条记录
val result2 = dataSet.groupBy(0).first(5)
// Group 排序数据集上返回五条记录
val result3 = dataSet.groupBy(0).sortGroup(1, Order.ASCENDING).first(5)
```

（2）Minby/Maxby

从数据集中返回指定字段或组合对应最小或最大的记录，如果选择的字段具有多个相同值，则在集合中随机选择一条记录返回。

```
val dataSet: DataSet[(Int, Double, String)] = ...
// 返回数据集中第一个字段和第三个字段最小的记录，并产生新的数据集
val result1: DataSet[(Int, Double, String)] = dataSet.minBy(0, 2)
// 根据第一个字段对数据集进行聚合，并返回每个 Group 内第二个字段最小对应的记录
val result2: DataSet[(Int, Double, String)] = dataSet.groupBy(1).minBy(1)
```

6.1.4 DataSinks 数据输出

通过对批量数据的读取（DataSource）及转换（Transformation）操作，最终形成用户期望的结果数据集，然后需要将数据写入不同的外部介质中进行存储，进而完成整个批量数据处理过程。Flink 中对应数据输出功能被称为 DataSinks 操作，和 DataSource Operator 操作类似，为了能够让用户更加灵活地使用外部数据，Flink 抽象出通用的 OutputFormat 接口，批量数据输出全部实现于 OutputFormat 接口，例如文本文件（TextOutputFormat）、CSV 文件格式（CSVOutputFormat）。Flink 内置了常用数据存储介质对应的 OutputFormat，如 HadoopOutputFormat、JDBCOutputFormat 等。另外用户也可以根据需要自定义实现 OutputFormat 接口，对接其他第三方系统。

Flink 在 DataSet API 中的数据输出共分为三种类型。第一种是基于文件实现，对应 DataSet 的 write() 方法，实现将 DataSet 数据输出到文件系统中。第二种是基于通用存储介质实现，对应 DataSet 的 output() 方法，例如使用 JDBCOutputFormat 将数据输出到关系型数据库中。最后一种是客户端输出，直接将 DataSet 数据从不同的节点收集到 Client，并在客户端中输出，例如 DataSet 的 print() 方法。

1. 基于文件输出接口

在 DataSet API 中，基于文件的输出接口直接在 DataSet 中完成封装和定义，例如

目前支持的 writeAsText 直接将 DataSet 数据输出到指定文件中。在使用 write 相关方法输出文件的过程中，用户也可以指定写入文件的模式，分为 OVERWRITE 模式和 NOT_OVERWRITE 模式，前者代表将对文件内容进行覆盖写入，后者代表输出的数据将追加到文件尾端。

（1）writeAsText/TextOutputFormat

将 DataSet 数据以 TextOutputFormat 文本格式写入文件系统，其中文件系统可以是本地文件系统，也可以是 HDFS 文件系统，根据用户指定路径的前缀进行识别，例如 <file> 前缀代表本地文件系统，<hdfs> 前缀代表 HDFS 分布式文件系统。TextOutputFormat 是 FileOutputFormat 的子类，而 FileOutputFormat 则是 OutputFormat 的实现类，具体实例代码如代码清单 6-2 所示。

代码清单 6-2　DataSet 文本格式文件输出实例

```
val dataSet: DataSet[(String, Int, Double)] = ...
// 将 DataSet 数据输出到本地文件系统
dataSet.writeAsText("file:///my/result/on/localFS");
// 将 DataSet 数据输出到 HDFS 文件系统
dataSet.writeAsText("hdfs://nnHost:nnPort/my/result/on/localFS");
```

（2）writeAsCsv(...)/CSVOutputFormat

该方法将数据集以 CSV 文件格式输出到指定的文件系统中，并且可以在输出方法中指定行切割符、列切割符等基本 CSV 文件配置。

```
val dataSet: DataSet[(String, Int, Double)] = ...
// 将 DataSet 输出为 CSV 文件，指定行切割符为 \n，列切割符为 ,
dataSet.writeAsCsv("file:///path/file", "\n", ",")
```

2. 通用输出接口

在 DataSet API 中，除了已经定义在 DataSet 中的输出方式，也可以使用自定义 OutputFormat 方法来定义介质对应的 OutputFormat，例如 JDBCOutputFormat、HadoopOutputFormat 等。

```
// 读取数据集并转换为 (word,count) 类型数据
val dataSet: DataSet[(String, Long)] = ...
// 将数据集的格式转换成 [Text,LongWritable] 类型
val words = dataSet.map( t => (new Text(t._1), new LongWritable(t._2)) )
// 定义 HadoopOutputFormat
val hadoopOutputFormat = new HadoopOutputFormat[Text, LongWritable](
  new TextOutputFormat[Text, LongWritable],
  new JobConf)
```

```
// 指定输出路径
FileOutputFormat.setOutputPath(hadoopOutputFormat.getJobConf, new
Path(resultPath))
// 调用 Output 方法将数据写入 Hadoop 文件系统
words.output(hadoopOutputFormat)
```

6.2 迭代计算

迭代计算在批量数据处理过程中的应用非常广泛，如常用的机器学习算法 KMeans、逻辑回归，以及图计算等，都会用到迭代计算。DataSet API 对迭代计算功能的支持相对比较完善，在性能上较其他分布式计算框架也具有非常高的优势。目前 Flink 中的迭代计算种类有两种模式，分别是 Bulk Iteration（全量迭代计算）和 Delt Iteration（增量迭代计算）。

6.2.1 全量迭代

全量迭代计算过程如图 6-1 所示，在数据接入迭代算子过程中，Step Function 每次都会处理全量的数据，然后计算下一次迭代的输入，也就是图中的 Next Partial Solution，最后根据触发条件输出迭代计算的结果，并将结果通过 DataSet API 传输到下一个算子中继续进行计算。Flink 中迭代的数据和其他计算框架相比，并不是通过在迭代计算过程中不断生成新的数据集完成，而是基于同一份数据集上完成迭代计算操作，因此不需要对数据集进行大量拷贝复制操作，从而避免了数据在复制过程中所导致的性能下降问题。

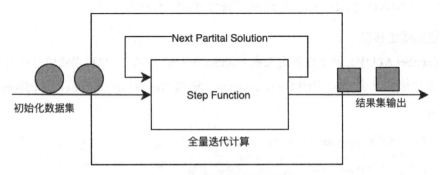

图 6-1　全量迭代计算示意图

针对全量迭代计算，一共分为以下几个步骤：

❏ 首先初始化数据，可以通过从 DataSource 算子中读取，也可以从其他转换

Operators 中接入。
- 其次定义 Step Function，并在每一步迭代过程使用 Step Function，结合数据集以及上一次迭代计算的 Solution 数据集，进行本次迭代计算。
- 每一次迭代过程中 Step Function 输出的结果，被称为 Next Partital Solution 数据集，该结果会作为下一次迭代计算的输入数据集。
- 最后一次迭代计算的结果输出，可通过 DataSink 输出，或接入到下一个 Operators 中。

迭代终止的条件有两种，分别为达到最大迭代次数或者符合自定义聚合器收敛条件：
- 最大迭代次数：指定迭代的最大次数，当计算次数超过该设定值时，终止迭代。
- 自定义收敛条件：用户自定义的聚合器和收敛条件，例如将终止条件设定为当 Sum 统计结果小于零则终止，否则继续迭代。

全量迭代计算通过使用 DataSet 的 iterate() 方法调用，具体实例如代码清单 6-3 所示：

代码清单 6-3　全量迭代计算示例

```scala
val env = ExecutionEnvironment.getExecutionEnvironment
 // 创建初始化数据集
val initial = env.fromElements(0)
// 调用迭代方法，并设定迭代次数为 10000 次
val count = initial.iterate(10000) { iterationInput: DataSet[Int] =>
  val result = iterationInput.map { i =>
    val x = Math.random()
    val y = Math.random()
    i + (if (x * x + y * y < 1) 1 else 0)
  }
  result
}
// 输出迭代结果
val result = count map { c => c / 10000.0 * 4 }
result.print()
env.execute("Iterative Pi Example")
```

6.2.2　增量迭代

如图 6-2 所示，增量迭代是通过部分计算取代全量计算，在计算过程中会将数据集分为热点数据和非热点数据集，每次迭代计算会针对热点数据展开，这种模式适合用于数据量比较大的计算场景，不需要对全部的输入数据集进行计算，所以在性能和速度上都会有很大的提升。

针对图 6-2 中的每一个步骤，解释如下：
- Iteration Input：初始化数据，可以是 DataSource 生成，也可以是计算算子生成；

❏ Step Function：在每一步迭代过程中使用的计算方法，可以是类似于 map、reduce、join 等方法；

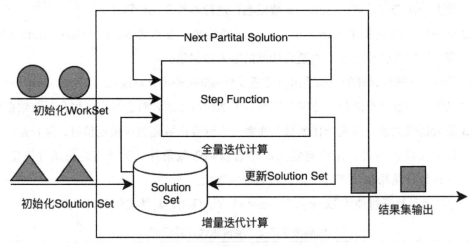

图 6-2 增量迭代计算

❏ Next Partial Solution：在每一次迭代过程中，当前的 Step Function 输出的结果，该结果会作为下一次迭代计算的输入；

❏ Iteration Result：最后一次迭代计算的输出，可以通过指定 DataSink 输出，或者接入下一个 Operators 中。

增量迭代的终止条件可以指定为：

❏ WorkSet 为空：如果下一次迭代输入 WorkSet 为空，则终止迭代。

❏ 最大迭代次数：当计算次数超过指定迭代的最大次数，则终止迭代。

❏ 增量迭代计算代码实例如代码清单 6-4 所示

代码清单 6-4　增量迭代计算示例

```
// 读取初始化数据集
val initialSolutionSet: DataSet[(Long, Double)] = ...
// 读取初始化 WorkSet 数据集
val initialWorkset: DataSet[(Long, Double)] = ...
// 设定迭代参数
val maxIterations = 100
val keyPosition = 0
// 通过 iterateDelta 应用增量迭代方法
val result = initialSolutionSet.iterateDelta(initialWorkset, maxIterations,
Array(keyPosition)) {
    (solution, workset) =>
      val candidateUpdates = workset.groupBy(1).reduceGroup(new
ComputeCandidateChanges())
```

```
        val deltas = candidateUpdates.join(solution).where(0).equalTo(0)(new
CompareChangesToCurrent())
        val nextWorkset = deltas.filter(new FilterByThreshold())
        (deltas, nextWorkset)
}
// 输出迭代计算的结果
result.writeAsCsv(outputPath)
env.execute()
```

6.3 广播变量与分布式缓存

6.3.1 广播变量

广播变量是分布式计算框架中经常会用到的一种数据共享方式，目的是对小数据集采用网络传输的方式，在每个并行的计算节点的实例内存中存储一份该数据集，所在的计算节点实例均可以在本地内存中直接读取被广播的数据集，这样能够避免在数据计算过程中多次通过远程的方式从其他节点中读取小数据集，从而提升整体任务的计算性能。

在 DataSet API 中，广播变量通过 DataSet 的 withBroadcastSet(DataSet, String) 方法定义，其中第一个参数为所需要广播的 DataSet 数据集，需要保证 DataSet 在广播之前已经创建完毕，第二个参数为广播变量的名称，需要在当前应用中保持唯一，如以下代码将 broadcastData 数据集广播在 data 数据集所在的每个实例中。

```
// 创建需要广播的数据集
val broadcastData = env.fromElements(1, 2, 3)
// 广播 DataSet 数据集，指定广播变量名称为 broadcastSetName
data.map(...).withBroadcastSet(broadcastData, "broadcastSetName")
```

DataSet API 支持在 RichFunction 接口中通过 RuntimeContext 读取到广播变量。首先在 RichFunction 中实现 Open() 方法，然后调用 getRuntimeContext() 方法获取应用的 RuntimeContext，接着调用 getBroadcastVariable() 方法通过广播名称获取广播变量。同时 Flink 直接通过 collect 操作将数据集转换为本地 Collection。需要注意的是，Collection 对象的数据类型必须和定义的数据集的类型保持一致，否则会出现类型转换问题。

如以下代码实例所示，在 dataSet2 的 Map 转换中通过 withBroadcastSet 方法指定 dataSet1 为广播变量，然后通过实现 RichMapFunction 接口，在 open() 方法中调用 RuntimeContext 对象的 getBroadcastVariable() 方法，将 dataSet1 数据集获取到本地并转换成 Collection。最后在 map 方法中访问 dataSet1 中的数据，完成后续的处理操作。

```scala
// 创建需要广播的数据集
val dataSet1:DataSet[Int] = ...
// 创建输入数据集
val dataSet2:DataSet[String] = ...
dataSet2.map(new RichMapFunction[String, String]() {
  var broadcastSet: Traversable[Int] = null
  override def open(config: Configuration): Unit = {
    // 获取广播变量数据集，并且转换成 Collection 对象
    broadcastSet = getRuntimeContext().getBroadcastVariable[Int]("broadcastSet-1").asScala
  }
  def map(input: String): String = {
      input + broadcastSet.toList  // 获取 broadcastSet 元素信息
  }
// 广播 DataSet 数据集，指定广播变量名称为 broadcastSetName
}).withBroadcastSet(dataSet1, "broadcastSet-1")
```

6.3.2 分布式缓存

在批计算中，需要处理的数据集大部分来自于文件，对于某些文件尽管是放在类似于 HDFS 之上的分布式文件系统中，但由于 Flink 并不像 MapReduce 一样让计算随着数据所在位置上进行，因此多数情况下会出现通过网络频繁地复制文件的情况。因此对于有些高频使用的文件可以通过分布式缓存的方式，将其放置在每台计算节点实例的本地 task 内存中，这样就能够避免因为读取某些文件而必须通过网络远程获取文件的情况，进而提升整个任务的执行效率。

分存式缓存在 ExecutionEnvironment 中直接注册文件或文件夹，Flink 在启动任务的过程中将会把指定的文件同步到 task 所在计算节点的本地文件系统中，目前支持本地文件、HDFS、S3 等文件系统，另外可以通过 Boolean 参数来指定文件是否可执行，具体使用方式如下：

```scala
val env = ExecutionEnvironment.getExecutionEnvironment
// 通过从 HDFS 文件读取并转换成分布式缓存
env.registerCachedFile("hdfs:///path/file", "hdfsFile")

// 通过从本地文件中读取并注册为分布式缓存，并将可执行设定为 True
env.registerCachedFile("file:///path/file", "localFile", true)
```

获取缓存文件的方式和广播变量相似，也是实现 RichFunction 接口，并通过 RichFunction

接口获得 RuntimeContext 对象，然后通过 RuntimeContext 提供的接口获取对应的本地缓存文件，使用方式如以下代码所示：

```scala
// 定义 RichMapFunction 获取分布式缓存文件
class FileMapper extends RichMapFunction[String, Int] {
  var myFile: File = null
  override def open(config: Configuration): Unit = {
    //  通过 RuntimeContext 和 DistributedCache 获取缓存文件
    myFile  = getRuntimeContext.getDistributedCache.getFile("hdfsFile")
  }
  override def map(value: String): Int = {
    // 使用读取到的文件内容
    val inputFile = new FileInputStream(myFile)
    ...   //定义数据处理逻辑
  }
}
```

通过 RuntimeContext 和 DistributedCache 获取缓存文件，且文件为 java.io.File 类型，然后将文件定义成静态对象中，就可以直接在 map 方法中读取文件中的内容，进行后续的算子操作，同时使用完缓存文件后 Flink 会自动将文件从本地文件系统中清除。

6.4 语义注解

在 Flink 批量数据处理过程中，往往传入函数的对象中可能含有很多字段，其中有些字段是 Function 计算会用到的，但有些字段在进入 Function 后并没有参与到实际计算过程中。针对这种情况，Flink 提出了语义注解的功能，将这些字段在 Function 中通过注解的形式标记出来，区分出哪些是需要参与函数计算的字段，哪些是直接输出的字段。Flink Runtime 在执行算子过程中，会对注解的字段进行判别，对于不需要函数处理的字段直接转发到 Output 对象中，以减少数据传输过程中所消耗的网络 IO 或者不必要的排序操作等，以提升整体应用的处理效率。

在 DataSet API 中将语义注解支持的字段分为三种类型，分别为 Forwarded Fields、Non-Forward Fields 以及 Read Fields，下面详细介绍每种语义注解的使用方式。

6.4.1 Forwarded Fileds 注解

转发字段（Forwarded Fileds）代表数据从 Function 进入后，对指定为 Forwarded 的 Fileds 不进行修改，且不参与函数的计算逻辑，而是根据设定的规则表达式，将 Fields

直接推送到Output对象中的相同位置或指定位置上。

转发字段的规则通过表达式进行指定，表达式中可以指定转发字段的源位置和目标位置。例如"f0->f2"，代表将Input的Tuple对象中的第一位字段转发到Output的Tuple对象中的第三位字段的位置上；单个字符"f2"，代表将Input的Tuple对象中的第三位字段转发到Output的Tuple对象中的相同位置，位置不发生变化；"f1->*"表达式代表将Input的Tuple对象中的第二位字段转发为Output整个字段，其他字段不再输出。多个表达式可以同时使用，表达式中间通过分号分隔，例如混合表达式"f1->f2;f3->f1;f0"。在使用表达式的定义字段转发规则的过程中，用户需要非常清楚哪些字段需要转发，保证所有的定义都是正确的，以免在字段转发过程中出现问题。注意，在Scala环境中一般是通过_1表示元祖中第一个参数，依次类推。

转发字段定义方式有两种，首先可以通过在函数类上添加Java注解的方式指定，其次也可以通过在Operator算子对应的Function后调用类似ForwardedFieldsFirst的方法来指定。

1. 函数注解方式

ForwardedFields注解主要用于单输入的Function进行字段转发，例如Map、Reduce等。如下代码所示，定义实现MapFunction接口的MyMap Function Class，完成map方法的定义，最后在MyMap Class上添加ForwardedFields注解，其中f0->f2代表将输入元祖Tuple2中的第一个字段转发到输出元祖Tuple3中的第三个字段的位置上，该字段不参与函数计算，直接转发至输出对象中。

```
// 通过函数注解方式配置转发字段，将输入数据集中的第一个字段转发到输出数据集的第二个字段中
@ForwardedFields("_1->_2")
class MyMapper extends MapFunction[(Int, Double), (Double, Int)]{
  def map(t: (Int, Double)): (Double, Int) = {
//map函数中也定义为将t._1输出到output对象的t_2字段中
    return (t._2 / 2, t._1)
  }
```

对于多输入函数，如Cogroup、Join等函数，可以使用@ForwardedFieldsFirst以及@ForwardedFieldsSecond注解分别对输入的数据集进行转发配置，而且@ForwardedFieldsFirst和@ForwardedFieldsSecond也可以在函数定义的过程中同时使用。

2. 算子参数方式

在单输入Operator算子中，可以调用withForwardFields完成函数的转发字段的定义。例如data.map(myMapFnc).withForwardedFields("f0->f2")，实现数据集data在

myMapFnc 函数调用中，Input Tuple 中的第一个字段转发为 Output Tuple 中的第三个字段转发定义。针对多输入算子的转发字段定义，例如 CoGroup、Join 等算子，可以通过 withForwardedFieldsSecond 方法或 withForwardedFieldsSecond 方法分别对第一个和第二个输入数据集中的字段进行转发，两个方法也可以同时使用。以下实例就实现了对 Join 函数中第二个 Input 对象中第二个字段转发到输出对象中第三个字段逻辑的定义。

```
// 创建数据集
val dataSet1: DataSet[Person] = ...
val dataSet2: DataSet[(Double, Int)] = ...
// 指定 Join 函数，并且在算子尾部通过 withForwardedFieldsSecond 方法指定字段转发逻辑
val result = dataSet1.join(dataSet2).where("id").equalTo(1) {
  (left, right, collector: Collector[(String, Double, Int)]) =>
    collector.collect(left.name, right._1 + 1, right._2)
    collector.collect("prefix_" + left.name, right._1 + 2, right._2)
}.withForwardedFieldsSecond("_2->_3")// 定义转发逻辑
```

6.4.2 Non-Forwarded Fileds 注解

和前面提到的 Forwarded Fileds 相反，Non-Forwarded Fileds 用于指定不转发的字段，也就是说除了某些字段不转发在输出 Tuple 相应的位置上，其余字段全部放置在输出 Tuple 中相同的字段位置上，对于被 Non-Forwarded Fileds 指定的字段将必须参与到函数计算过程中，并产生新的结果进行输出。在使用 Non-Forwarded Fields 注解时，需要对应的 Function 具有相同类型的 Input 和 Output 对象。例如，表达式 "f1;f3" 代表输入函数的 Input 对象中，第二个和第四个字段不需要保留在 Output 对象中，其余字段全部按照原来位置进行输出，其中第二个和第四个字段需要在函数计算过程中产生，然后在输出结果中完成整个 Output Tuple 对象的整合。

和 Forwarded Fileds 一样，非转发字段的定义可以通过函数类注解的方式实现，对于不同的函数输入分别有不同的注解方式可以使用：对于单输入的算子，例如 Map、Reduce 等，可以通过 NonForwardedFields 注解进行的定义。对于多输入的算子，例如 CoGroup、Join 等，可以通过 NonForwardedFieldsFirst 和 NonForwardedFieldsSecond 分别对第一个对象和第二个对象中的字段进行转发逻辑定义。

```
// 不转发第二个，其余字段转发到输出对象相同位置上
@NonForwardedFields("_2")
class MyMapper extends MapFunction[(String, Long, Int), (String, Long, Int)] {
  def map(input: (String, Long, Int)): (String, Long, Int) = {
```

```
        // 第一个和第三个字段不参与函数计算，第二个字段参与到函数计算过程中，并产生新的结果
        return (input._1, input._2 / 2, input._3)
    }
}
```

6.4.3 Read Fields 注解

读取字段（Read Fields）注解用来指定 Function 中需要读取以及参与函数计算的字段，在注解中被指定的字段将全部参与当前函数结果的运算过程，如条件判断、数值计算等。和前面的字段注解类似，Flink 针对读取字段也提供了相应的注解类定义，可以创建 Function 的 Class 上部通过使用注解定义转发规则。

对于单输入类型函数，使用 @ReadFields 完成注解定义，表达式可以是"f0;f2"，表示 Input 中 Tuple 的第一个字段和第三个字段参与函数的运算过程，其他字段因为不参与计算不需要读取至函数中，进而减少函数执行过程中数据传输的大小。如下代码实例所示，其中 f0 和 f3 参与了函数计算过程，f0 参与了条件判断，f3 字段参与了数值运算，指定在 @ReadFields（"_1;_2"）函数注解指明，f1 虽然在函数中引用过，但其并没有涉及运算，因此无须在注解中指明。

```
@ReadFields("_1; _2")
  class MyMapper extends MapFunction[(Int, Int, Double, Int), (Int, Long)]{
    def map(value: (Int, Int, Double, Int)): (Int, Double) = {
      if (value._1 == 42) {
        return (value._1, value._3)
      } else {
        return (value._2 + 10, value._3)
      }
}}
```

针对多输入的函数，例如 Join、CoGroup 等函数，可以使用 ReadFieldsFirst 和 ReadFieldsSecond 注解来完成对第一个和第二个输入对象读取字段的定义，具体的定义方式和单数入函数定义类似，并且可以同时使用两个注解。

> **注意** 一旦使用了 Read Fields 注解，函数中所有参与计算的字段均必须在注解中指明，否则会导致计算函数执行失败等情况，另外如果字段并未参与函数的计算过程，也可以在注解中指定，这种方式不会对程序有太大影响，用户应该尽可能清楚函数中哪些字段参与了计算，哪些字段未参与函数计算过程。

6.5 本章小结

本章重点介绍了如何使用 Flink DataSet 接口对批量数据进行处理，其中包括对各种数据源的读取，从不同数据源中获取数据转换成 DataSet 数据集，并利用 Flink 提供的丰富的转换操作以完成对数据集的批量处理，最终将数据写入外部存储介质中。6.2 节介绍了 DataSet API 提供的迭代运算函数，介绍了如何使用 DataSet API 进行全量和增量迭代计算，以及每种迭代计算的特点。6.3 节介绍了在 Flink 中如何使用广播变量和分布式缓存进行数据的共享，让每台计算节点都能在本地获取数据或文件，进而提升分布式计算环境下数据处理的效率。6.4 节介绍了 Flink DataSet API 中提供的语义注解特性，了解如何通过使用语义注解对函数进行优化，减少不必要的数据传输，以提升整体应用的计算性能。

第 7 章
Table API & SQL 介绍与使用

对于像 DataFrame 这样的关系型编程接口,因其强大且灵活的表达能力,能够让用户通过非常丰富的接口对数据进行处理,有效降低了用户的使用成本,近年来逐渐成为主流大数据处理框架主要的接口形式之一。Flink 也提供了关系型编程接口 Table API 以及基于 Table API 的 SQL API,让用户能够通过使用结构化编程接口高效地构建 Flink 应用。同时 Table API 以及 SQL 能够统一处理批量和实时计算业务,无须切换修改任何应用代码就能够基于同一套 API 编写流式应用和批量应用,从而达到真正意义的批流统一。本章将重点介绍如何使用 Flink Table & SQL API 来构建流式应用和批量应用。

7.1 TableEnviroment 概念

和 DataStream API 一样,Table API 和 SQL 中具有相同的基本编程模型。首先需要构建对应的 TableEnviroment 创建关系型编程环境,才能够在程序中使用 Table API 和 SQL 来编写应用程序,另外 Table API 和 SQL 接口可以在应用中同时使用,Flink SQL 基于 Apache Calcite 框架实现了 SQL 标准协议,是构建在 Table API 之上的更高级接口。

7.1.1 开发环境构建

在使用 Table API 和 SQL 开发 Flink 应用之前，通过添加 Maven 配置到项目中，在本地工程中引入相应的 flink-table_2.11 依赖库，库中包含了 Table API 和 SQL 接口。

```
<dependency>
  <groupId>org.apache.flink</groupId>
  <artifactId>flink-table_2.11</artifactId>
  <version>1.7.0</version>
</dependency>
```

然后需要分别引入开发批量应用和流式应用对应的库，对于批量应用，需要引入以下 flink-scala_2.11 依赖库：

```
<dependency>
  <groupId>org.apache.flink</groupId>
  <artifactId>flink-scala_2.11</artifactId>
  <version>1.7.0</version>
</dependency>
```

对于构建实时应用，需要引入以下 flink-streaming-scala_2.11 依赖库：

```
<dependency>
  <groupId>org.apache.flink</groupId>
  <artifactId>flink-streaming-scala_2.11</artifactId>
  <version>1.7.0</version>
</dependency>
```

> **注意** 由于 Flink Table 接口中引入了 Apache Calcite 第三方库，会阻止 Java 虚拟机对用户的 Classloaders 进行垃圾回收，因此不建议用户在构建 Flink 应用时将 flink-table 依赖库打包进 fat-jar 中，可以在集群环境中将 {FLINK_HOME}/opt 的对应的 flink-table jar 复制到 {FLINK_HOME}/lib 中来解决此类问题，其中 FLINK_HOME 为 Flink 安装路径。

7.1.2 TableEnvironment 基本操作

使用 Table API 或 SQL 创建 Flink 应用程序，需要在环境中创建 TableEnvironment 对象，TableEnvironment 中提供了注册内部表、执行 Flink SQL 语句、注册自定义函数等功能。根据应用类型的不同，TableEnvironment 创建方式也有所不同，都是通过调用

TableEnvironment. getTableEnvironment() 方法创建 TableEnvironment，但是方法中的参数分别是每种应用类型对应的执行环境。

对于流式应用创建 StreamExecutionEnvironment，然后通过 TableEnvironment. getTableEnvironment() 方法获取 TableEnvironment 对象。

```
val streamEnv = StreamExecutionEnvironment.getExecutionEnvironment();
// 通过从 StreamExecutionEnvironment 创建 StreamTableEnvironment
val tStreamEnv = TableEnvironment.getTableEnvironment(streamEnv);
```

对于批量应用创建 ExecutionEnvironment，然后通过 TableEnvironment. getTableEnvironment() 获取 TableEnvironment 对象：

```
val batchEnv = ExecutionEnvironment.getExecutionEnvironment();
// 通过从 ExecutionEnvironment 创建 TableEnvironment
val tBatchEnv = TableEnvironment.getTableEnvironment(batchEnv);
```

1. 内部 CataLog 注册

在获取 TableEnvironment 对象后，然后就可以使用 TableEnvironment 提供的方法来注册相应的数据源和数据表信息。所有对数据库和表的元数据信息存放在 Flink CataLog 内部目录结构中，其存放了 Flink 内部所有与 Table 相关的元数据信息，包括表结构信息、数据源信息等。

（1）内部 Table 注册

通过 TableEnvironment 中的 Register 接口完成对数据表的注册，如代码清单 7-1 所示，registerTable 方法中包括两个参数，tableEnv.registerTable("projectedTable"，projTable)，第一个参数是注册在 CataLog 中的表名，第二个参数是对应的 Table 对象，其中 Table 可以通过 StreamTableEnvironment 提供接口生成，或者从 DataStream 或 DataSet 中转换而来。

代码清单 7-1 通过 TableEnvironment 注册 Table

```
// 获取 TableEnvironment
val tableEnv = TableEnvironment.getTableEnvironment(env);
// 通过 Select 查询生成 projTable Table
val projTable = tableEnv.scan("SourceTable").select(...);
// 将 projTable 在 Catalog 中注册成内部表 projectedTable
tableEnv.registerTable("projectedTable", projTable);
```

通过以上代码就完成了对 Table 的注册，在内部 CataLog 中生成相应的数据表信息，这样用户就可以使用 SQL 语句对表进行处理，完成各种数据转换操作。注册在 CataLog

中的 Table 类似关系系统数据库中的视图结构，当注册的表被引用和查询时数据才会在对应的 Table 中生成。需要注意多个语句同时查询一张表时，表中的数据将会被执行多次，且每次查询出来的结果相互之间不共享。

（2）TableSource 注册

在使用 Table API 时，可以将外部的数据源直接注册成 Table 数据结构。目前 Flink 中已经提供了大部分常用的数据源，例如本地、HDFS、S3 等文件系统，文件格式类型能够支持例如 Text、CSV、Parquet 等文件格式，对于流式应用 Table API 也已经支持了大部分流式数据源，可供用户自行选择使用，例如 Kafka 等消息中间件。

如代码清单 7-2 所示，通过 CSVTableSource 举例说明如何在 CataLog 中完成 Flink TablSource 的注册。首先获取 StreamingTableEnvironment 对象，然后创建 CSVTable Source 对象，指定 CSV 文件路径，最后调用 StreamingTableEnvironment 中 registerTableSource 方法完成对 TableSource 的注册。

代码清单 7-2　Internal CataLog 中注册 TableSources

```
// 创建 StreamingTableEnvironment，批量应用开发环境相似
val tableEnv = TableEnvironment.getTableEnvironment(env);
// 创建 CSV 文件类型的 TableSource
TableSource csvSource = new CsvTableSource("/path/to/file", ...);
// 将创建好的 TableSource 注册到 tableEnv 中
tableEnv.registerTableSource("CsvTable", csvSource);
```

CSV TableSource 在 TableEnviroment 中完成注册后，就能够使用 SQL 对 "CsvTable" 这张表进行查询操作，由于创建的是 StreamingTableEnvironment，因此 CsvTable 中的数据会被当成流式数据进行处理。批量数据处理类似，创建对应的 BatchTable-Environment，然后完成数据源的注册，再执行 SQL 语句查询或直接使用 TableAPI 处理数据源中的数据即可。

（3）TableSink 注册

数据处理完成后需要将结果写入外部存储中，在 Table API 中有对应的 Sink 模块，被称为 TableSink。TableSink 操作在 TableEnvironment 中注册需要输出的表，SQL 查询处理之后产生的结果将插入 TableSink 对应的表中，最终达到数据输出到外部系统目的。和 TableSource 相同，TableSink 也需要事先注册到 TableEnvironment 中，参数内数据表名以及对应的 TableSink 对象。如代码清单 7-3 所示，创建 CSVSink 并注册到 TableEnvironment，首先创建 StreamTableEnvironment 对象，然后创建 CSVTableSink 对

象并指定字段名称以及字段类型,最后通过 TableEnvironment 的 registerTableSink 方法将定义好的 CSVTableSink 对象注册到 TableEnvironment 中,接下来就可以使用 Insert 语句向 CsvSinkTable 中写入数据。

代码清单 7-3 在 Flink 内部 CataLog 中注册 TableISink

```
// 创建 TableEnvironment 对象
val tableEnv = TableEnvironment.getTableEnvironment(env)
// 创建 CsvTableSink,指定 CSV 文件地址和切割符
val csvSink: CsvTableSink = new CsvTableSink("/path/csvfile", ",")
// 定义 fieldNames 和 fieldTypes
val fieldNames: Array[String] = Array("field1", "field2", "field3")
val fieldTypes: Array[TypeInformation[_]] = Array(Types.INT, Types.DOUBLE, Types.LONG)
// 将创建的 csvSink 注册到 TableEnvironment 中并指定名称为 "CsvSinkTable"
tableEnv.registerTableSink("CsvSinkTable", fieldNames, fieldTypes, csvSink)
```

2. 外部 CataLog

除了能够使用 Flink 内部的 CataLog 作为所有 Table 数据的元数据存储介质之外,也可以使用外部 CataLog,外部 CataLog 需要用户自定义实现,然后在 TableEnvironment 中完成注册使用。Table API 和 SQL 可以将临时表注册在外部 CataLog 中。

在 TableEnvironment 中注册外部 CataLog,一共包含两个步骤:第一步是实现 Flink 内部接口 ExternalCatalog 来定义外部 CataLog,外部 CataLog 可以是基于内存,也可以是基于其他的存储介质;第二步是将用户定义好的 CataLog 通过 TableEnvironment 的 registerExternalCatalog 方法进行注册,注册完成后就能够在整个 TableEnvironment 中进行使用。Flink 已经在内部实现了 InMemoryExternalCatalog,方便用户能够进行测试和开发使用,具体定义如实例代码所示。

```
// 配置 TableEnvironment
val tableEnv = TableEnvironment.getTableEnvironment(env)
// 创建基于内存的外部 catalog
val InmemCatalog: ExternalCatalog = new InMemoryExternalCatalog()
// 向 TableEnvironment 中注册创建好的 InmemCatalog
tableEnv.registerExternalCatalog("InMemCatalog", InmemCatalog)
```

如果用户需要自己定义其他类型 ExternalCatalog,可以参考 InMemoryExternalCatalog 的实现。

3. DataStream 或 DataSet 与 Table 相互转换

前面已经知道 Table API 是构建在 DataStream API 和 DataSet API 之上的一层更高级的抽象,因此用户可以灵活地使用 Table API 将 Table 转换成 DataStream 或 DataSet 数据

集，也可以将 DataSteam 或 DataSet 数据集转换成 Table，这和 Spark 中的 DataFrame 和 RDD 的关系类似。

以下我们通过实例进行说明如何在 Table 和 DataStream 及 DataSet 之间完成转换。

(1) DataStream 或 DataSet 转换为 Table

目前有两种方式可以将 DataStream 或 DataSet 转换为 Table。一种是通过注册 Table 的方式，将 DataSet 或 DataStream 数据集注册成 Catalog 中的表，然后可以直接使用 Flink SQL 操作注册好的 Table，这种方式需要指定表名和包含字段名称，Flink 会自动从 DataStream 或 DataSet 数据集中推断出 Table 的字段类型。另外一种是转换方式，将 DataSet 或 DataStream 数据集转换成 Table 结构，然后可以使用 Table API 操作创建好的 Table。

❏ DataStream 注册成 Table

调用 TableEnvironment 中的 registerDataStream 或 registerDataSet 就可以分别将相应的数据集注册至 TableEnvironment 中，注意在注册 Table 的过程中表名必须唯一，否则会出现表名冲突。以下代码是将 DataStream 通过 TableEnvironment 的 registerDataStream 方法注册成 Table，然后用户就能够使用 Flink SQL 对表中的数据进行查询和处理操作。

```
// 配置流计算执行环境
val sEnv = StreamExecutionEnvironment.getExecutionEnvironment
// 配置流式 TableEnvironment，与批量环境类似
val tStreamEnv = TableEnvironment.getTableEnvironment(env)
val stream: DataStream[(Long, String)] = sEnv.fromElements((192, "foo"), (122, "fun"))
// 将 DataStream 注册成 Table,指定表名为 table1 并使用默认字段名 f0,f1
tStreamEnv.registerDataStream("table1", stream)
// 将 DataStream 注册成 Table,指定表名为 table2 和字段名称为 field1, field2
tStreamEnv.registerDataStream("table2", stream, 'field1, 'field2)
```

❏ DataStream 转换成 Table

可以使用 fromDataStream 方法将 DataStream 数据集转换成 Table，字段名称需要指定，字段类型由 Flink 自动推断，转换完成后可以使用 Table API 操作创建好的 Table。

```
// 将 DataStream 通过 fromDataStream 转换成 Table
val table1: Table = tStreamEnv.fromDataStream(stream)
// 将 DataStream 通过 fromDataStream 转换成 Table,并指定字段名称
val table2: Table = tStreamEnv.fromDataStream(stream, 'field1, 'field2)
```

❏ DataSet 注册成 Table

与 Datastream 注册成 Table 的方式类似，只需要调用 TableEnvironment 中的

registerDataSet() 方法即可。

```
// 配置批计算执行环境 ExecutionEnvironment
val bEnv = ExecutionEnvironment.getExecutionEnvironment
// 配置批计算 TableEnvironment，与流计算环境类似
val tBatchEnv = TableEnvironment.getTableEnvironment(bEnv)
// 创建 DataSet 数据集
val dataSet: DataSet[(Long, String)] = bEnv.fromElements((192, "foo"), (122, "fun"))
// 将 DataSet 注册成 Table, 指定表名为 table1 并使用默认字段名 f0,f1
tBatchEnv.registerDataSet("table1", dataSet)
// 将 DataSet 注册成 Table, 指定表名为 table2 和字段名称为 field1, field2
tBatchEnv.registerDataSet("table2", dataSet, 'field1, 'field2)
```

❏ DataSet 转换成 Table

可以调用 fromDataSet 方法将 DataSet 数据集转换成 Table，然后使用 Table API 操作创建好的 Table，同时在转换过程中指定属性名称，也可以不指定，默认使用 f0、f1 作为字段名称。

```
// 将 DataStream 通过 fromDataStream 转换成 Table，默认使用 f0,f1 作为字段名称
val table1: Table = tBatchEnv.fromDataSet(dataSet)
// 将 DataStream 通过 fromDataStream 转换成 Table, 并指定字段名称
Val table2: Table = tBatchEnv.fromDataSet(dataSet,'field1, 'field2)
```

(2) Table 转换为 DataStream 或 DataSet

在 Flink 应用程序中，也可以将 Table 转换为 DataStream 或 DataSet 数据集，也就是说在 Table API 或 SQL 环境中可以同时使用 DataStream 和 DataSet API 来处理数据。Table 转换为 DataStream 或 DataSet 数据集，需要在转换过程指明目标数据集的字段类型，Flink 目前支持从 Table 中转换为 Row、POJO、Case Class、Tuple、Atomic Type 等数据类型。Row 对象类型数据实现最为简单，不需要用户做任何数据结构定义，例如可以直接转换成 DataStream[Row] 或 DataSet[Row]，其他的数据类型需要用户根据实际数据类型进行指定。

❏ Table 转换为 DataStream

在流式计算中 Table 的数据是不断动态更新的，将 Table 转换成 DataStream 需要设定数据输出的模式。目前 Flink Table API 支持 Append Model 和 Retract Model 两种输出模式。Append Model 采用追加方式仅将 Insert 更新变化的数据写入 DataStream 中。Retract Model 是一种更高级模式，在这种模式下，数据将会通过一个 Boolean 类型字段

标记当前是 Insert 操作更新还是 Delete 操作更新的数据，用户根据具体条件筛选出相应操作类型输出的数据，且在实际使用过程中 Retract Model 会比较常见。下面通过如下实例说明如何将 Table 转换成 DataStream 数据集。

代码清单 7-4　Table 转换成 DataStream 数据集

```
// 配置流计算执行环境 StreamExecutionEnvironment
val sEnv = StreamExecutionEnvironment.getExecutionEnvironment
// 配置流式 TableEnvironment, 与批量环境类似
val tStreamEnv = TableEnvironment.getTableEnvironment(env)
val stream: DataStream[(Long, String)] = sEnv.fromElements((192, "foo"), (122, "fun"))
val table: Table = tStreamEnv.fromDataStream(stream)
// 将 table 通过 toAppendStream 方法转换成 Row 格式的 DataStream
val dsRow: DataStream[Row] = tStreamEnv.toAppendStream[Row](table)
// 将 table 通过 toAppendStream 方法转换成 Tuple2[String, Int] 格式的 DataStream
val dsTuple: DataStream[(Long, String)] = tStreamEnv.toAppendStream[(Long, String)](table)
// 将 table 通过 toRetractStream 方法转换成 Row 格式的 DataStream
// 返回结果类型为 (Boolean, Row)
// 可以根据第一个字段是否为 True 判断是插入还是删除引起的更新数据
val retractStream: DataStream[(Boolean, Row)] =
    tStreamEnv.toRetractStream[Row](table)
```

在代码中可以看出，使用 toAppendStream 和 toRetractStream 方法将 Table 转换为 DataStream[T] 数据集，T 可以是 Flink 自定义的数据格式类型 Row，也可以是用户指定的数据格式类型。在使用 toRetractStream 方法时，返回的数据类型结果为 DataStream[(Boolean,T)]，Boolean 类型代表数据更新类型，True 对应 INSERT 操作更新的数据，False 对应 DELETE 操作更新的数据。

❏ Table 转换为 DataSet

如代码清单 7-5 所示，Table 转换为 DataSet 数据集的方法和 DataSteam 类似，但需要注意的是，在批量模式下 Table 中的数据为静态数据集，Table 转换为 DataSet 的过程中不会涉及动态查询，因此直接通过调用 TableEnvironment 中的 toDataSet 方法转换 DataSet 数据集即可。需要指明目标转换数据集的数据类型，默认可以使用 Row 类型，也可以自定义数据类型，注意须和 Table 的数据结构类型一致，否则会出现转换异常。

代码清单 7-5　Table 转换成 DataSet 数据集

```
// 配置批计算执行环境 ExecutionEnvironment
val bEnv = ExecutionEnvironment.getExecutionEnvironment
// 配置批计算 TableEnvironment, 流计算环境类似
val tBatchEnv = TableEnvironment.getTableEnvironment(bEnv)
```

```
// 从 DataSet 中创建 Table
val table: Table = tBatchEnv.fromDataSet(dataSet)
  // 将 Table 转换成 Row 数据类型 DataSet 数据集
val rowDS: DataSet[Row] = tBatchEnv.toDataSet[Row](table)
  // 将 Table 转换成 Tuple2(Long,String) 类型数据类型 DataSet 数据集
 val tupleDS: DataSet[(Long, String)] = tBatchEnv.toDataSet[(Long, String)](table)
```

通过以上代码实例可以看出，Table 转换为 DataSet 相对比较简单，其中对于数据类型的定义，使用到了 Row 和 Tuple2 类型，用户也可以选择使用其他数据类型，例如 POJOs 类等。

(3) Schema 字段映射

前面已经了解到 Table 可以由 DataStream 或者 DataSet 数据集转换而来，但是有一点需要注意，Table 中的 Schema 和 DataStream 或 DataSet 的字段有时候并不是完全匹配的，通常情况下需要在创建 Table 的时候修改字段的映射关系。Flink Table Schema 可以通过基于字段偏移位置和字段名称两种方式与 DataStream 或 DataSet 中的字段进行映射。

❑ 字段位置映射

字段位置映射（Position-Based）是根据数据集中字段位置偏移来确认 Table 中的字段，当使用字段位置映射的时候，需要注意数据集中的字段名称不能包含在 Schema 中，否则 Flink 会认为映射的字段是在原有的字段之中，将会直接使用原来的字段作为 Table 中的字段属性。如代码清单 7-6 所示，如果在映射中没有指定名称，Flink 会默认使用索引位置作为 Table 字段名称，如 "_1"，"_2"。

代码清单 7-6　Position-Based Mapping

```
// 获取 TableEnvironment
val tableEnv = TableEnvironment.getTableEnvironment(env)
// 创建 DataStream 数据集
val stream: DataStream[(Long, String)] = ...
// 将 DataStream 转换成 Table，没有指定字段名称则使用默认值 "_1","_2"
val table: Table = tStreamEnv.fromDataStream(stream)
// 将 DataStream 转换成 Table，并且使用 field1,field2 作为 Table 字段名称
val table: Table = tStreamEnv.fromDataStream(stream, 'field1,'field2)
```

❑ 字段名称映射

字段名称映射（Name-based）是指在 DataStream 或 DataSet 数据集中，使用数据中的字段名称进行映射。与使用偏移位置相比，字段名称映射将更加灵活，适用于包括自定义 POJOs 类的所有数据类型，另外也可以直接使用字段名称构建 Table 的 Schema，

或对字段进行重命名,也可以对字段进行重排序和投影输出。如代码清单 7-7 所示,通过字段名称映射,将 Tuple2 类型 DataStream 数据集中的字段映射到 Table 中的 Schema 信息中,Tuple2 中默认的字段名称是 _1 和 _2。

代码清单 7-7 使用名称映射将 Tuple 类型 DataStream 数据集转换成 Table

```scala
// 获取 TableEnvironment
val tStreamEnv = TableEnvironment.getTableEnvironment(env)
val stream: DataStream[(Long, Int)] = ...
// 将 DataStream 转换成 Table,并且使用默认的字段名称 "_1","_2"
val table: Table = tStreamEnv.fromDataStream(stream)
// 将 DataStream 转换成 Table,并且仅获取字段名称 "_2" 的字段
val table: Table = tStreamEnv.fromDataStream(stream, '_2)
// 将 DataStream 转换成 Table,并且交换两个字段的位置
val table: Table = tStreamEnv.fromDataStream(stream, '_2, '_1)
// 将 DataStream 转换成 Table,并且交换两个字段的位置,分别对两个字段进行重命名
val table: Table = tStreamEnv.fromDataStream(stream, '_2 as 'field1, '_1 as 'field2)
```

POJOs 类数据集可以同时使用字段位置映射和名称映射两种映射方式。代码清单 7-8 是使用名称映射的实例。

代码清单 7-8 使用名称映射将 POJOs 类型 DataStream 数据集转换成 Table

```scala
// 定义 Event Case Class
case class Event(id: String, rowtime: Long, variable: Int)
val stream: DataStream[Event] = ...
// 将 DataStream 转换成 Table,并且使用默认字段名称 id,time,variable
val table = tStreamEnv.fromDataStream(stream)
// 将 DataStream 转换成 Table,并且基于位置重新指定字段名称为 "field1", "field2", "field3"
val table = tStreamEnv.fromDataStream(stream, 'field1, 'field2, 'field3)
// 将 DataStream 转换成 Table,并且将字段名称重新成别名
val table: Table = tStreamEnv.fromDataStream(stream, 'rowtime as 'newTime, 'id as 'newId,'variable as 'newVariable)
```

7.1.3 外部连接器

在 Table API 和 SQL 中,Flink 可以通过 Table connector 直接连接外部系统,将批量或者流式数据从外部系统中获取到 Flink 系统中,或者从 Flink 系统中将数据发送到外部系统中。其中对于数据接入,Table API 已经提供了 TableSource 从外部系统获取数据,例如常见的数据库、文件系统等外部系统,对应的有 OrcTableSource、HBaseTableSource、CSVTableSource 等常用的 TableSource。对于数据输出,Table API 提供了 TableSink 将 Flink Table 数据写入外部系统中,同时支持定义不同的文件格式类

型，例如CsvTableSink、JDBCAppendTableSink和CassandraAppendTableSink等。

TableSource和TableSink的定义基本已经能够满足Table API和SQL对外部数据源输入和输出的需求，但是还不够灵活和通用，用户无法在编写应用程序的时候通过配置化的方式直接使用已经定义好的数据源。在Flink 1.6版本之后，为了能够让Table API通过配置化的方式连接外部系统，且同时可以在SQL Client中使用，Flink提出了Table Connector的概念，主要目的是将TableSource和TableSink的定义和使用分离。通过Table Connector将不同内建的TableSource和TableSink封装，形成可配置化的组件，在Table API和SQL Client能够同时使用。

如以下在Table API中通过Table Connector注册TableSource所涵盖的步骤，其中connect方法指定了需要连接Table Connector对应的Descriptor，withFormat方法指定了输出或者输入的文件格式，例如JSON或Parquet等，withSchema方法指定了注册在Table Environment中的表结构，inAppendMode指定了数据更新模式，最后通过registerTableSource方法将本次连接的数据源对应的TableSource注册在TableEnvironment中。

```
tableEnvironment
  .connect(...) // 指定Table Connector Descriptor
  .withFormat(...) // 指定数据格式
  .withSchema(...) // 指定表结构
  .inAppendMode() // 指定更新模式
  .registerTableSource("MyTable") // 注册TableSource
```

接下来分别介绍上述每个步骤中需要定义的对象参数。

1. Table Connector

Table API和SQL中使用org.apache.flink.table.descriptors.Descriptor接口实现类来创建Table Connector实例。在Flink中已经内置的Table Connector有File System Connector、Kafka Connector以及Elasticsearch Connector等。

（1）File System Connector

File System Connector允许用户从本地或者分布式文件系统中读取和写入数据，在Table API中文件系统的Table Connector可以通过FileSystem类来创建，只需指定相应的参数即可，如以下实例是创建本地文件系统连接器。

```
tableEnvironment
.connect(
  new FileSystem()
    .path("file:///path/filename ")      // 可以是文件夹或者文件
)
```

目前 File System Connector 通过流式的方式对文件内容的读取和写入还处于实验阶段，因此不建议用户在流式场景中使用。

（2）Kafka Connector

Kafka Connector 支持从 Apache Kafka 的 Topic 中消费和写入数据，如以下实例所示，Kafka Connector 可以配置 Kafka 的版本信息、Topic 以及连接 Kafka 所需要的 Properties 配置信息，如果是从 Kafka 消费数据，则可以指定 Offset 的启动模式，如果是将数据写入 Kafka 中，则可以指定 Flink 和 Kafka 的数据分区策略。

```
.connect(
new Kafka()
  .version("0.11")       // 指定 Kafka 的版本，支持 "0.8", "0.9", "0.10", "0.11"
  .topic("mytopic")      // 指定 Table 对应的 Kafka Topic
  // 通过 property 指定 Kafka Connector 需要的配置信息
  .property("zookeeper.connect", "localhost:2181")
  .property("bootstrap.servers", "localhost:9092")
  .property("group.id", "KafkaGroup")
  // 从 Kakfa 中读取数据：指定 Offset 的启动模式（可选）
  .startFromEarliest()// 从最早的 Offset 开始消费
  .startFromLatest()  // 从最新的 Offset 开始消费
  .startFromSpecificOffsets(...)// 从指定的 Offset 开始消费
// 向 Kafka 中写入数据：指定 Flink 和 Kafka 的数据分区策略
  .sinkPartitionerFixed() // 每个 Flink 分区最多被分配到一个 Kafka 分区上
  .sinkPartitionerRoundRobin() // Flink 中分区随机映射到 Kafka 分区上
  .sinkPartitionerCustom(CustomPartitioner.class) // 自定义 KafkaPartitioner
}
```

对于端到端的一致性保障，默认情况下，Kafka Table Connector 支持到 at-least-once 级别，同时 Flink 也提供了 exactly-once 级别的一致性保障，前提需要集群打开 Checkpointing 的功能。

2. Table Format

Flink 中提供了常用的 Table Format 可以在 Table Connector 中使用，以支持 Connector 传输不同格式类型不同格式的数据，例如常见的 CSV Format、JSON Format 以及 Apache Avro Format 等，Table Format 通过使用 TableEnvironment 的 withFormat 方法来指定，以下常见的几种 Table Format 可以直接使用。

（1）CSV Format

CSV Format 指定分隔符切分数据记录中的字段，如下代码所示，可以使用 field 字段来指定字段名称和类型，使用 fieldDelimiter 方法来指定列切割符，使用 lineDelimiter

方法来指定行切割符。

```
.withFormat(
  new Csv()
    .field("field1", Types.STRING)              // 根据顺序指定字段名称和类型（必选）
    .field("field2", Types.TIMESTAMP)           // 根据顺序指定字段名称和类型（必选）
    .fieldDelimiter(",")                        // 指定列切割符，默认使用","（可选）
    .lineDelimiter("\n")                        // 指定行切割符，默认使用"\n"（可选）
    .quoteCharacter('"')                        // 指定字符串中的单个字符，默认为空（可选）
    .commentPrefix('#')                         // 指定Comment的前缀，默认为空（可选）
    .ignoreFirstLine()                          // 是否忽略第一行（可选）
    .ignoreParseErrors()                        // 是否忽略解析错误的数据，默认开启（可选）
)
```

（2）JSON Format

JSON Format 支持将读取或写入的数据映射成 JSON 格式，JSON 是一种轻量的数据表示方法。在 Table API 中 JSON Format 具有三种定义方式，可以通过 Flink 数据类型定义，也可以直接使用 JSON Schema 定义，或者将 Flink Table Schema 转换成 JSON Schema 的方式来定义。其中，JSON Schema 能够定义非常复杂和嵌套的数据结构，而 Flink 内部数据类型定义比较适合用于简单的 Mapping 关系，Flink 会根据映射关系将 Table 中的数据类型转换成 JSON 格式，如 Flink 中 ROW 类型对应于 JSON 中的 object 结构，String 类型对应于 JSON 中的 VARCHAR 结构等。如果 Flink Table Schema 信息和 JSON 的 Schema 一致，则可以直接使用 deriveSchema 从 Table 中抽取 JSON Schema 信息，使用这种方式时，用户只需要定义一次 Table Schema，字段的名称、类型、位置都是由 Table Schema 确定的。如下代码所示，通过三种方式来定义 JSOn Format。

```
.withFormat(
  new Json()
    .failOnMissingField(true)     // 当字段缺失的时候是否解析失败（可选）
    //【方式一】使用 Flink 数据类型定义，然后通过 Mapping 映射成 JSON Schema
    .schema(Type.ROW(...))
    //【方式二】通过配置 jsonSchema 构建 JSON FORMAT
    .jsonSchema(
      "{" +
      "  type: 'object'," +
      "  properties: {" +
      "    id: {" +
      "      type: 'number'" +   // 定义字段类型
      "    }," +
      "    name: {" +
      "      type: 'string'" +   // 定义字段类型
```

```
            },"  +
"       rowtime: {" +
"         type: 'string'," +   //定义字段类型
"         format: 'date-time'" + //指定时间格式
"       }" +
"     }" +
"}"
)
//【方式三】直接使用 Table 中的 Schema 信息，转换成 JSON 结构
.deriveSchema()
)
```

目前 Flink 仅支持例如 object、array、number 等常用 JSON schema 的子集数据类型，不支持类似于 allof、anyOf、not 等复杂 JSON 数据结构。

(3) Apache Avro Format

Apache Avro Format 可以支持读取和写入 Avro 格式数据，和 JSON Format 一样，Avro Format 数据也具有丰富的数据结构类型，以及快速可压缩的二进制数据形式等特性。Avro Format 的结构可以通过定义 Avro 的 SpecificRecord Class 来实现，或者通过指定 avroSchema 的方式来定义。

```
.withFormat(
  new Avro()
    // 通过 Avro SpecificRecord Class 定义
    .recordClass(MyRecord.class)

    // 通过 avroSchema 字符串定义
    .avroSchema(
      "{" +
      "  \"type\": \"record\"," +
      "  \"name\": \"event\"," +
      "  \"fields\" : [" +
      "    {\"name\": \"id\", \"type\": \"long\"}," +
      "    {\"name\": \"name\", \"type\": \"string\"}" +
      "  ]" +
      "}"
    )
)
```

3. Table Schema

Table Schema 定义了 Flink Table 的数据表结构，包括字段名称、字段类型等信息，同时 Table Schema 会和 Table Format 相匹配，在 Table 数据输入或者输出的过程中完成 Schema 的转换。但是当 Table Input/Output Format 和 Table Schema 不一致的时候，都需

要相应的 Mapping 关系来完成映射。

如以下代码所示，Table Schema 可以根据字段顺序生成与数据源中对应的字段映射，需要注意，用户必须要按照 Input/Ouput 数据源中的字段顺序来定义 Table Schema。

```
.withSchema(
  new Schema()
    .field("id", Types.INT)        // 指定第一个字段的名称和类型
    .field("name", Types.STRING)   // 指定第二个字段的名称和类型
    .field("value", Types.BOOLEAN) // 指定第三个字段的名称和类型
)
```

除了在创建 Table Schema 时指定名称和类型之外，也支持通过使用 proctime 和 rowtime 等方法获取外部数据中的时间属性，其中 proctime 方法不需要传入参数，rowtime 方法需要定义时间字段以及 Watermark 生成逻辑。同时也可以通过使用 from 方法从数据集中根据名称映射 Table Schema 字段信息。

```
.withSchema(
  new Schema()
    .field("Field1", Types.SQL_TIMESTAMP)
      .proctime()        // 获取 Process Time 属性
    .field("Field2", Types.SQL_TIMESTAMP)
      .rowtime(...)      // 获取 Event Time 属性
    .field("Field3", Types.BOOLEAN)
      .from("origin_field_name")    // 从 Input/Output 数据指定字段中获取数据
)
```

如果 Table API 基于 Event Time 时间概念处理数据，则需要在接入数据中生成事件时间 Rowtime 信息，以及 Watermark 的生成逻辑。

```
.rowtime(
  // 可以根据字段名称从输入数据中提取
  new Rowtime().timestampsFromField("ts_field")
  // 或者从底层 DataStream API 中转换而来，数据源需要支持分配时间戳（如 Kafka0.10+）
  new Rowtime().timestampsFromSource()
  // 或者通过自定义实现 timestampsFromExtractor 抽取 Rowtime
  new Rowtime().timestampsFromExtractor(...)
```

紧接在 Rowtime() 对象实例后需要指定 Watermark 策略。

```
.rowtime(
  // 延时两秒生成 Watermark
  new Rowtime().WatermarksPeriodicBounded(2000)
  // 和 rowtime 最大时间保持一致
  new Rowtime().WatermarksPeriodicAscending()
  // 使用底层 DataStream API 内建的 Watermark
```

```
new Rowtime().WatermarksFromSource()
)
```

4. Update Modes

对于 Stream 类型的 Table 数据，需要标记出是由于 INSERT、UPDATE、DELETE 中的哪种操作更新的数据，在 Table API 中通过 Update Modes 指定数据更新的类型，通过指定不同的 Update Modes 模式来确定是哪种更新操作的数据来与外部系统进行交互。

```
.connect(...)
  .inAppendMode()       // 仅交互 INSERT 操作更新数据
  .inUpsertMode()       // 仅交互 INSERT、UNPDATE、DELETE 操作更新数据
  .inRetractMode()      // 仅交互 INSERT 和 DELETE 操作更新数据
```

5. 应用实例

通过实例将 Table Connector 所有模块组装在一起，如代码清单 7-9 所示，首先创建 Kafka 的 Table Connector，然后调用 withFormat 方法指定 JSON Format，并使用 jsonSchema 来定义 JSON 的 Schema 信息，紧接着调用 withSchema 来指定 Table 的 Schema 信息，Table Schema 和 jsonSchema 的结构基本上保持一致。通过 rowtime 方法从 Json 数据中提取 rowtime 和 watermark 信息，最后调用 registerTableSource 将创建好的 Table Source 注册到 Table Environment 中，最终整个 Table Connector 就完成了定义，后面 Table API 和 SQL 语句使用。

代码清单 7-9　Kafka Table Connector 应用实例

```
// 获取 TableEnvironment
val tStreamEnv = TableEnvironment.getTableEnvironment(env)
tableEnvironment
  // 指定需要连接的外部系统，以下指定 Kafka Connector
  .connect(
    new Kafka()
      .version("0.10")
      .topic("my-topic")
      .startFromEarliest()
      .property("zookeeper.connect", "localhost:2181")
      .property("bootstrap.servers", "localhost:9092")
  )
  // 指定 Table Format 信息
  .withFormat(
    new Json()
      .failOnMissingField(true)
      .jsonSchema(
        "{" +
```

```
            "    type: 'object'," +
            "    properties: {" +
            "      id: {" +
            "        type: 'number'" +
            "      }," +
            "      name: {" +
            "        type: 'string'" +
            "      }," +
            "      timestamp: {" +
            "        type: 'string'," +   //定义字段类型
            "        format: 'date-time'" + // 指定时间格式
            "      }" +
            "    }" +
            "}"
      )
      // 指定 Table Schema 信息
      .withSchema(
        new Schema()
          .field("id", Types.INT)
          .field("name", Types.STRING)
          .field("rowtime", Types.SQL_TIMESTAMP)
            .rowtime(new Rowtime()
              .timestampsFromField("timestamp")
              .WatermarksPeriodicBounded(60000)
          )
      )
      // 指定数据更新模式为 AppendMode
      .inAppendMode()
      // 注册 TableSource,指定 Table 名称为 KafkaInputTable
      .registerTableSource("KafkaInputTable");
```

7.1.4 时间概念

对于在 Table API 和 SQL 接口中的算子,其中部分需要依赖于时间属性,例如 GroupBy Windows 类算子等,因此对于这类算子需要在 Table Schema 中指定时间属性。我们已经知道 Flink 支持 ProcessTime、EventTime 和 IngestionTime 三种时间概念,针对每种时间概念,Flink Table API 中使用 Schema 中单独的字段来表示时间属性,当时间字段被指定后,就可以在基于时间的操作算子中使用相应的时间属性。

1. Event Time 指定

和 DataStream API 中的一样,Table API 中的 Event Time 也是从输入事件中提取而来的,在 Table API 中 EventTime 支持两种提取方式,可以在 DataStream 转换成 Table 的

过程中指定，也可以在定义 TableSource 函数中指定。

（1）在 DataStream 转换 Table 的过程中定义

在 Table API 中通过使用 .rowtime 来定义 EventTime 字段，例如在数据集中，事件时间属性为 event_time，此时 Table 中的 EventTime 字段中可以通过定义为 'event_time.rowtime 来指定。目前 Flink 支持两种方式定义 EventTime 字段，分别是通过在 Table Schema 中自动从 DataStreamEventTime 字段或将 EventTime 字段提前在 DataStream 中放在某一字段中，然后通过指定相应位置来定义 EventTime 字段。两种方式在使用方式上有一定的区别，由以下代码实例可以看出。

```
// 获取输入数据集
inputStream: DataStream[String,String] = ...
// 调用 DataStream API 的 assignTimestampsAndWatermarks 指定 EventTime 和 Watermark 信息
val stream: DataStream[(String, String)] = 
        inputStream.assignTimestampsAndWatermarks(...)
// 在 Table Schema 末尾使用 'event_time.rowtime 定义 EventTime 字段
// 系统会从 TableEnvironment 中获取 EventTime 信息
val table = tEnv.fromDataStream(Watermarkstream, 'id, 'var1,
        'event_time.rowtime)
// 调用 DataStream API 的 assignTimestampsAndWatermarks 指定 EventTime 和
// Watermark 信息，并在 DataStream 中将第一个字段提取出来并指定为 EventTime 字段
val Watermarkstream: DataStream[(Long, String, String)] = 
        inputStream.assignTimestampsAndWatermarks(...)
// 当在第一个字段上定义 'event_time.rowtime 时，系统使用 DataStream 中对应字段作为 EventTime 字段
val table = tEnv.fromDataStream(stream, 'event_time.rowtime, 'id, 'var1)
```

当 EventTime 字段在 Table API 中定义完毕之后，就可以在基于事件时间的操作算子中使用，例如在窗口中使用方式如下：

```
val windowTable = table.window(Tumble over 10.minutes on 'event_time as
'window)
```

（2）通过 TableSource 函数定义

另外也可以在创建 TableSource 的时候，实现 DefinedRowtimeAttributes 接口来定义 EventTime 字段，在接口中需要实现 getRowtimeAttributeDescriptors 方法，创建基于 EventTime 的时间属性信息。

```
// 定义 InputEventSource 创建外部数据源
// 并实现 DefinedRowtimeAttributes 接口以定义 EventTime 时间属性
  class InputEventSource extends StreamTableSource[Row] with
DefinedRowtimeAttributes {
```

```scala
        // 定义数据集字段名称和类型
        override def getReturnType = {
          val names = Array[String]("id", "value", "event_time")
           val types = Array[TypeInformation[_]](Types.STRING, Types.STRING, Types.LONG)
          Types.ROW(names, types)
        }
          // 实现 StreamTableSource 接口中的 getDataStream() 方法，定义输入数据源
        override def getDataStream(execEnv: StreamExecutionEnvironment):
DataStream[Row] = {
          // 定义获取 DataStream 数据集的逻辑
          val inputStream:DataStream[(String,String,Long)] = ...
          // ...
          // 指定数据集中的 EventTime 时间信息和 Watermark
          val stream = inputStream.assignTimestampsAndWatermarks(...)
          stream
        }
        // 定义 Table API 中的时间属性信息
        override def getRowtimeAttributeDescriptors:
util.List[RowtimeAttributeDescriptor] = {
            // 创建基于 event_time 的 RowtimeAttributeDescriptor,确定时间属性信息
            val rowtimeAttrDescr = new RowtimeAttributeDescriptor(
              "event_time",// 时间属性名称
              new ExistingField("event_time"),
              new AscendingTimestamps)
            val rowtimeAttrDescrList = Collections.singletonList(rowtimeAttrDescr)
            rowtimeAttrDescrList
        }
    }
```

将定义好的 StreamTableSource 注册到 TableEnvironment 中之后，然后在 Flink Table API 应用程序中使用创建好的 Table，并且可以基于 EventTime 属性信息创建时间相关的操作算子。例如以下实例是基于 event_time 属性创建的滚动窗口，然后再基于窗口统计结果。

```scala
    // 注册输入数据源
    tStreamEnv.registerTableSource("InputEvent", new InputEventSource)
    // 在窗口中使用输入数据源,并基于 TableSource 中定义的 EventTime 字段创建窗口
    val windowTable = tStreamEnv
      .scan("InputEvent")
      .window(Tumble over 10.minutes on 'event_time as 'window)
```

2. ProcessTime 指定

（1）在 DataStream 转换 Table 的过程中定义

和 EventTime 时间属性一样，ProcessTime 也可以在 DataStream 转换成 Table 的

过程中定义。在 Table API 中，在 ProcessTime 时间字段名后使用 .proctime 后缀来指定 ProcessTime 时间属性，例如 'process_time.proctime。和 EventTime 不同的是，ProcessTime 属性只能在 Table Schema 尾部定义，不能基于指定位置来定义 ProcessTime 属性，如以下代码示例，创建字段名称为 process_time 的 ProcessTime 属性。

```
// 获取 DataStream 数据集
val stream: DataStream[(String, String)] = ...
// 将 DataStream 数据转换成 Table
val table = tEnv.fromDataStream(stream, 'id, 'value, 'process_time.proctime)
// 基于 process_time 时间属性创建滚动窗口
val windowTable = table.window(Tumble over 10.minutes on 'process_time as 'window)
```

（2）通过 TableSource 函数定义

和 EventTime 一样，也可以在创建 TableSource 的过程中定义 ProcessTime 字段，通过实现 DefinedProctimeAttribute 接口中的 getRowtimeAttributeDescriptors 方法，创建基于 ProcessTime 的时间属性信息，并在 Table API 中注册创建好的 Table Source，最后便可以创建基于 ProcessTime 的操作算子。

```
// 定义 InputEventSource 创建外部数据源
// 并实现 DefinedRowtimeAttributes 接口以定义 EventTime 时间属性
class InputEventSource extends StreamTableSource[Row] with DefinedProctimeAttribute {
  // 定义数据集字段名称和类型
    override def getReturnType = {
      val names = Array[String]("id" , "value")
      val types = Array[TypeInformation[_]](Types.STRING, Types.STRING)
      Types.ROW(names, types)
  }
    // 定义获取 DataStream 数据集的逻辑
    override def getDataStream(execEnv: StreamExecutionEnvironment):
DataStream[Row] = {
      // 定义获取 DataStream 数据集的逻辑
      val inputStream:DataStream[(String,String)] = ...
      // ...
      // 将数据集转换成 DataStream[Row] 格式
      stream = inputStream.map(…)
      // 不需要指定 Watermark 信息
      stream
    }
    // 定义 Table API 中的时间属性信息
    override def getProctimeAttribute = {
    // 该字段将会被添加到 Schema 的尾部
```

```
        "process_time"
    }
}
```

将定义好 StreamTableSource 注册到 TableEnvironment 中之后,就能够在 Flink Table API 中使用创建好的 Table,并可以基于 Process Time 属性创建 Window 等基于时间属性的操作算子。以下实例基于 process_time 创建滚动窗口,然后基于窗口统计结果。

```
// 注册输入数据源
tStreamEnv.registerTableSource("InputEvent", new InputEventSource)
// 在窗口中使用输入数据源,并基于 TableSource 中定义的 Process Time 字段创建窗口
val windowTable = tEnv
    .scan("InputEvent")
    .window(Tumble over 10.minutes on 'process_time as 'window)
```

7.1.5 Temporal Tables 临时表

在 Flink 中通过 Temporal Tables 来表示其实数据元素一直不断变化的历史表,数据会随着时间的变化而发生变化。Temporal Tables 底层其实维系了一张 Append-Only Table,Flink 对数据表的变化进行 Track,在查询操作中返回与指定时间点对应的版本的结果。没有临时表时,如果想关联查询某些变化的指标数据,就需要在关联的数据集中通过时间信息将最新的结果筛选出来,显然这种做法需要浪费大量的计算资源。但如果使用临时表,则可直接关联查询临时表,数据会通过不断地更新以保证查询的结果是最新的。Temporal Tables 的目的就是简化用户查询语句,加速查询的速度,同时尽可能地降低对状态的使用,因为不需要维护大量的历史数据。

Temporal Table Function 定义

在 Flink 中,Temporal Tables 使用 Temporal Table Function 来定义和表示。一旦 Temporal Table Function 被定义后,每次调用只需要传递时间参数,就可以返回与当前时间节点包含所有已经存在的 Key 的最新数据集合。定义 Temporal Table Function 需要主键信息和时间属性,其中主键主要用于覆盖数据记录以及确定返回结果,时间属性用于确定数据记录的有效性,用以返回最新的查询数据。如下代码实例,可以基于 Append-Only Table 来定义 Temporal Table Function,在创建好的 Table 上调用 createTemporalTableFunction(timeAttribute,primaryKey),参数分别为时间属性和主键。

```
// 获取 TableEnvironment
val tStreamEnv = TableEnvironment.getTableEnvironment(env)
```

```
//创建流式数据集
val ds: DataStream[(Long, Int)] = ...
//将DataStream数据集转换成Table
val tempTable = ds.toTable(tStreamEnv, 't_id, 't_value, 't_proctime.proctime)
//在TableEnvironment中注册表结构
tStreamEnv.registerTable("tempTable", tempTable)
//调用createTemporalTableFunction注册临时表，指定时间属性t_proctime及主键t_id
//在Table API中可以直接调用tempTableFunction
val tempTableFunction = tempTable.createTemporalTableFunction('t_proctime, 't_id)
//在TableEnvironment中注册tempTableFunction信息，然后在SQL中通过名称调用
tEnv.registerFunction("tempTable", tempTableFunction)
```

Temporal Table Function 定义好后，就可以在 Table API 或 SQL 中使用了。目前，Flink 仅支持在 Join 算子中关联 Temporal Table Function 和 Temporal Table，具体调用的细节可以参考 7.2 节和 7.3 节中的相关内容。

7.2 Flink Table API

Table API 是 Flink 构建在 DataSet 和 DataStream API 之上的一套结构化编程接口，用户能够使用一套 Table API 编写流式应用和批量应用，不需要更改任何的代码逻辑。Flink Table API 是 Flink SQL 的底层实现接口，也是 Flink SQL 的超集。Table API 提供了非常丰富的操作算子用于对数据集进行处理。与 Flink SQL 不同的是，Table API 是一种内嵌式语言，可以嵌入 Java 和 Scala 等语言中，可以通过 IDE 进行代码语法检测和自动填充等。Table API 覆盖了所有批量和流式处理操作，其中大部分操作都同时支持流式处理和批量处理，只有个别操作是仅支持批量处理或者流式处理在以下介绍中我们会重点说明。

7.2.1 Table API 应用实例

如代码清单 7-10 所示使用 Table API 构建实时和批量应用，其假设读取的表结构为某传感器信号表，表结构为 <id:String, timestamp:Long,var1:Long,var2:Int>，字段分别为信号 id、触发时间 (t)、指标 var1 和指标 var2。通过 Table API 统计与每个信号 id 对应的 var2 指标。需要注意的是如果使用 Scala 语言开发 Table API 类型应用程序，需要事先将 org.apache.flink.api.scala._ 和 org.apache.flink.table.api.scala._ 导入代码环境中，这样才能够使用 Scala 字符特性 'x 来获取字段。

代码清单 7-10　Table API 构建实时流式应用

```
// 获取 TableEnvironment
val tStreamEnv = TableEnvironment.getTableEnvironment(env)
// 通过 scan 方法在 CataLog 中找到 Sensors 表
val sensors:Table = tStreamEnv.scan("Sensors")
// 对 sensors 使用 Table API 进行处理
val result2 = sensors
  .groupBy('id)// 根据 id 进行 GroupBy 操作
  .select('id, 'var1.sum as 'var1Sum)// 查询 id 和 var1 的 sum 指标
  .toAppendStream[(String,Long)] // 将处理结果转换成元祖类型 DataStream 数据集
```

从代码中可以看出，使用 Table API 构建 Flink 实时应用非常简单。上述代码可以在不需要修改任何 Table API 自身的代码的情况下应用在批处理计算上，用户只需要切换一下 TableEnvironment 即可。

7.2.2　数据查询和过滤

对于已经在 TableEnvironment 中注册的数据表，可以通过 scan 方法查询已经在 CataLog 中注册的表并转换为 Table 结构，然后在 Table 上使用 select 操作符查询需要获取的指定字段。如以下代码所示从 TableEnvironment 中查询已经注册的 Sensors 表。

```
val sensors: Table = tableEnv.scan("Sensors")
// 可以通过在 Table 结构上使用 select 方法查询指定字段，并通过 as 进行字段重命名
val result = tableEnv.scan("Sensors").select('id, 'var1 as 'myvar1)
// 使用 select(*) 将所有的字段查询出来
val result = tableEnv.scan("Sensors").select('*)
```

Table API 中可以使用类似 SQL 中的 as 方法对字段进行重命名，例如将 Sensors 表中的字段按照位置分别命名为 a、b、c、d。

```
val sensors: Table = tableEnv.scan("Sensors").as('a, 'b, 'c, 'd)
```

可以使用 filter 或 where 方法过滤字段和检索条件，将需要的数据检索出来。注意，在 Table API 语法中进行相等判断时需要三个等号连接表示。

```
// 使用 filter 方法进行数据筛选
val result = sensors.filter('var1%2 === 0)
// 使用 where 方法进行数据筛选
val result = sensors.where('id === "1001")
```

7.2.3　窗口操作

Flink Table API 要将窗口分为 GroupBy Window 和 Over Window 两种类型，具体的

说明如下：

1. GroupBy Window

GroupBy Window 和 DataStream API、DataSet API 中提供的窗口一致，都是将流式数据集根据窗口类型切分成有界数据集，然后在有界数据集之上进行聚合类运算。如下代码所示，在 Table API 中使用 window() 方法对窗口进行定义和调用，且必须通过 as() 方法指定窗口别名以在后面的算子中使用。在 window() 方法指定窗口类型之后，需要紧跟 groupBy() 方法来指定创建的窗口名称以窗口数据聚合的 Key，然后使用 Select() 方法来指定需要查询的字段名称以及窗口聚合数据进行统计的函数，如以下代码指定为 var1.sum，其他还可以为 min、max 等计算函数。

```
// 获取 TableEnvironment
val tStreamEnv = TableEnvironment.getTableEnvironment(env)
// 通过 scan 方法在 CataLog 中找到 Sensors 表
val sensors:Table = tStreamEnv.scan("Sensors")
val result = sensors
  .window([w: Window] as 'window)   // 指定窗口类型并对窗口重命名为 window
  .groupBy('window)    // 根据窗口进行聚合，窗口数据会分配到单个 Task 算子中
  .select('var1.sum)   // 指定对 var1 字段进行 sum 求和
```

在流式计算任务中，GroupBy 聚合条件中可以以上实例选择使用 Window 名称，也可是一个（或多个）Key 值与 Window 的组合。如果仅指定 Window 名称，则和 Global Window 相似，窗口中的数据都会被汇合到一个 Task 线程中处理，统计窗口全局的结果；如果指定 Key 和 Window 名称的组合，则窗口中的数据会分布到并行的算子实例中计算结果。如下实例所示，GroupBy 中指定除窗口名称以外的 Key，完成对指定 Key 在窗口上的数据聚合统计。

```
// 获取 TableEnvironment
val tStreamEnv = TableEnvironment.getTableEnvironment(env)
// 通过 scan 方法在 CataLog 中找到 Sensors 表
val sensors:Table = tStreamEnv.scan("Sensors")
val result = sensors
  .window([w: Window] as 'window)  // 指定窗口类型并将窗口重命名为 window
  .groupBy('window, 'id)    // 根据窗口进行聚合，窗口数据会分配到单个 Task 算子中
  .select('id, 'var1.sum)   // 指定对 var1 字段进行 sum 求和
```

在 select 语句中除了可以获取数据元素外，还可以获取窗口的元数据信息，例如可以通过 window.start 获取当前窗口的起始时间，通过 window.end 获取当前窗口的截止时间（含窗口区间上界），以及通过 window.rowtime 获取当前窗口截止时间（不含窗口区间上界）。

```
// 通过 scan 方法在 CataLog 中找到 Sensors 表
val sensors:Table = tStreamEnv.scan("Sensors")
val result = sensors
    .window([w: Window] as 'window)  // 指定窗口类型并将窗口重命名为 window
    .groupBy('window, 'id)     // 根据窗口进行聚合，窗口数据会分配到单个 Task 算子中
// 指定对 var1 字段进行 sum 求和，并指定窗口起始时间、结束时间及 rowtime 等元数据信息
    .select('id, 'var1.sum,'window.start, 'window.end, 'window.rowtime)
```

需要注意的是，在以上 window() 方法中需要指定的是不同的窗口类型，以确定数据元素被分配到窗口的逻辑。在 Table API 中支持 Tumble、Sliding 及 Session Windows 三种窗口类型，并分别通过不同的 Window 对象来完成定义。例如 Tumbling Windows 对应 Tumble 对象，Sliding Windows 对应 Slide 对象，Session Windows 对应 Session 对象，同时每种对象分别具有和自身窗口类型相关的参数。

（1）Tumbling Windows

前面已经提到滚动窗口的窗口长度是固定的，窗口和窗口之间的数据不会重合，例如每 5min 统计最近 5min 内的用户登录次数。滚动窗口可以基于 Event Time、Process Time 以及 Row-Count 来定义。如以下代码实例，Table API 中的滚动窗口使用 Tumble Class 来创建，且分别基于 EventTime、ProcessTime 以及 Row-Count 来定义窗口。

```
// 通过 scan 方法在 CataLog 中查询 Sensors 表
val sensors:Table = tStreamEnv.scan("Sensors")
// 基于 EventTime 时间概念创建滚动窗口，窗口长度为 1h
sensors.window(Tumble over 1.hour on 'rowtime as 'window)
// 基于 ProcessTime 时间概念创建滚动窗口，窗口长度为 1h
sensors.window(Tumble over 1.hour on 'proctime as 'window)
//基于元素数量创建滚动窗口，窗口长度为 100 条记录（'proctime 没有实际意义）
sensors.window(Tumble over 100.rows on 'proctime as 'window)
```

其中 over 操作符指定窗口的长度，例如 over 10.minutes 代表 10min 创建一个窗口，over 10.rows 代表 10 条数据创建一个窗口。on 操作符定义了窗口基于的时间概念类型为 EventTime 还是 ProcessTime，EventTime 对应着 rowtime，ProcessTime 对应着 proctime。最后通过 as 操作符将创建的窗口进行重命名，同时窗口名称需要在后续的算子中使用。

（2）Sliding Windows

滑动窗口的窗口长度也是固定的，但窗口和窗口之间的数据能够重合，例如每隔 10s 统计最近 5min 的用户登录次数。滑动窗口也可以基于 EventTime、ProcessTime 以及 Row-Count 来定义。如下代码实例所示，Table API 中的滑动窗口使用 Slide Class 来创建，且分别基于 EventTime、ProcessTime 以及 Row-Count 来定义窗口。

```
// 通过scan方法在CataLog中查询Sensors表
val sensors:Table = tStreamEnv.scan("Sensors")
// 基于EventTime时间概念创建滑动窗口,窗口长度为10分钟,每隔5s统计一次
sensors.window(Slide over 10.minutes every 5.millis on 'rowtime as 'window)
// 基于ProcessTime时间概念创建滑动窗口,窗口长度为10分钟,每隔5s统计一次
sensors.window(Slide over 10.minutes every 5.millis on 'proctime as 'window)
// 基于元素数量创建滑动窗口,指定10条记录创建一个窗口,窗口每5条记录移动一次
// 注意'proctime没有实际意义
sensors.window(Slide over 100.rows every 5.rows on 'proctime as 'window)
```

上述代码中的 over、on 操作符与 Tumpling 窗口中的一样,都是指定窗口的固定长度和窗口的时间概念类型。和 Tumpling 窗口相比,Sliding Windows 增加了 every 操作符,通过该操作符指定窗口的移动频率,例如 every 5.millis 表示窗口每隔 5s 移动一次。同时在最后创建 Sliding 窗口也需要使用 as 操作符对窗口进行重命名,并在后续操作中通过窗口名称调用该窗口。

(3) Session Windows

与 Tumpling、Sliding 窗口不同的是,Session 窗口不需要指定固定的窗口时间,而是通过判断固定时间内数据的活跃性来切分窗口,例如 10min 内数据不接入则切分窗口并触发计算。Session 窗口只能基于 EventTime 和 ProcessTime 时间概念来定义,通过 withGap 操作符指定数据不活跃的时间 Gap,表示超过该时间数据不接入,则切分窗口并触发计算。如以下代码,通过指定 EventTime 和 ProcessTime 时间概念来创建 Session Window。

```
// 通过scan方法在CataLog中查询Sensors表
val sensors:Table = tStreamEnv.scan("Sensors")
// 基于EventTime时间概念创建会话窗口,Session Gap为10min
sensors.window(Session withGap 10.minutes on 'rowtime as 'window)
// 基于ProcessTime时间概念创建会话窗口,Session Gap为10min
sensors.window(Session withGap 10.minutes on 'proctime as 'window)
```

2. Over Window

Over Window 和标准 SQL 中提供的 OVER 语法功能类似,也是一种数据聚合计算的方式,但和 Group Window 不同的是,Over Window 不需要对输入数据按照窗口大小进行堆叠。Over Window 是基于当前数据和其周围邻近范围内的数据进行聚合统计的,例如基于当前记录前面的 20 条数据,然后基于这些数据统计某一指标的聚合结果。

在 Table API 中,Over Window 也是在 window 方法中指定,但后面不需要和 groupby 操作符绑定,后面直接接 select 操作符,并在 select 操作符中指定需要查询的字段和聚

合指标。如以下代码使用 Over Class 创建 Over Window 并命名为 window，通过 select 操作符指定聚合指标 var1.sum 和 var2.max。

```
// 通过 scan 方法在 CataLog 中查询 Sensors 表
val sensors:Table = tStreamEnv.scan("Sensors")
val table = sensors
    // 指定 OverWindow 并重命名为 window
sensors.window(Over partitionBy 'id orderBy 'rowtime preceding
UNBOUNDED_RANGE as 'window)
    // 通过在 Select 操作符中指定查询字段、窗口上 var1 求和值和 var2 最大值
  .select('id, 'var1.sum over 'window, 'var2.max over 'window)
```

上述 Over Window 的创建需要依赖于 partitionBy、orderBy、preceding 及 following 四个参数：

- partitionBy 操作符中指定了一个或多个分区字段，Table 中的数据会根据指定字段进行分区处理，并各自运行窗口上的聚合算子求取统计结果。需要注意，partitionBy 是一个可选项，如果用户不使用 partitionBy 操作，则数据会在一个 Task 实例中完成计算，不会并行到多个 Tasks 中处理。
- orderBy 操作符指定了数据排序的字段，通常情况下使用 EventTime 或 Process Time 进行时间排序。
- preceding 操作符指定了基于当前数据需要向前纳入多少数据作为窗口的范围。preceding 中具有两种类型的时间范围，其中一种为 Bounded 类型，例如指定 100.rows 表示基于当前数据之前的 100 条数据；也可以指定 10.minutes，表示向前推 10min，计算在该时间范围以内的所有数据。另外一种为 UnBounded 类型，表示从进入系统的第一条数据开始，且 UnBounded 类型可以使用静态变量 UNBOUNDED_RANGE 指定，表示以时间为单位的数据范围；也可以使用 UNBOUNDED_ROW 指定，表示以数据量为单位的数据范围。
- following 操作符和 preceding 相反，following 指定了从当前记录开始向后纳入多少数据作为计算的范围。目前 Table API 还不支持从当前记录开始向后指定多行数据进行窗口统计，可以使用静态变量 CURRENT_ROW 和 CURRENT_RANGE 来设定仅包含当前行，默认情况下 Flink 会根据用户使用窗口间隔是时间还是数量来指定 following 参数。需要注意的是，preceding 和 following 指定的间隔单位必须一致，也就说二者必须是时间和数量中的一种类型。

如以下实例定义了 Unbounded 类型的 Over Window，其中包括了 UNBOUNDED_

RANGE 和 UNBOUNDED_ROW 两种 preceding 参数类型。

```
// 创建 UNBOUNDED_RANGE 类型的 OverWindow，指定分区字段为 id，并根据 rowtime 排序
  .window([w: OverWindow] as 'window)
// 创建 UNBOUNDED_RANGE 类型的 OverWindow，指定分区字段为 id，并根据 proctime 排序
sensors.window(Over partitionBy 'id orderBy 'proctime preceding
UNBOUNDED_RANGE as 'window)
// 创建 UNBOUNDED_ROW 类型的 OverWindow，指定分区字段为 id，并根据 rowtime 排序
sensors.window(Over partitionBy 'id orderBy 'rowtime preceding UNBOUNDED_ROW
as 'window)
// 创建 UNBOUNDED_ROW 类型的 OverWindow，指定分区字段为 id，并根据 proctime 排序
sensors.window(Over partitionBy 'id orderBy 'proctime preceding UNBOUNDED_ROW
as 'window)
```

如下实例定义了 Unbounded 类型的 Over Window，其中包括 UNBOUNDED_RANGE 和 UNBOUNDED_ROW 两种 preceding 参数类型。

```
// 创建 BOUNDED 类型的 OverWindow，窗口大小为向前 10min，并根据 rowtime 排序
sensors.window(Over partitionBy 'id orderBy 'rowtime preceding 10.minutes as
'window)
// 创建 BOUNDED 类型的 OverWindow，窗口大小为向前 10min，并根据 proctime 排序
sensors.window(Over partitionBy 'id orderBy 'proctime preceding 10.minutes as
'window)
// 创建 BOUNDED 类型的 OverWindow，窗口大小为向前 100 条，并根据 rowtime 排序
sensors.window(Over partitionBy 'id orderBy 'rowtime preceding 100.rows as
'window)
// 创建 BOUNDED 类型的 OverWindow，窗口大小为向前 100 条，并根据 proctime 排序
sensors.window(Over partitionBy 'id orderBy 'proctime preceding 100.rows as
'window)
```

7.2.4 聚合操作

在 Flink Table API 中提供了基于窗口以及不基于窗口的聚合类操作符基本涵盖了数据处理的绝大多数场景，和 SQL 中 Group By 语句相似，都是对相同的 key 值的数据进行聚合，然后基于聚合数据集之上统计例如 sum、count、avg 等类型的聚合指标。

1. GroupBy Aggregation

在全量数据集上根据指定字段聚合，首先将相同的 key 的数据聚合在一起，然后在聚合的数据集上计算统计指标。需要注意的是，这种聚合统计计算依赖状态数据，如果没有时间范围，在流式应用中状态数据根据不同的 key 及统计方法，将会在计算过程中不断地存储状态数据，所以建议用户尽可能限定统计时间范围避免因为状态体过大导致系统压力过大。

```
val sensors: Table = tStreamEnv.scan("Sensors")
// 根据id进行聚合，求取Var1字段的sum结果
val groupResult = sensors.groupBy('id).select('id, 'var1.sum as 'var1Sum)
```

2. GroupBy Window Aggregation

该类聚合运算是构建在 GroupBy Window 之上然后根据指定字段聚合并统计结果。与非窗口统计相比，GroupBy Window 可以将数据限定在一定范围内，这样能够有效控制状态数据的存储大小。如下代码实例所示，通过 window 操作符指定 GroupBy Window 类型之后，紧接着就是使用 groupBy 操作符指定需要根据哪些 key 进行数据的聚合，最后在 select 操作符中查询相关的指标。

```
val sensors: Table = tStreamEnv.scan("Sensors")
val groupWindowResult: Table = orders
   // 定义窗口类型为滚动窗口
   .window(Tumble over 1.hour on 'rowtime as 'window)
   // 根据id和window进行聚合
   .groupBy('id, 'window)
   // 获取字段id，窗口属性start、end、rowtime，以及聚合指标var1Sum
    .select('id, 'window.start, 'window.end, 'window.rowtime, 'var1.sum as 'var1Sum)
```

3. Over Window Aggregation

和 GroupBy Window Aggregation 类似，但 Over Window Aggregation 是构建在 Over Window 之上，同时不需要在 window 操作符之后接 groupby 操作符。如以下代码实例所示在 select 操作符中通过 "var1.avg over 'window" 来指定需要聚合的字段及聚合方法。需要注意的是，在 select 操作符中只能使用一个相同的 Window，且 Over Window Aggregation 仅支持 preceding 定义的 UNBOUNDED 和 BOUNDED 类型窗口，对于 following 定义的窗口目前不支持。同时 Over Window Aggregation 仅支持流式计算场景。

```
val sensors: Table = tStreamEnv.scan("Sensors")
val overWindowResult: Table = sensors
   // 定义UNBOUNDED_RANGE 类型的OverWindow
   .window(Over partitionBy 'id orderBy 'rowtime preceding UNBOUNDED_RANGE as 'window)
   // 获取字段id以及每种指标的聚合结果
   .select('id, 'var1.avg over 'window, 'var2.max over 'window, 'var3.min over 'window)
```

4. Distinct Aggregation

Distinct Aggregation 和标准 SQL 中的 COUNT(DISTINCT a) 语法相似，主要作用是

将 Aggregation Function 应用在不重复的输入元素上，对于重复的指标不再纳入计算范围内。Distinct Aggregation 可以与 GroupBy Aggregation、GroupBy Window Aggregation 及 Over Window Aggregation 结合使用。

```
val sensors: Table = tStreamEnv.scan("Sensors")
// 基于 GroupBy Aggregation, 对不同的 var1 指标进行求和
val groupByDistinctResult = sensors
  .groupBy('id)
  .select('id, 'var1.sum.distinct as 'var1Sum)
// 基于 GroupBy Window Aggregation, 对不同的 var1 指标进行求和
val groupByWindowDistinctResult = sensors
  .window(Tumble over 1.minutes on 'rowtime as 'window).groupBy('id, 'window)
  .select('id, 'var1.sum.distinct as 'var1Sum)
// 基于 GroupBy Window Aggregation, 对不同的 var1 求平均值，并获取 var2 的最小值
val overWindowDistinctResult = sensors
  .window(Over partitionBy 'id orderBy 'rowtime
    preceding UNBOUNDED_RANGE as 'window)
  .select('id, 'var1.avg.distinct over 'window, 'var2.min over 'window)
```

5. Distinct

单个 Distinct 操作符和标准 SQL 中的 DISTINCT 功能一样，用于返回唯一不同的记录。Distinct 操作符可以直接应用在 Table 上，但是需要注意的是，Distinct 操作是非常消耗资源的，且仅支持在批量计算场景中使用。

```
val sensors: Table = tStreamEnv.scan("Sensors")
// 返回 sensors 表中唯一不同的记录
val distinctResult = sensors.distinct()
```

7.2.5 多表关联

1. Inner Join

Inner Join 和标准 SQL 的 JOIN 语句功能一样，根据指定条件内关联两张表，并且只返回两个表中具有相同关联字段的记录，同时两张表中不能具有相同的字段名称。

```
val t1 = tStreamEnv.fromDataStream(stream1, 'id1, 'var1, 'var2)
val t2 = tStreamEnv.fromDataStream(stream2, 'id2, 'var3, 'var4)
val innerJoinresult = t1.join(t2).where('id1 === 'id2).select('id1, 'var1, 'var3)
```

2. Outer Join

Outer Join 操作符和标准 SQL 中的 LEFT/RIGHT/FULL OUTER JOIN 功能一样，且

根据指定条件外关联两张表中不能有相同的字段名称，同时必须至少指定一个关联条件。如以下代码案例，分别对 t1 和 t2 表进行三种外关联操作。

```
// 从 DataSet 数据集中创建 Table
val t1 = tBatchEnv.fromDataSet(dataset1, 'id1, 'var1, 'var2)
val t2 = tBatchEnv.fromDataSet(dataset2, 'id2, 'var3, 'var4)
// 左外关联两张表
val leftOuterResult = t1.leftOuterJoin(t2, 'id1 === 'id2).select('id1, 'var1, 'var3)
// 右外关联两张表
val rightOuterResult = t1. rightOuterJoin (t2, 'id1 === 'id2).select('id1, 'var1, 'var3)
// 全外关联两张表
val fullOuterResult = t1. fullOuterJoin (t2, 'id1 === 'id2).select('id1, 'var1, 'var3)
```

3. Time-windowed Join

Time-windowed Join 是 Inner Join 的子集，在 Inner Join 的基础上增加了时间条件，因此在使用 Time-windowed Join 关联两张表时，需要至少指定一个关联条件以及两张表中的关联时间，且两张表中的时间属性对应的时间概念必须一致（EventTime 或者 ProcessTime），时间属性对比使用 Table API 提供的比较符号（<, <=, >=, >），同时可以在条件中增加或者减少时间大小，例如 rtime - 5.minutes，表示右表中的时间减去 5 分钟。

```
// 从 DataSet 数据集中创建 Table，并且两张表都使用 EventTime 时间概念
val t1= tBatchEnv.fromDataSet(dataset1, 'id1, 'var1, 'var2,'time1.rowtime)
val t2= tBatchEnv.fromDataSet(dataset2, 'id2, 'var3, 'var4,'time2.rowtime)
// 将 t1 和 t2 表关联，并在 where 操作符中指定时间关联条件
val result = t1.join(t2)
// 指定关联条件
.where('id1 === 'id2 && 'time1 >= 'time2 - 10.minutes && 'time1 < 'time2 + 10.minutes)
// 查询并输出结果
.select('id1, 'var1, 'var2, 'time1)
```

4. Join with Table Function

在 Inner Join 中可以将 Table 与自定义的 Table Function 进行关联，Table 中的数据记录与 Table Fuction 输出的数据进行内关联，其中如果 Table Function 返回空值，则不输出结果。

```
val table = tBatchEnv.fromDataSet(dataset, 'id, 'var1, 'var2,'time.rowtime)
// 初始化自定义 Table Function
val upper: TableFunction[_] = new MyUpperUDTF()
// 通过 Inner Join 关联经过 MyUpperUDTF 处理的 Table，然后形成新的表
val result: Table = table
```

```
.join(upper('var1) as 'upperVar1)
.select('id, 'var1, 'upperVar1, 'var2)
```

在 Left Outer Join 中使用 Table Function 与使用 Inner Join 类似，区别在于如果 Table Function 返回的结果是空值，则在输出结果中对应的记录将会保留且 Table Function 输出的值为 Null。

5. Join with Temporal Table

```
val tempTable = tEnv.scan("TempTable")
val temps = tempTable.createTemporalTableFunction('t_proctime, 't_id)
val table = tEnv.scan("Table")
val result = table.join(temps('o_rowtime), 'table_key == 'temp_key)
```

7.2.6 集合操作

当两张 Table 都具有相同的 Schema 结构，则这两张表就可以进行类似于 Union 类型的集合操作。注意，以下除了 UnionAll 和 In 两个操作符同时支持流计算场景和批量计算场景之外，其余的操作符都仅支持批量计算场景。

```
// 从 DataSet 数据集中创建 Table
val t1= tBatchEnv.fromDataSet(dataset1, 'id1, 'var1, 'var2)
val t2= tBatchEnv.fromDataSet(dataset2, 'id2, 'var3, 'var4)
```

- Union：和标准 SQL 中的 UNION 语句功能相似，用于合并两张表并去除相同的记录。

```
val unionTable = t1.union(t2)
```

- UnionAll：和标准 SQL 中的 UNIONALL 语句功能相似，用于合并两张表但不去除相同的记录。

```
val unionAllTable = t1.unionAll(t2)
```

- Intersect：和标准 SQL 中的 INTERSECT 语句功能相似，合并两张变且仅返回两张表中的交集数据，如果记录重复则只返回一条记录。

```
val intersectTable = t1.intersect(t2)
```

- IntersectAll：和标准 SQL 中的 INTERSECT ALL 语句功能相似，合并两张表且仅返回两张表中的交集数据，如果记录重复则返回所有重复的记录。

```
val intersectAllTable = t1.intersectAll(t2)
```

- **Minus**：和标准 SQL 中 EXCEPT 语句功能相似，合并两张表且仅返回左表中有但是右表没有的数据差集，如果左表记录重复则只返回一条记录。

```
val minusTable = t1.minus(t2)
```

- **MinusAll**：和标准 SQL 中 EXCEPT ALL 语句功能相似，合并两张表仅返回左表有但是右表没有的数据差集，如果左表中记录重复 n 次，右表中相同记录出现 m 次，则返回 n-m 条记录。

```
val minusAllTable = t1.minusAll(t2)
```

- **In**：和标准 SQL 中 IN 语句功能相似，通过子查询判断左表中记录的某一列是否在右表中或给定的列表中，如果存在则返回 True，如果不存在则返回 False，where 操作符根据返回条件判断是否返回记录。

```
val stream1: DataStream[(Long, String)] = ...
val stream2: DataStream[Long] = ...
val left: Table = tStreamEnv.fromDataStream(stream1,'id,'name)
val right: Table = tStreamEnv.fromDataStream(stream2,'id)
//使用 in 语句判断 left 表中记录的 id 是否在右表中，如存在则返回记录
val result1 = left.where('id in(right))
//使用 in 语句判断 left 表中记录的 id 是否在给定列表中，如存在则返回记录
val result2 = left.where('id in("92","11"))
```

7.2.7 排序操作

- **Orderby**：和标准 SQL 中 ORDER BY 语句功能相似，Orderby 操作符根据指定的字段对 Table 进行全局排序，支持顺序（asc）和逆序（desc）两种方式。可以使用 Offset 操作符来控制排序结果输出的偏移量，使用 fetch 操作符来控制排序结果输出的条数。需要注意，该操作符仅支持批量计算场景。

```
val table: Table= ds.toTable(tBatchEnv, 'id,'var1,'var2)
// 根据 var1 对 table 按顺序方式排序
val result = table.orderBy('var1.asc)
// 根据 id 对 table 按逆序方式排序
val result1 = table.orderBy('var1.desc)
// 返回排序结果中的前 5 条
val result2: Table = in.orderBy('var1.asc).fetch(5)
// 忽略排序结果中的前 10 条数据，然后返回剩余全部数据
val result3: Table = in.orderBy('var1.asc).offset(10)
// 忽略排序结果中的前 10 条数据，然后返回剩余数据中的前 5 条数据
val result4: Table = in.orderBy('var1.asc).offset(10).fetch(5)
```

7.2.8 数据写入

通过 Insert Into 操作符将查询出来的 Table 写入注册在 TableEnvironment 的表中,从而完成数据的输出。注意,目标表的 Schema 结构必须和查询出来的 Table 的 Schema 结构一致。

```
val sensors: Table = tableEnv.scan("Sensors")
// 将查询出来的表写入 OutSensors 表中,OutSensors 必须已经在 TableEnvironment 中注册
sensors.insertInto("OutSensors")
```

7.3 Flink SQL 使用

SQL 作为 Flink 中提供的接口之一,占据着非常重要的地位,主要是因为 SQL 具有灵活和丰富的语法,能够应用于大部分的计算场景。Flink SQL 底层使用 Apache Calcite 框架,将标准的 Flink SQL 语句解析并转换成底层的算子处理逻辑,并在转换过程中基于语法规则层面进行性能优化,比如谓词下推等。另外用户在使用 SQL 编写 Flink 应用时,能够屏蔽底层技术细节,能够更加方便且高效地通过 SQL 语句来构建 Flink 应用。Flink SQL 构建在 Table API 之上,并含盖了大部分的 Table API 功能特性。同时 Flink SQL 可以和 Table API 混用,Flink 最终会在整体上将代码合并在同一套代码逻辑中,另外构建一套 SQL 代码可以同时应用在相同数据结构的流式计算场景和批量计算场景上,不需要用户对 SQL 语句做任何调整,最终达到实现批流统一的目的。

7.3.1 Flink SQL 实例

以下通过实例来了解 Flink SQL 整体的使用方式。在前面小节中我们知道如何在 Flink TableEnvironment 中注册和定义数据库或者表结构,最终是能够让用户方便地使用 Table API 或者 SQL 处理不同类型数据的,然后调用 TableEnvironment SqlQuery 方法执行 Flink SQL 语句,完成数据处理,如代码清单 7-11 所示。

代码清单 7-11 TableEnvironment 中执行 Flink SQL

```
// 获取 StreamTableEnvironment 对象
val tableEnv = TableEnvironment.getTableEnvironment(env)
// 表结构 schema (id, type,timestamp, var1, var2)
tableEnv.register("sensors", sensors_table)
val csvTableSink = new CsvTableSink("/path/csvfile", ...)
// 定义字段名称
```

```
val fieldNames: Array[String] = Array("id", "type")
// 定义字段类型
val fieldTypes: Array[TypeInformation[_]] = Array(Types.LONG, Types.STRING)
// 通过 registerTableSink 将 CsvTableSink 注册成 table
tableEnv.registerTableSink("csv_output_table", fieldNames, fieldTypes, csvSink)
// 计算与传感器类型为 A 的每个传感器 id 对应的 var1 指标的和
val result: Table = tEnv.sqlQuery(
"select id,
    sum(var1)as sumvar1
    from sensors_table
    where type='speed'
    group by sensor_id)")
// 通过 SqlUpdate 方法，将类型为温度的数据筛选出来并输出到外部表中
tableEnv.sqlUpdate(
    "INSERT INTO csv_output_table SELECT id, var1 FROM Sensors WHERE type = 'temperature'")
```

以上实例使用 SQL 语句筛选出 sensor_type 为"speed"的记录，并根据 id 对 var1 指标进行聚合并求和，执行完 sqlQuery() 方法后生成 result Table，并且后续计算中可以直接使用 result Table 进行。在实例代码中可以看出，整个应用包括了从数据源的注册到具体数据处理 SQL 转换，以及结果数据的输出。结果输出使用了 Flink 自带的 CSVSink，然后将 SQL 执行的结果用 INSERT INTO 的方式写入对应 CSV 文件中，完成结果数据的存储落地。

7.3.2 执行 SQL

Flink SQL 可以借助于 TableEnvironment 的 SqlQuery 和 SqlUpdate 两种操作符使用，前者主要是从执行的 Table 中查询并处理数据生成新的 Table，后者是通过 SQL 语句将查询的结果写入到注册的表中。其中 SqlQuery 方法中可以直接通过 $ 符号引用 Table，也可以事先在 TableEnvironment 中注册 Table，然后在 SQL 中使用表名引用 Table。

1. 在 SQL 中引用 Table

如以下代码实例所示，创建好 Table 对象之后，可以在 SqlQuery 方法中直接使用 $ 符号来引用创建好的 Table，Flink 会自动将被引用的 Table 注册到 TableEnvironment 中，从代码层面将 Table API 和 SQL 进行融合。

```
val env = StreamExecutionEnvironment.getExecutionEnvironment
val tableEnv = TableEnvironment.getTableEnvironment(env)
// 从外部数据源中转换形成 DataStream 数据集
val inputSteam: DataStream[(Long, String, Integer)] = ...
```

```
// 将 DataStream 数据集转换成 Table
val sensor_table = inputSteam.toTable(tableEnv, 'id, 'type, 'var1)
// 在 SqlQuery 中直接使用 $ 符号来引用创建好的 Table
val result = tableEnv.sqlQuery(
  s"SELECT SUM(var1) FROM $sensor_table WHERE product === 'temperature'")
```

2. 在 SQL 中引用注册表

如以下代码实例所示，事先调用 registerDataStream 方法将 DataStream 数据集在 TableEnvironment 中注册成 Table，然后在 sqlQuery() 方法中 SQL 语句就直接可以通过 Table 名称来引用 Table。

```
tableEnv.registerDataStream("Orders", ds, 'user, 'product, 'amount)
// 在 SQL 中直接引用注册好的 Table 名称，完成数据的处理，并输出结果
val result = tableEnv.sqlQuery(
  "SELECT product, amount FROM Orders WHERE amount>10")
```

3. 在 SQL 中数据输出

如以下代码实例所示，可以调用 sqlUpdate() 方法将查询出来的数据输出到外部系统中，首先通过实现 TableSink 接口创建外部系统对应的 TableSink，然后将创建好的 TableSink 实例注册在 TableEnvironment 中。最后使用 sqlUpdate 方法指定 Insert Into 语句将 Table 中的数据写入 CSV 文件 TableSink 对应的 Table 中，最终完成将 Table 数据的输出到 CSV 文件中。

```
val csvTableSink = new CsvTableSink("/path/csvfile", ...)
// 定义字段名称
val fieldNames: Array[String] = Array("id", "type")
// 定义字段类型
val fieldTypes: Array[TypeInformation[_]] = Array(Types.LONG, Types.STRING)
// 通过 registerTableSink 将 CsvTableSink 注册成 Table
tableEnv.registerTableSink("csv_output_table", fieldNames, fieldTypes, csvSink)
// 通过 SqlUpdate 方法，将类型为温度的数据筛选出并输出到外部表中
tableEnv.sqlUpdate(
    "INSERT INTO csv_output_table SELECT id, type FROM Sensors WHERE type = 'temperature'")
```

7.3.3 数据查询与过滤

可以通过 Select 语句查询表中的数据，并使用 Where 语句设定过滤条件，将符合条件的数据筛选出来。

```
// 查询 Persons 表全部数据
SELECT * FROM Sensors
```

```
// 查询 Persons 表中 name、age 字段数据，并将 age 命名为 d
SELECT id, type AS t FROM Sensors
// 将信号类型为 'temperature' 的数据查询出来
SELECT * FROM Sensors WHERE type = 'temperature'
// 将 id 为偶数的信号信息查询出来
SELECT * FROM Sensors WHERE id % 2 = 0
```

7.3.4 Group Windows 窗口操作

Group Window 是和 GroupBy 语句绑定使用的窗口，和 Table API 一样，Flink SQL 也支持三种窗口类型，分别为 Tumble Windows、HOP Windows 和 Session Windows，其中 HOP Windows 对应 Table API 中的 Sliding Window，同时每种窗口分别有相应的使用场景和方法。

（1）Tumble Windows

滚动窗口的窗口长度是固定的，且窗口和窗口之间的数据不会重合。SQL 中通过 TUMBLE(time_attr, interval) 关键字来定义滚动窗口，其中参数 time_attr 用于指定时间属性，参数 interval 用于指定窗口的固定长度。滚动窗口可以应用在基于 EventTime 的批量计算和流式计算场景中，和基于 ProcessTime 的流式计算场景中。窗口元数据信息可以通过在 Select 语句中使用相关的函数获取，且窗口元数据信息可用于后续的 SQL 操作，例如可以通过 TUMBLE_START 获取窗口起始时间，TUMBLE_END 获取窗口结束时间，TUMBLE_ROWTIME 获取窗口事件时间，TUMBLE_PROCTIME 获取窗口数据中的 ProcessTime。如以下实例所示，分别创建基于不同时间属性的 Tumble 窗口。

```
val env = StreamExecutionEnvironment.getExecutionEnvironment
val tableEnv = TableEnvironment.getTableEnvironment(env)
// 创建数据集
val ds: DataStream[(Long, String, Int)] = ...
// 注册表名信息并定义字段 proctime 为 Process Time，定义字段 rowtime 为 rowtime，
tableEnv.registerDataStream("Sensors", ds, 'id, 'type, 'var1, 'proctime.
proctime, 'rowtime.rowtime)
// 基于 proctime 创建 TUMBLE 窗口，并指定 10min 切分为一个窗口，根据 id 进行聚合求取 var1 的和
    tableEnv.sqlQuery(SELECT id, SUM(var1) FROM Sensors GROUP BY TUMBLE(proctime,
INTERVAL '10' MINUTE), id"
// 基于 rowtime 创建 TUMBLE 窗口，并指定 5min 切分为一个窗口，根据 id 进行聚合求取 var1 的和
    tableEnv.sqlQuery(SELECT id, SUM(var1) FROM Sensors GROUP BY TUMBLE(rowtime,
INTERVAL '5' MINUTE), id"
```

（2）HOP Windows

滑动窗口的窗口长度固定，且窗口和窗口之间的数据可以重合。在 Flink SQL 中

通过 HOP(time_attr, interval1, interval2) 关键字来定义 HOP Windows，其中参数 time_attr 用于指定使用的时间属性，参数 interval1 用于指定窗口滑动的时间间隔，参数 interval2 用于指定窗口的固定大小。其中如果 interval1 小于 interval2，窗口就会发生重叠。HOP Windows 可以应用在基于 EventTime 的批量计算场景和流式计算场景中，以及基于 ProcessTime 的流式计算场景中。HOP 窗口的元数据信息获取的方法和 Tumble 的相似，例如可以通过 HOP_START 获取窗口起始时间，通过 HOP_END 获取窗口结束时间，通过 HOP_ROWTIME 获取窗口事件时间，通过 HOP_PROCTIME 获取窗口数据中的 ProcessTime。

如以下代码所示，分别创建基于不同时间概念的 HOP 窗口，并通过相应方法获取窗口元数据。

```
val env = StreamExecutionEnvironment.getExecutionEnvironment
val tableEnv = TableEnvironment.getTableEnvironment(env)
// 创建数据集
val ds: DataStream[(Long, String, Int)] = ...
// 注册表名信息并定义字段 proctime 为 ProcessTime, 定义字段 rowtime 为 rowtime,
tableEnv.registerDataStream("Sensors", ds, 'id, 'type, 'var1, 'proctime.proctime, 'rowtime.rowtime)
// 基于 proctime 创建 HOP 窗口，并指定窗口长度为 10min, 每 1min 滑动一次窗口
// 然后根据 id 进行聚合求取 var1 的和
tableEnv.sqlQuery(SELECT id, SUM(var1) FROM Sensors GROUP BY HOP(proctime, INTERVAL '1' MINUTE,INTERVAL '10' MINUTE), id"
// 基于 rowtime 创建 HOP 窗口，并指定窗口长度为 10min, 每 5min 滑动一次窗口
// 根据 id 进行聚合求取 var1 的和
tableEnv.sqlQuery(SELECT id, SUM(var1) FROM Sensors GROUP BY HOP(rowtime, INTERVAL '5' MINUTE,INTERVAL '10' MINUTE), id"
// 基于 rowtime 创建 HOP 窗口，并指定 5min 切分为一个窗口，根据 id 进行聚合求取 var1 的和
tableEnv.sqlQuery(SELECT id,
// 获取窗口起始时间并记为 wStart 字段
HOP_START(rowtime, INTERVAL '5' MINUTE, INTERVAL '10' MINUTE) as wStart,
// 获取窗口起始时间并记为 wEnd 字段
HOP_START(rowtime, INTERVAL '5' MINUTE, INTERVAL '10' MINUTE) as wEnd,
SUM(var1)
FROM Sensors GROUP BY HOP(rowtime, INTERVAL '5'MINUTE, INTERVAL '10'MINUTE), id"
```

（3）Session Windows

Session 窗口没有固定的窗口长度，而是根据指定时间间隔内数据的活跃性来切分窗口，例如当 10min 内数据不接入 Flink 系统则切分窗口并触发计算。在 SQL 中通过 SESSION(time_attr, interval) 关键字来定义会话窗口，其中参数 time_attr 用于指定时间属性，参数 interval 用于指定 Session Gap。Session Windows 可以应用在基于 EventTime 的

批量计算场景和流式计算场景中，以及基于 ProcessTime 的流式计算场景中。

Session 窗口的元数据信息获取与 Tumble 窗口和 HOP 窗口相似，通过 SESSION_START 获取窗口起始时间，SESSION_END 获取窗口结束时间，SESSION_ROWTIME 获取窗口数据元素事件时间，SESSION_PROCTIME 获取窗口数据元素处理时间。

```
val env = StreamExecutionEnvironment.getExecutionEnvironment
val tableEnv = TableEnvironment.getTableEnvironment(env)
// 创建数据集
val ds: DataStream[(Long, String, Int)] = ...
// 注册表名信息并定义字段 proctime 为 ProcessTime,定义字段 rowtime 为 rowtime,
tableEnv.registerDataStream("Sensors", ds, 'id, 'type, 'var1, 'proctime.proctime, 'rowtime.rowtime)
// 基于 proctime 创建 SESSION 窗口,指定 Session Gap 为 1h
// 然后根据 id 进行聚合求取 var1 的和
tableEnv.sqlQuery(SELECT id, SUM(var1) FROM Sensors GROUP BY SESSION(proctime, INTERVAL '1' HOUR), id"
// 基于 rowtime 创建 SESSION 窗口,指定 Session Gap 为 1h
tableEnv.sqlQuery(SELECT id, SUM(var1) FROM Sensors GROUP BY SESSION(rowtime, INTERVAL '5' HOUR), id"
// 基于 rowtime 创建 SESSION 窗口,指定 Session Gap 为 1h,
tableEnv.sqlQuery(SELECT id,
// 获取窗口起始时间并记为 wStart 字段
SESSION_START(proctime, INTERVAL '5' HOUR) as wStart,
// 获取窗口起始时间并记为 wStart 字段
SESSION_END(rowtime, INTERVAL '5' HOUR) as wEnd,
    SUM(var1) FROM Sensors
GROUP BY SESSION(rowtime, INTERVAL '5' HOUR), id"
// 基于 rowtime 创建 SESSION 窗口,指定 Session Gap 为 1h
tableEnv.sqlQuery(SELECT id, SUM(var1) FROM Sensors GROUP BY SESSION(rowtime, INTERVAL '5' HOUR), id"
```

7.3.5 数据聚合

1. GroupBy Aggregation

GroupBy Aggregation 在全量数据集上根据指定字段聚合，产生计算指标。需要注意的是，这种聚合统计计算主要依赖于状态数据，如果不指定时间范围，对于流式应用来说，状态数据会越来越大，所以建议用户尽可能在流式场景中使用 GroupBy Aggregation。

```
SELECT id, SUM(var1) as d FROM Sensors GROUP BY id
```

2. GroupBy Window Aggregation

和 Table API 中的 GroupBy Window Aggregation 功能一致，GroupBy Window Aggregation

基于窗口上的统计指定 key 的聚合结果，在 FlinkSQL 中通过在窗口之前使用 GroupBy 语句来定义。

```sql
// 滚动窗口统计求和指标
SELECT id, SUM(var1) FROM Orders
   GROUP BY TUMBLE(rowtime, INTERVAL '1' DAY), user
// 滑动窗口上统计最小值指标
SELECT id, MIN(var1) FROM Sensors
   GROUP BY HOP(rowtime, INTERVAL '1' HOUR, INTERVAL '1' DAY), id
// 会话窗口上统计最大值指标
SELECT id, MAX(var1) FROM Sensors
   GROUP BY SESSION(rowtime, INTERVAL '1' DAY), id
```

3. Over Window Aggregation

Over Window Aggregation 基于 Over Window 来计算聚合结果，可以使用 Over 关键字在查询语句中定义 Over Window，也可以使用 Window w AS() 方式定义，在查询语句中使用定义好的 window 名称。注意 Over Window 所有的聚合算子必须指定相同的窗口，且窗口的数据范围目前仅支持 PRECEDING 到 CURRENT ROW，不支持 FOLLOWING 语句。

```sql
// 通过 OVER 关键字直接定义 OVER WINDOW，并统计 var1 指标的最大值
SELECT MAX(var1) OVER (
// 根据 id 进行聚合
   PARTITION BY id
// 根据 ProcessTime 进行排序
   ORDER BY proctime
//ROWS 数据限定在从当前数据向前推 10 条记录到当前数据
ROWS BETWEEN 10 PRECEDING AND CURRENT ROW)
FROM Sensors

// 通过 WINDOW 关键字定义 OVER WINDOW，通过 OVER 引用定义好的 window
SELECT COUNT(var1) OVER window, SUM(var1) OVER window FROM Sensors
// 定义 WINDOW 并重命名为 window
WINDOW window AS (
   PARTITION BY id
   ORDER BY proctime
   ROWS BETWEEN 10 PRECEDING AND CURRENT ROW)
```

4. Distinct

和标准 SQL 中 DISTINCT 功能一样，Distinct 用于返回唯一不同的记录。下面的代码通过 Distinct 关键子查询数据表中唯一不同的 type 字段。

```sql
SELECT DISTINCT type FROM Sensors
```

5. Grouping sets

和 GROUP BY 语句相比，Grouping sets 将不同 Key 的 GROUP BY 结果集进行 UNION ALL 操作。以下代码表示通过指定 id 和 type 关键字同时进行聚合生成 var1 指标的结果。

```
SELECT SUM(var1) FROM Sensors GROUP BY GROUPING SETS ((id), (type))
```

6. Having

和标准 SQL 中 HAVING 功能一样，Flink SQL 中 Having 主要解决 WHERE 关键字无法与合计函数一起使用的问题，因此可以使用 HAVING 语句来对聚合结果筛选输出。

```
SELECT SUM(var1) FROM Sensors GROUP BY id HAVING SUM(var1) > 500
```

7. User-defined Aggregate Functions (UDAGG)

在 SQL 语句中使用自定义聚合函数，UDAGG 需要事先在 TableEnvironment 中注册，然后通过函数名称在查询语句中使用。具体自定义函数相关细节读者可以参考 7.4 节。

```
SELECT MyAggregate(var1) FROM Sensors GROUP BY id
```

7.3.6 多表关联

1. Inner Join

Inner Join 通过指定条件对两张表进行内关联，当且仅当两张表中都具有相同的 key 才会返回结果。

```
SELECT * FROM Sensors INNER JOIN Sensor_detail ON Sensors.id = Sensor_detail.id
```

2. Outer Join

SQL 外连接包括 LEFT JOIN、RIGHT JOIN 以及 FULL OUTER 三种类型，和标准的 SQL 语法一致，目前 Flink SQL 仅支持等值连接，不支持任意比较关系的 theta 连接。以下分别使用三种方式对两张表进行外关联。

```
// 左外连接
SELECT * FROM Sensors LEFT JOIN Sensor_detail ON Sensors.id = Sensor_detail.id
// 右外连接
SELECT * FROM Sensors RIGHT JOIN Sensor_detail ON Sensors.id = Sensor_detail.id
// 全外连接
SELECT * FROM Sensors FULL OUTER JOIN Sensor_detail ON Sensors.id = Sensor_detail.id
```

3. Time-windowed Join

和 Inner Join 类似，Time-windowed Join 在 Inner Join 的基础上增加了时间属性条件，因此在使用 Time-windowed Join 关联两张表时，需要至少指定一个关联条件以及绑定两张表中的关联时间字段，且两张表中的时间属性对应的时间概念需要一致（Event Time 或者 ProcessTime），其中时间比较操作使用 SQL 中提供的比较符号（<, <=, >=, >），且可以在条件中增加或者减少时间间隔，例如 `b.rowtime_INTERVAL'4'HOVR` 表示右表中的时间减去 4h。

```
SELECT * FROM Sensors_1 a, sensors_2 b
WHERE a.id = b.id AND
    a.rowtime BETWEEN AND s.rowtime
```

4. Join with Table Function

在 Inner Join 或 Left outer Join 中可以使用自定义 Table Function 作为关联数据源，原始 Table 中的数据和 Table Fuction 产生的数据集进行关联，然后生成关联结果数据集。Flink SQL 中提供了 LATERAL TABLE 语法专门应用在 Table Function 以及 Table Function 产生的临时表上，如果 Table Function 返回空值，则不输出结果。注意 Table Function 需要事先在 TableEnvironment 中定义，具体可以参考 7.4 节。

```
SELECT id, tag FROM Sensors, LATERAL TABLE(my_udtf(type)) t AS t
```

在 Flink 中临时表借助于 Table Function 生成，可以通过 Flink LATERAL TABLE 语法使用自定义的 UDTF 函数产生临时数据表的，并指定关联条件与临时表进行关联。目前临时表仅支持内关联操作，其他关联操作目前不支持，关于临时表的定义可以参见 7.1.5 节内容。

```
SELECT id, type FROM Sensors, LATERAL TABLE (my_udtf(o_proctime))
    WHERE type = type2
```

7.3.7 集合操作

- **UNION**：和标准 SQL 中的 UNION 语句一样，合并两张表同时去除相同的记录，注意两张表的表结构必须要一致，且该操作仅支持批量计算场景。

```
SELECT *
FROM (
    (SELECT user FROM Sensors WHERE var1 >= 0)
```

```
UNION
    (SELECT user FROM Sensors WHERE type = 'temperature')
)
```

- UNION ALL：和标准 SQL 中的 UNION ALL 语句一样，合并两张表但不去除相同的记录，要求两张表的表结构必须一致。

```
SELECT *
FROM (
    (SELECT user FROM Sensors where var1  < 0)
  UNION ALL
    (SELECT user FROM Sensors where type = 'temperature')
)
```

- INTERSECT / EXCEPT：和标准 SQL 中的 INTERSECT 语句功能相似，合并两张变且仅返回两张表中的交集数据，如果记录重复则只返回一条记录。目前该操作仅支持批量计算场景。

```
SELECT *
FROM (
    (SELECT user FROM Sensors WHERE id % 2 = 0)
  INTERSECT
    (SELECT user FROM Sensors WHERE type = 'temperature')
)
```

- IN：和标准 SQL 中 IN 语句功能一样，通过子查询表达式判断左表中记录的某一列是否在右表中，如果在则返回 True，如果不在则返回 False，where 语句根据返回条件判断是否返回记录。

```
SELECT id, type
FROM Sensors
WHERE type IN (
    SELECT type FROM Sensor_Types
)
```

- EXISTS：用于检查子查询是否至少返回一行数据，该子查询实际上并不返回任何数据，而是返回值 True 或 False。和 IN 语句相比，EXISTS 适合于子查询生成的表较大的情况。

```
SELECT id, type
FROM Sensors
WHERE type EXISTS (
    SELECT type FROM Sensor_Types
)
```

7.3.8 数据输出

通过 INSERT Into 语句将 Table 中的数据输出到外部介质中，需要事先将输出表注册在 TableEnvironment 中，查询语句对应的 Schema 和输出表结构必须一致。同时需要注意 Insert Into 语句只能被应用在 SqlUpdate 方法中，用于完成对 Table 中数据的输出。

```
INSERT INTO OutputTable SELECT id, type FROM Sensors
```

7.4 自定义函数

在 Flink Table API 中除了提供大量的内建函数之外，用户也能够实现自定义函数，这样极大地拓展了 Table API 和 SQL 的计算表达能力，使得用户能够更加方便灵活地使用 Table API 或 SQL 编写 Flink 应用。但需要注意的是，自定义函数主要在 Table API 和 SQL 中使用，对于 DataStream 和 DataSet API 的应用，则无须借助自定义函数实现，只要在相应接口代码中构建计算函数逻辑即可。

通常情况下，用户自定义的函数需要在 Flink TableEnvironment 中进行注册，然后才能在 Table API 和 SQL 中使用。函数注册通过 TableEnvironment 的 registerFunction() 方法完成，本质上是将用户自定义好的 Function 注册到 TableEnvironment 中的 Function CataLog 中，每次在调用的过程中直接到 CataLog 中获取函数信息。Flink 目前没有提供持久化注册的接口，因此需要每次在启动应用的时候重新对函数进行注册，且当应用被关闭后，TableEnvironment 中已经注册的函数信息将会被清理。

在 Table API 中，根据处理的数据类型以及计算方式的不同将自定义函数一共分为三种类别，分别为 Scalar Function、Table Function 和 Aggregation Function。

7.4.1 Scalar Function

Scalar Function 也被称为标量函数，表示对单个输入或者多个输入字段计算后返回一个确定类型的标量值，其返回值类型可以为除 TEXT、NTEXT、IMAGE、CURSOR、TIMESTAMP 和 TABLE 类型外的其他所有数据类型。例如 Flink 常见的内置标量函数有 DATE()、UPPER()、LTRIM() 等，同时在自定义标量函数中，用户需要确认 Flink 内部是否已经实现相应的 Scalar Fuction，如果已经实现则可以直接使用；如果没有实现，则在注册自定义函数过程中，需要和内置的其他 Scalar Function 名称区分，否则会导致注册函数失败，影响应用的正常执行。

定义 Scalar Function 需要继承 org.apache.flink.table.functions 包中的 ScalarFunction 类，同时实现类中的 evaluation 方法，自定义函数计算逻辑需要在该方法中定义，同时该方法必须声明为 public 且将方法名称定义为 eval。同时在一个 ScalarFunction 实现类中可以定义多个 evaluation 方法，只需要保证传递进来的参数不相同即可。如代码清单 7-12 所示，通过定义 Add Class 并继承 ScalarFunction 接口，实现对两个数值相加的功能。然后在 Table Select 操作符和 SQL 语句中使用。

代码清单 7-12　自定义实现 Scalar Function 实现字符串长度获取

```
// 注册输入数据源
tStreamEnv.registerTableSource("InputTable", new InputEventSource)
// 在窗口中使用输入数据源，并基于 TableSource 中定义的 EventTime 字段创建窗口
val table: Table = tStreamEnv.scan("InputTable")
// 在 Object 或者静态环境中创建自定义函数
class Add extends ScalarFunction {
  def eval(a: Int, b: Int): Int = {// 整型数据相加
    if (a == null || b == null) null
    a + b}
  def eval(a: Double, b: Double): Double = {//Double 类型数据相加
    if (a == null || b == null) null
    a + b}
}
// 实例化 ADD 函数
val add = new Add
// 在 Scala Table API 中使用自定义函数
val result = table.select('a, 'b, add('a, 'b))
// 在 Table Environment 中注册自定义函数
tStreamEnv.registerFunction("add", new Add)
// 在 SQL 中使用 ADD Scalar 函数
tStreamEnv.sqlQuery("SELECT a,b, ADD(a,b) FROM InputTable")
```

在自定义标量函数过程中，函数的返回值类型必须为标量值，尽管 Flink 内部已经定义了大部分的基本数据类型以及 POJOs 类型等，但有些比较复杂的数据类型如果 Flink 不支持获取，此时需要用户通过继承并实现 ScalarFunction 类中的 getResultType 方法对数据类型进行转换。例如在 Table API 和 SQL 中可能需要使用 Types.TIMESTAMP 数据类型，但是基于 ScalarFunction 得出的只能是 Long 类型，因此可以通过实现 getResultType 方法对结果数据进行类型转换，从而返回 Timestamp 类型。

```
object LongToTimestamp extends ScalarFunction {
  def eval(t: Long): Long = { t % 1000}
  override def getResultType(signature: Array[Class[_]]): TypeInformation[_]
```

```
    = {
      Types.TIMESTAMP
    }}
```

7.4.2 Table Function

和 Scalar Function 不同，Table Function 将一个或多个标量字段作为输入参数，且经过计算和处理后返回的是任意数量的记录，不再是单独的一个标量指标，且返回结果中可以含有一列或多列指标，根据自定义 Table Function 函数返回值确定，因此从形式上看更像是 Table 结构数据。

定义 Table Function 需要继承 org.apache.flink.table.functions 包中的 TableFunction 类，并实现类中的 evaluation 方法，且所有的自定义函数计算逻辑均在该方法中定义，需要注意方法必须声明为 public 且名称必须定义为 eval。另外在一个 TableFunction 实现类中可以实现多个 evaluation 方法，只需要保证参数不相同即可。

在 Scala 语言 Table API 中，Table Function 可以用在 Join、LeftOuterJoin 算子中，Table Function 相当于产生一张被关联的表，主表中的数据会与 Table Function 所有产生的数据进行交叉关联。其中 LeftOuterJoin 算子当 Table Function 产生结果为空时，Table Function 产生的字段会被填为空值。

在应用 Table Function 之前，需要事先在 TableEnvironment 中注册 Table Function，然后结合 LATERAL TABLE 关键字使用，根据语句结尾是否增加 ON TRUE 关键字来区分是 Join 还是 leftOuterJoin 操作。如代码清单 7-13 所示，通过自定义 SplitFunction Class 继承 TableFunction 接口，实现根据指定切割符来切分输入字符串，并获取每个字符的长度和 HashCode 的功能，然后在 Table Select 操作符和 SQL 语句中使用定义的 SplitFunction。

代码清单 7-13　自定义 Table Function 实现将给定字符串切分成多条记录

```
// 注册输入数据源
tStreamEnv.registerTableSource("InputTable", new InputEventSource)
// 在 Scala Table API 中使用自定义函数
val split = new SplitFunction(",")
// 在 join 函数中调用 Table Function, 将 string 字符串切分成不同的 Row, 并通过 as 指定字段名
称为 str,length,hashcode
table.join(split('origin as('string, 'length, 'hashcode)))
    .select('origin, 'str, 'length, 'hashcode)
table.leftOuterJoin(split('origin as('string, 'length, 'hashcode)))
    .select('origin, 'str, 'length, 'hashcode)
// 在 Table Environment 中注册自定义函数，并在 SQL 中使用
```

```
tStreamEnv.registerFunction("split", new SplitFunction(","))
// 在 SQL 中和 LATERAL TABLE 关键字一起使用 Table Function
// 和 Table API 的 JOIN 一样，产生笛卡儿积结果
tStreamEnv.sqlQuery("SELECT origin, str, length FROM InputTable, LATERAL
TABLE(split(origin)) as T(str, length,hashcode)")
// 和 Table API 中的 LEFT OUTER JOIN 一样，产生左外关联结果
tStreamEnv.sqlQuery("SELECT origin, str, length FROM InputTable, LATERAL
TABLE(split(origin)) as T(str, length,hashcode) ON TRUE")
```

和 Scalar Function 一样，对于不支持的输出结果类型，可以通过实现 TableFunction 接口中的 getResultType() 对输出结果的数据类型进行转换，具体可以参考 ScalarFunction 定义。

7.4.3 Aggregation Function

Flink Table API 中提供了 User-Defined Aggregate Functions (UDAGGs)，其主要功能是将一行或多行数据进行聚合然后输出一个标量值，例如在数据集中根据 Key 求取指定 Value 的最大值或最小值。

自定义 Aggregation Function 需要创建 Class 实现 org.apache.flink.table.functions 包中的 AggregateFunction 类。关于 AggregateFunction 的接口定义如代码清单 7-14 所示可以看出 AggregateFunction 定义相对比较复杂。

代码清单 7-14　AggregateFunction 定义

```
public abstract class AggregateFunction<T, ACC> extends UserDefinedFunction {
    // 创建 Accumulator（强制）
    public ACC createAccumulator();
    // 累加数据元素到 ACC 中（强制）
    public void accumulate(ACC accumulator, [user defined inputs]);
    // 从 ACC 中去除数据元素（可选）
    public void retract(ACC accumulator, [user defined inputs]);
    // 合并多个 ACC（可选）
    public void merge(ACC accumulator, java.lang.Iterable<ACC> its);
    // 获取聚合结果（强制）
    public T getValue(ACC accumulator);
    // 重置 ACC（可选）
    public void resetAccumulator(ACC accumulator);
    // 如果只能被用于 Over Window 则返回 True（预定义）
    public Boolean requiresOver = false;
    // 指定统计结果类型（预定义）
    public TypeInformation<T> getResultType = null;
    // 指定 ACC 数据类型（预定义）
    public TypeInformation<T> getAccumulatorType = null;
}
```

在 AggregateFunction 抽象类中包含了必须实现的方法 createAccumulator()、accumulate()、getValue()。其中，createAccumulator() 方法主要用于创建 Accumulator，以用于存储计算过程中读取的中间数据，同时在 Accumulator 中完成数据的累加操作；accumulate() 方法将每次接入的数据元素累加到定义的 accumulator 中，另外 accumulate() 方法也可以通过方法复载的方式处理不同类型的数据；当完成所有的数据累加操作结束后，最后通过 getValue() 方法返回函数的统计结果，最终完成整个 AggregateFunction 的计算流程。

除了以上三个必须要实现的方法之外，在 Aggregation Function 中还有根据具体使用场景选择性实现的方法，如 retract()、merge()、resetAccumulator() 等方法。其中，retract() 方法是在基于 Bouded Over Windows 的自定义聚合算子中使用；merge() 方法是在多批聚合和 Session Window 场景中使用；resetAccumulator() 方法是在批量计算中多批聚合的场景中使用，主要对 accumulator 计数器进行重置操作。

因为目前在 Flink 中对 Scala 的类型参数提取效率相对较低，因此 Flink 建议用户尽可能实现 Java 语言的 Aggregation Function，同时应尽可能使用原始数据类型，例如 Int、Long 等，避免使用复合数据类型，如自定义 POJOs 等，这样做的主要原因是在 Aggregation Function 计算过程中，期间会有大量对象被创建和销毁，将对整个系统的性能造成一定的影响。

7.5 自定义数据源

通过前面小节已经知道，Flink Table API 可以支持很多种数据源的接入，除了能够使用已经定义好的 TableSource 数据源之外，用户也可以通过自定义 TableSource 完成从其他外部数据介质（数据库，消息中间件等）中接入流式或批量类型的数据。Table Source 在 TableEnviroment 中定义好后，就能够在 Table API 和 SQL 中直接使用。

与 Table Source 相似的在 Table API 中提供通过 TableSink 接口定义对 Flink 中数据的输出操作，包括将数据输出到外部的存储系统中，例如常见的数据库、消息中间件及文件系统等。用户实现 TableSink 接口并在 TableEnvironment 中注册，就能够在 Table API 和 SQL 中获取 TableSink 对应的 Table，然后将数据输出到 TableSink 对应的存储介质中。

7.5.1 TableSource 定义

TableSource 是在 Table API 中专门针对获取外部数据提出的通用数据源接口。

TableSource 定义中将数据源分为两类，一种为 StreamTableSource，主要对应流式数据源的数据接入；另外一种 BatchTableSource，主要对应批量数据源的数据接入。且两者都是 TableSource 的子类，TableSource 定义如代码清单 7-15 所示。

代码清单 7-15　TableSource 接口定义

```
TableSource<T> {
  public TableSchema getTableSchema();
  public TypeInformation<T> getReturnType();
  public String explainSource();
}
```

可以看出在 TableSource 接口中，共有 getTableSchema()、getReturnType() 和 explainSource() 三个方法需要实现。其中，getTableSchema() 方法用于指定数据源的 Table Schema 信息，例如字段名称和类型等；getReturnType() 方法用于返回数据源中的字段数据类型信息，所有的返回字段必须是 Flink TypeInformation 支持的类型；explainSource() 方法用于返回 TableSource 的描述信息，功能类似于 SQL 中的 explain 方法。

在 Table API 中，将 TableSource 分为主要针对流式数据接入的 StreamTableSource 和主要针对批量数据接入的 BatchTableSource。其中 StreamTableSource 是从 DataStream 数据集中将数据转换成 Table，BatchTableSource 是从 DataSet 数据集中将数据转换成 Table，以下分别介绍每种 TableSource 的定义和使用。

1. StreamTableSource

如以下代码所示 StreamTableSource 是 TableSource 的子接口，在 StreamTableSource 中可以通过 getDataStream 方法将数据源从外部介质中抽取出来并转换成 DataStream 数据集，且对应的数据类型必须是 TableSource 接口中 getReturnType 方法中返回的数据类型。StreamTableSource 可以看成是对 DataStream API 中 SourceFunction 的封装，并且在转换成 Table 的过程中增加了 Schema 信息。

```
StreamTableSource[T] extends TableSource[T] {
// 定义获取 DataStream 的逻辑
  def getDataStream(execEnv: StreamExecutionEnvironment): DataStream[T]
}
```

如代码清单 7-16 所示，通过实现 StreamTableSource 接口，完成了从外部数据源中获取 DataStream 数据集，并在 getTableSchema 方法中指定数据源对应的 Table 的 Schema 结构信息。

代码清单 7-16　自定义实现 StreamTableSource 的接口完成对流动式数据的接入

```scala
// 定义 InputEventSource
class InputEventSource extends StreamTableSource[Row] {
  override def getReturnType = {
    val names = Array[String]("id", "value")
    val types = Array[TypeInformation[_]](Types.STRING, Types.LONG)
    Types.ROW(names, types)
  }
// 实现 getDataStream 方法，创建输入数据集
  override def getDataStream(execEnv: StreamExecutionEnvironment): DataStream[Row] = {
    // 定义获取 DataStream 数据集
    val inputStream: DataStream[(String, Long)] = execEnv.addSource(...)
    // 将数据集转换成指定数据类型
    val stream: DataStream[Row] = inputStream.map(t => Row.of(t._1, t._2))
    stream
  }
  // 定义 TableSchema 信息
  override def getTableSchema: TableSchema = {
    val names = Array[String]("id", "value")
    val types = Array[TypeInformation[_]](Types.STRING, Types.LONG)
    new TableSchema(names, types)
  }
}
```

定义好的 StreamTableSource 之后就可以在 Table API 和 SQL 中使用，在 Table API 中通过 registerTableSource 方法将定义好的 TableSource 注册到 TableEnvironment 中，然后就可以使用 scan 操作符从 TableEnvironment 中获取 Table 在 SQL 中则直接通过表名引用注册好的 Table 即可。

```scala
// 注册输入数据源
tStreamEnv.registerTableSource("InputTable", new InputEventSource)
// 在窗口中使用输入数据源，并基于 TableSource 中定义的 EventTime 字段创建窗口
val table: Table = tStreamEnv.scan("InputTable")
```

2. BatchTableSource

和 StreamTableSource 相似，BatchTableSource 接口具有了 getDataSet() 方法，主要将外部系统中的数据读取并转换成 DataSet 数据集，然后基于对 DataSet 数据集进行处理和转换，生成 BatchTableSource 需要的数据类型。其中 DataSet 数据集中的数据格式也必须要和 TableSource 中 getReturnType 返回的数据类型一致。BatchTableSource 接口定义如下。

```java
BatchTableSource<T> implements TableSource<T> {
  public DataSet<T> getDataSet(ExecutionEnvironment execEnv);
}
```

其中，BatchTableSource 本质上也是实现 DataSet 底层的 SourceFunction，如代码清单 7-17 所示，通过实例化 BatchTableSource 完成对外部批量数据的接入，然后在 Table API 中应用之后定义好的 BatchTableSource。

代码清单 7-17　自定义实现 BatchTableSource 的接口完成批量数据接入

```scala
// 创建 InputEventSource
class InputBatchSource extends BatchTableSource[Row] {
  // 定义结果类型信息
  override def getReturnType = {
    val names = Array[String]("id", "value")
    val types = Array[TypeInformation[_]](Types.STRING, Types.LONG)
    Types.ROW(names, types)
  }
  // 获取 DataSet 数据集
  override def getDataSet(execEnv: ExecutionEnvironment): DataSet[Row] = {
    // 从外部系统中读取数据
    val inputDataSet = execEnv.createInput(...)
    val dataSet: DataSet[Row] = inputDataSet.map(t => Row.of(t._1, t._2))
    dataSet
  }
  // 定义 TableSchema 信息
  override def getTableSchema: TableSchema = {
    val names = Array[String]("id", "value")
    val types = Array[TypeInformation[_]](Types.STRING, Types.LONG)
    new TableSchema(names, types)
  }}}
```

BathTableSource 和 StreamTableSource 的使用方式一样，也需要在 TableEnvironment 中注册已经创建好的 TableSource 信息，然后就可以在 Table API 或 SQL 中使用 TableSource 对应的表结构。

7.5.2　TableSink 定义

与 TableSource 接口定义相似，TableSink 接口的主要功能是将 Table 中的数据输出到外部系统中。如代码清单 7-18 所示 TableSink 接口中主要包含 getOutputType、getFieldNames、getFieldTypes 和 configure 四个方法。其中，getOutputType 定义了输出的数据类型，且类型必须是 TypeInformation 所支持的类型；getFieldNames 方法定义了当前 Table 中的字段名称；getFieldTypes 方法和 getFieldNames 对应，返回了 Table 中字段的数据类型；configure 方法则定义了输出配置，其中 fieldNames 定义了输出字段名称，fieldTypes 定义了输出数据类型。

代码清单 7-18　TableSink 接口定义

```
TableSink<T> {
  public TypeInformation<T> getOutputType();
  public String[] getFieldNames();
  public TypeInformation[] getFieldTypes();
   public TableSink<T> configure(String[] fieldNames, TypeInformation[] fieldTypes);
  }
```

在 TableSink 接口中，分别通过 BatchTableSink 和 StreamingTableSink 两个子接口定义和实现对批数据和流数据的输出功能。

1. StreamTableSink

可以通过实现 StreamTableSink 接口将 Table 中的数据以流的形式输出。在 StreamTableSink 接口中 emitDataStream 方法定义了 Table 中输出数据的逻辑，实际是将 DataStream 数据集发送到对应的存储系统中。另外根据 Table 中数据记录更新的方式不同，将 StreamTableSink 分为 AppendStreamTableSink、RetractStreamTableSink 以及 UpsertStreamTableSink 三种类型。

（1）AppendStreamTableSink

AppendStreamTableSink 只输出在 Table 中所有由于 INSERT 操作所更新的记录，对于类似于 DELTE 操作更新的记录则不输出。如果用户同时输出了 INSERT 和 DELETE 操作的数据，则系统会抛出 TableException 异常信息。AppendStreamTableSink 接口定义如下。

```
AppendStreamTableSink<T> implements TableSink<T> {
  public void emitDataStream(DataStream<T> dataStream);
}
```

（2）RetractStreamTableSink

RetractStreamTableSink 同时输出 INSERT 和 DELETE 操作更新的记录，输出结果会被转换为 Tuple2< Boolean, T> 的格式。其中，Boolean 类型字段用于对结果进行标记，如果是 INSERT 操作更新的记录则标记为 true，反之 DELETE 操作更新的记录则标记为 false；第二个字段为具体的输出数据。和 AppendStreamTableSink 相比 RetractStreamTableSink 则更加灵活，可以将全部操作更新的数据输出，并把筛选和处理的逻辑交给用户控制。RetractStreamTableSink 接口定义如以下代码所示，接口中包括

getRecordType 和 emitDataStream 两个方法，getRecordType 主要返回输出数据集对应的数据类型，emitDataStream 定义数据输出到外部系统的逻辑。

```
RetractStreamTableSink<T> implements TableSink<Tuple2<Boolean, T>> {
  public TypeInformation<T> getRecordType();
  public void emitDataStream(DataStream<Tuple2<Boolean, T>> dataStream);
}
```

(3) UpsertStreamTableSink

和 RetractStreamTableSink 相比，UpsertStreamTableSink 增加了对与 UPDATE 操作对应的记录输出的支持。该接口能够输出 INSERT、UPDATE、DELETE 三种操作更新的记录。使用 UpsertStreamTableSink 接口，需要指定输出相应的唯一主键 keyFields，可以是单个字段的或者多个字段的组合，如果 KeyFields 不唯一且 AppendOnly 为 false 时，该接口中的方法会抛出 TableException。

```
UpsertStreamTableSink<T> implements TableSink<Tuple2<Boolean, T>> {
  // 指定对应的 keyFields,需要用户保持唯一性
    public void setKeyFields(String[] keys);
  // 设定 Table 输出模式是否为 AppendOnly
    public void setIsAppendOnly(boolean isAppendOnly);
  // 指定 Table 中的数据类型
    public TypeInformation<T> getRecordType();
  // 定义数据输出逻辑
    public void emitDataStream(DataStream<Tuple2<Boolean, T>> dataStream);
}
```

以上是 UpsertStreamTableSink 的接口定义，UpsertStreamTableSink 接口中 emitDataStream 方法中的输入数据集的格式为 Tuple2<Boolean,T> 类型、其中，第一个 Boolean 字段标记 UNPSERT 更新为 true，DELETE 字段更新为 false；第二个字段为类型 T 的输出数据记录。

2. BatchTableSink

BatchTableSink 接口主要用于对批量数据的输出，和 StreamTableSink 不同的是，该接口底层操作的是 DataSet 数据集。BatchTableSink 中没有区分是 INSERT 还是 DELETE 等操作更新的数据，而是全部都统一输出。BatchTableSink 接口定义如下。在 BatchTableSink 接口中通过实现 emitDataSet 方法定义 DataSet<T> 数据集来输出外部系统的逻辑。

```
BatchTableSink<T> implements TableSink<T> {
   public void emitDataSet(DataSet<T> dataSet);
}
```

7.5.3 TableFactory 定义

TableFactory 主要作用是将事先定义好的 TableSource 和 TableSink 实现类封装成不同的 Factory，然后通过字符参数进行配置，这样在 Table API 或 SQL 中就可以使用配置参数来引用定义好的数据源。TableFactory 使用 Java 的 SPI 机制为 TableFactory 来寻找接口实现类，因此需要保证在 META-INF/services/ 资源目录中包含所有与 TableFactory 实现类对应的配置列表，所有的 TableFactory 实现类都将被加载到 Classpath 中，然后应用中就能够通过使用 TableFactory 来读取输出数据集在 Flink 集群启动过程。

TableFactory 接口定义中包含 requiredContext 和 supportedProperties 两个方法，其中 requiredContext 定义了当前实现的 TableFactory 中的 Context 上下文，同时通过 Key-Value 的方式来标记 TableFactory，例如 connector.type=dev-system，Flink 应用中配置参数需要和 Context 具有相同的 Key-Value 参数才能够匹配到 TableSource 并使用，否则不会匹配相应的 TableFactory 实现类。在 supportedProperties 方法中定义了当前 TableFactory 中需要使用到的参数，如果 Flink 应用中配置的参数不属于当前的 TableFactory，便会抛出异常。需要注意的是，Context 参数中的 Key 不能和 supportedProperties 参数名称相同。如代码清单 7-19 所示，通过定义 SocketTableSourceFactory 实现类，完成从 Socket 端口中接入数据，并在 Table API 或 SQL Client 使用。

代码清单 7-19　自定义实现 SocketTableSourceFactory

```scala
class SocketTableSourceFactory extends StreamTableSourceFactory[Row] {
  // 指定 TableFactory 上下文参数
    override def requiredContext(): util.Map[String, String] = {
      val context = new util.HashMap[String, String]()
      context.put("update-mode", "append")
      context.put("connector.type", "dev-system")
      context
  }
    // 指定 TableFactory 用于处理的参数集合
  override def supportedProperties(): util.List[String] = {
      val properties = new util.ArrayList[String]()
      properties.add("connector.host")
      properties.add("connector.port")
      properties
  }
      // 创建 SocketTableSource 实例
        override def createStreamTableSource(properties: util.Map[String,
String]): StreamTableSource[Row] = {
```

```
    val socketHost = properties.get("connector.host")
    val socketPort = properties.get("connector.port")
    new SocketTableSource(socketHost, socketPort)
  }
}
```

1. 在 SQL Client 中使用 TableFactory

SQL Client 能够支持用户在客户端中使用 SQL 编写 Flink 应用，从而可以在 SQL Client 中查询记录实现和定义好的 SocketTableSource 中数据的数据源，可以通过代码清单 7-20 的配置文件进行配置。

代码清单 7-20　TableFactory SQL Client Yaml 配置

```
tables:
- name: SocketTable
  type: source  // 指定 Table 类型是 source 还是 sink
  update-mode: append
  connector:
    type: dev-system
    host: localhost
    port: 10000
```

配置文件通过 Yaml 文件格式进行配置，需要放置在 SQL Client environment 文件中，文件中的配置项将直接被转换为扁平的字符配置，然后传输给相应的 TableFactory。注意，需要将对应的 TableFactory 事先注册至 Flink 执行环境中，然后才能将配置文件项传递给对应的 TableFactory，进而完成数据源的构建。

2. 在 Table & SQL API 中使用 TableFactory

如果用户想在 Table & SQL API 中使用 TableFactory 定义的数据源，也需要将对应的配置项传递给对应的 TableFactory。为了安全起见，Flink 提供了 ConnectorDescriptor 接口让用户定义连接参数，然后转换成字符配置项，具体的实现方式如代码清单 7-21 所示。

代码清单 7-21　通过 ConnectorDescriptor 定义 MySocketConnector

```
class MySocketConnector(host:String,port:String) extends
  ConnectorDescriptor("dev-system", 1, false) {
  override protected def toConnectorProperties(): Map[String, String] = {
    val properties = new HashMap[String, String]
    properties.put("connector.host", host)
    properties.put("connector.port", port)
    properties
  }}
```

创建 MySocketConnector 之后，在 Table & SQL API 中通过 ConnectorDescriptor 连接 Connector，然后调用 registerTableSource 将对应的 TableSource 注册到 TableEnvironment 中。接下来就可以在 Table & SQL API 中正式使用注册的 Table，以完成后续的数据处理。

```
val tableEnv: StreamTableEnvironment = // ...
tableEnv.connect(new MySocketConnector("localhost","10000"))
  .inAppendMode()
  .registerTableSource("MySocketTable")
```

7.6 本章小结

本章重点介绍了 Flink Table API & SQL 的使用，在 7.1 节中介绍了 Flink Table & SQL API 开发环境主要基本操作，其中包括对数据源、函数等信息的注册等。7.2 节中重点介绍了 Flink Table API 的使用方式，包括聚合、多表关联、窗口计算等常用的数据操作。7.3 节中重点介绍了 Flink SQL API 的使用，让用户可以通过 SQL 来构建 Flink 应用。7.4 节中介绍了如何在 Table API & SQL 中使用自定义函数，其中自定义函数包括 Scalar Function、Table Function、Aggregation Function 等常用的函数类型，然后在 Table API & SQL 中使用自定义函数。7.5 节介绍了如何通过自定义 TableSource 和 TableSink 完成与外部系统数据源的对接并通过 TableFactory 对 TableSoure 和 TableSink 进行封装并利用配置调用相应的数据源。

Chapter 8 第 8 章

Flink 组件栈介绍与使用

通过对前面章节的学习,我们对 Flink 的基本编程接口有了一定的认识和了解,在本章将重点介绍 Flink 在不同的应用领域中所提供的组件栈,其中包括构建复杂事件处理应用的 FlinkCEP 组件栈,构建机器学习应用的 FlinkML 组件栈,以及构建图计算应用的 Gelly 组件栈。这些组件栈本质上都是构建在 DataSet 或 DataStream 接口之上的,其主要目的就是方便用户构建不同应用领域的应用。

8.1 Flink 复杂事件处理

复杂事件处理(CEP)是一种基于流处理的技术,将系统数据看作不同类型的事件,通过分析事件之间的关系,建立不同的事件关系序列库,并利用过滤、关联、聚合等技术,最终由简单事件产生高级事件,并通过模式规则的方式对重要信息进行跟踪和分析,从实时数据中发掘有价值的信息。复杂事件处理主要应用于防范网络欺诈、设备故障检测、风险规避和智能营销等领域。目前主流的 CEP 工具有 Esper、Jboss Drools 和商业版的 MicroSoft StreamInsight 等,Flink 基于 DataStrem API 提供了 FlinkCEP 组件栈,专门用于对复杂事件的处理,帮助用户从流式数据中发掘有价值的信息。

8.1.1 基础概念

1. 环境准备

在使用 FlinkCEP 组件之前，需要将 FlinkCEP 的依赖库引入项目工程中。与 FlinkCEP 对应的 Maven Dependence 如下（将如下配置添加到本地 Maven 项目工程的 Pom.xml 文件中即可）。

```
<dependency>
  <groupId>org.apache.flink</groupId>
  <artifactId>flink-cep-scala_2.11</artifactId>
  <version>1.7.2</version>
</dependency>
```

2. 基本概念

（1）事件定义

- 简单事件：简单事件存在于现实场景中，主要的特点为处理单一事件，事件的定义可以直接观察出来，处理过程中无须关注多个事件之间的关系，能够通过简单的数据处理手段将结果计算出来。例如通过对当天的订单总额按照用户维度进行汇总统计，超过一定数量之后进行报告。这种情况只需要计算每个用户每天的订单金额累加值，达到条件进行输出即可。
- 复杂事件：相对于简单事件，复杂事件处理的不仅是单一的事件，也处理由多个事件组成的复合事件。复杂事件处理监测分析事件流 (Event Streaming)，当特定事件发生时来触发某些动作。

（2）事件关系

复杂事件中事件与事件之间包含多种类型关系，常见的有时序关系、聚合关系、层次关系、依赖关系及因果关系等。

- 时序关系：动作事件和动作事件之间，动作事件和状态变化事件之间，都存在时间顺序。事件和事件的时序关系决定了大部分的时序规则，例如 A 事件状态持续为 1 的同时 B 事件状态变为 0 等。
- 聚合关系：动作事件和动作事件之间，状态事件和状态事件之间都存在聚合关系，即个体聚合形成整体集合。例如 A 事件状态为 1 的次数为 10 触发预警。
- 层次关系：动作事件和动作事件之间，状态事件和状态事件之间都存在层次关系，即父类事件和子类事件的层次关系，从父类到子类是具体化的，从子类到父类是泛化的。

- 依赖关系：事物的状态属性之间彼此的依赖关系和约束关系。例如 A 事件状态触发的条件前提是 B 事件触发，则 A 与 B 事件之间就形成了依赖关系。
- 因果关系：对于完整的动作过程，结果状态为果，初始状态和动作都可以视为原因。例如 A 事件状态的改变导致了 B 事件的触发，则 A 事件就是因，而 B 事件就是果。

（3）事件处理

复杂事件处理的目的是通过相应的规则对实时数据执行相应的处理策略，这些策略包括了推断、查因、决策、预测等方面的应用。

- 事件推断：主要利用事物状态之间的约束关系，从一部分状态属性值可以推断出另一部分的状态属性值。例如由三角形一个角为 90 度及另一个角为 45 度，可以推断出第三个角为 45 度。
- 事件查因：当出现结果状态，并且知道初始状态，可以查明某个动作是原因；同样当出现结果状态，并且知道之前发生了什么动作，可以查明初始状态是原因。当然反向的推断要求原因对结果来说必须是必要条件。
- 事件决策：想得到某个结果状态，知道初始状态，决定执行什么动作。该过程和规则引擎相似，例如某个规则符合条件后触发行动，然后执行报警等操作。
- 事件预测：该种情况知道事件初始状态，以及将要做的动作，预测未发生的结果状态。例如气象局根据气象相关的数据预测未来的天气情况等。

8.1.2 Pattern API

FlinkCEP 中提供了 Pattern API 用于对输入流数据的复杂事件规则定义，并从事件流中抽取事件结果。如代码清单 8-1 所示，通过使用 Pattern API 构建 CEP 应用程序，其中包括输入事件流的创建，以及 Pattern 接口的定义，然后通过 CEP.pattern 方法将定义的 Pattern 应用在输入的 Stream 上，最后使用 PatternStream.select 方法获取触发事件结果。以下实例是将温度大于 35 度的信号事件抽取出来，并产生事件报警，最后将结果输出到外部数据集中。

代码清单 8-1　Pattern 接口应用实例

```
// 创建输入事件流
val inputStream: DataStream[Event] = ...
// 定义 Pattern 接口
val pattern = Pattern
```

```
  .begin[Event]("start")
  .where(_.getType == "temperature")
  .next("middle")
  .subtype(classOf[TempEvent])
  .where(_.getTemp >= 35.0)
  .followedBy("end")
  .where(_.getName == "end")
// 将创建好的 Pattern 应用在输入事件流上
val patternStream = CEP.pattern(inputStream, pattern)
// 获取触发事件结果
val result: DataStream[Result] = patternStream.select(getResult(_))
```

1. 模式定义

个体 Pattern 可以是单次执行模式，也可以是循环执行模式。单词执行模式一次只接受一个事件，循环执行模式可以接收一个或者多个事件。通常情况下，可以通过指定循环次数将单次执行模式变为循环执行模式。每种模式能够将多个条件组合应用到同一事件之上，条件组合可以通过 where 方法进行叠加。

个体 Pattern 都是通过 begin 方法定义的，例如以下通过 Pattern.begin 方法定义基于 Event 事件类型的 Pattern，其中 <start_pattern> 是指定的 PatternName 象。

```
val start = Pattern.begin[Event]("start_pattern")
```

下一步通过 Pattern.where() 方法在 Pattern 上指定 Condition，只有当 Condition 满足之后，当前的 Pattern 才会接受事件。

```
start.where(event => event.getType == "temperature")
```

（1）指定循环次数

对于已经创建好的 Pattern，可以指定循环次数，形成循环执行的 Pattern，且有 3 种方式来指定循环方式。

❑ times：可以通过 times 指定固定的循环执行次数。

```
// 指定循环触发 4 次
start.times(4);
// 可以执行触发次数范围，让循环执行次数在该范围之内
start.times(2, 4);
```

❑ optional：也可以通过 optional 关键字指定要么不触发要么触发指定的次数。

```
start.times(4).optional();
start.times(2, 4).optional();
```

- greedy：可以通过 greedy 将 Pattern 标记为贪婪模式，在 Pattern 匹配成功的前提下，会尽可能多地触发。

```
// 触发 2、3、4 次，尽可能重复执行
start.times(2, 4).greedy();
// 触发 0、2、3、4 次，尽可能重复执行
start.times(2, 4).optional().greedy();
```

- oneOrMore：可以通过 oneOrMore 方法指定触发一次或多次。

```
// 触发一次或者多次
start.oneOrMore();
// 触发一次或者多次，尽可能重复执行
start.oneOrMore().greedy();
// 触发 0 次或者多次
start.oneOrMore().optional();
// 触发 0 次或者多次，尽可能重复执行
start.oneOrMore().optional().greedy();
```

- timesOrMor：通过 timesOrMore 方法可以指定触发固定次数以上，例如执行两次以上。

```
// 触发两次或者多次
start.timesOrMore(2);
// 触发两次或者多次，尽可能重复执行
start.timesOrMore(2).greedy();
// 不触发或者触发两次以上，尽可能重复执行
start.timesOrMore(2).optional().greedy();
```

（2）定义模式条件

每个模式都需要指定触发条件，作为事件进入到该模式是否接受的判断依据，当事件中的数值满足了条件时，便进行下一步操作。在 FlinkCFP 中通过 pattern.where()、pattern.or() 及 pattern.until() 方法来为 Pattern 指定条件，且 Pattern 条件有 Iterative Conditions、Simple Conditions 及 Combining Conditions 三种类型。

- 迭代条件：Iterative Conditions 能够对前面模式所有接收的事件进行处理，根据接收的事件集合统计出计算指标，并作为本次模式匹配中的条件输入参数。如代码清单 8-2 所示，通过 subtype 将 Event 事件转换为 TempEvent，然后在 where 条件中通过使用 ctx.getEventsForPattern(...) 方法获取"middle"模式所有接收的 Event 记录，并基于这些 Event 数据之上对温度求取平均值，然后判断当前事件的温度是否小于平均值。

代码清单 8-2　Pattern 中定义迭代条件

```
middle.oneOrMore()
  .subtype(classOf[TempEvent])
  .where(
    (value, ctx) => {
      lazy val avg = ctx.getEventsForPattern("middle").map(_.getValue).avg
      value.getName.startsWith("condition") && value.getPrice < avg
        }
    )
```

- 简单条件：Simple Condition 继承于 Iterative Condition 类，其主要根据事件中的字段信息进行判断，决定是否接受该事件。如以下代码将 Sensor 事件中 Type 为 temperature 的事件筛选出来。

```
start.where(event => event.getType == "temperature"))
```

可以通过 subtype 对事件进行子类类型转换，然后在 where 方法中针对子类定义模式条件。

```
start.subtype(classOf[TempEvent]).where(tempEvent => event.getValue > 10)
```

- 组合条件：组合条件是将简单条件进行合并，通常情况下也可以使用 where 方法进行条件的组合，默认每个条件通过 AND 逻辑相连。如果需要使用 OR 逻辑，如以下代码直接使用 or 方法连接条件即可。

```
pattern.where(event => event.getName.startWith("foo").or(event =>
event.getType == "temperature")
```

- 终止条件

如果程序中使用了 oneOrMore 或者 oneOrMore().optional() 方法，则必须指定终止条件，否则模式中的规则会一直循环下去，如下终止条件通过 until() 方法指定。

```
pattern.oneOrMore().until(event => event.getName == "end")
```

> **注意**　需要注意的是，在上述迭代条件中通过调用 ctx.getEventsForPattern("middle") 的过程中，成本相对较高，会产生比较大的性能开销，因此建议用户尽可能少地使用该方式。

2. 模式序列

将相互独立的模式进行组合然后形成模式序列。模式序列基本的编写方式和独立模式一致,各个模式之间通过邻近条件进行连接即可,其中有严格邻近、宽松邻近、非确定宽松邻近三种邻近连接条件。如以下代码所示,每个 Pattern sequence 都必须要有 begin Pattern。

```
val start : Pattern[Event, _] = Pattern.begin("start")
```

(1)严格邻近

严格邻近条件中,需要所有的事件都按照顺序满足模式条件,不允许忽略任意不满足的模式。如下代码所示,在 start Pattern 后使用 next 方法指定下一个 Pattern,生成严格邻近的 Pattern。

```
val strict: Pattern[Event, _] = start.next("middle").where(...)
```

(2)宽松邻近

在宽松邻近条件下,会忽略没有成功匹配模式条件,并不会像严格邻近要求得那么高,可以简单理解为 OR 的逻辑关系。如下代码所示稀松邻近条件通过 followby 方法指定。

```
val relaxed: Pattern[Event, _] = start.followedBy("middle").where(...)
```

(3)非确定宽松邻近

和宽松邻近条件相比,非确定宽松邻近条件指在模式匹配过程中可以忽略已经匹配的条件。如以下代码实例,非确定宽松邻近条件通过 followedByAny 方法指定。

```
val nonDetermin: Pattern[Event, _] = start.followedByAny("middle").where(...)
```

除了上述条件之外,FlinkCEP 还提供了 notNext()、NotFollowBy() 等连接条件,其中 notNext() 表示不想让某一模式紧跟在另外一个模式之后发生,NotFollowBy() 则强调不想让某一模式触发夹在两个模式之间触发。注意模式序列不能以 NotFollowBy() 结尾,且 Not 类型的模式不能和 optional 关键字同时使用。

3. 模式组

模式序列可以作为 begin、followedBy、followedByAny 及 next 等连接条件的输入参数从而形成模式组,在 GoupPattern 上可以指定 oneOrMore、times、optional 等循环条件,应用在 GoupPattern 中的模式序列上,每个模式序列完成自己内部的条件匹配,最后在模式组层面对模型序列结果进行汇总。如代码清单 8-3 所示,首先通过 Pattern 的 begin 方法创建 start GroupPattern,其包含一个模式序列,然后通过 next 条件创建严格邻近模式组 next，并设定循环的次数为 3。

代码清单 8-3　模式组代码实例

```
// 创建 GroupPattern
val start: Pattern[Event, _] =
Pattern.begin(   Pattern.begin[Event]("start").where(...).followedBy("start_middle").where(...)
)
// 严格邻近模式组（next）
val strict: Pattern[Event, _] = start.next(
Pattern.begin[Event]("next_start").where(...).followedBy("next_middle").where(...)
).times(3)// 指定循环 3 次
```

4.AfterMatchSkipStrategy

在给定的 Pattern 中，当同一事件符合多种模式条件组合之后，需要指定 AfterMatchSkipStrategy 策略以处理已经匹配的事件。在 AfterMatchSkipStrategy 配置中有四种事件处理策略，分别为 NO_SKIP、SKIP_PAST_LAST_EVENT、SKIP_TO_FIRST 及 SKIP_TO_LAST。每种策略的定义和使用方式如以下说明，其中 SKIP_TO_FIRST 和 SKIP_TO_LAST 在定义过程中需要指定有效的 PatternName。

- NO_SKIP：该策略表示将所有可能匹配的事件进行输出，不忽略任何一条。

```
AfterMatchSkipStrategy.noSkip()
```

- SKIP_PAST_LAST_EVENT：该策略表示忽略从模式条件开始触发到当前触发 Pattern 中的所有部分匹配的事件。

```
AfterMatchSkipStrategy.skipPastLastEvent()
```

- SKIP_TO_FIRST：该策略表示忽略第一个匹配指定 PatternName 的 Pattern 其之前的部分匹配事件。

```
AfterMatchSkipStrategy.skipToFirst(patternName)
```

- SKIP_TO_LAST：该策略表示忽略最后一个匹配指定 PatternName 的 Pattern 之前的部分匹配事件。

```
AfterMatchSkipStrategy.skipToLast(patternName)
```

- SKIP_TO_NEXT：该策略表示忽略指定 PatternName 的 Pattern 之后的部分匹配事件。

```
AfterMatchSkipStrategy.skipToNext(patternName)
```

选择完 AfterMatchSkipStrategy 之后,可以在创建 Pattern 时,通过 begin 方法中指定 skipStrategy,然后就可以将 AfterMatchSkipStrategy 应用到当前的 Pattern 中。

```
val skipStrategy = ...
Pattern.begin("patternName", skipStrategy)
```

8.1.3 事件获取

对于前面已经定义的模式序列或模式组,需要和输入数据流进行结合,才能发现事件中潜在的匹配关系。如以代码实例所示 FlinkCEP 提供了 CEP.pattern 方法将 DataStream 和 Pattern 应用在一起,得到 PatternStream 类型的数据集,且后续事件数据获取都基于 PatternStream 进行。另外可以选择创建 EventComparator,对传入 Pattern 中的事件进行排序,当 Event Time 相等或者同时到达 Pattern 时,EventComparator 中定义的排序策略可以帮助 Pattern 判断事件的先后顺序。

```
// 创建 Input Stream
val inputEvent : DataStream[Event] = ...
// 定义 Pattern
val pattern = Pattern.begin[Event]("start_pattern").where(...)
// 创建 EventComparator (可选)
var comparator : EventComparator[Event] = ...
// 使用 CEP.pattern 方法将三者应用在一起,产生 PatternStream
val patternStream: PatternStream[Event] = CEP.pattern(inputEvent, pattern, comparator)
```

当可以 CEP.pattern 方法被执行后,会生成 PatternStream 数据集,该数据集中包含了所有的匹配事件。目前在 FlinkCEP 中提供 select 和 flatSelect 两种方法从 PatternStream 提取事件结果。

1. 通过 Select Function 抽取正常事件

可以通过在 PatternStream 的 Select 方法中传入自定义 Select Function 完成对匹配事件的转换与输出。其中 Select Function 的输入参数为 Map[String, Iterable[IN]],Map 中的 key 为模式序列中的 Pattern 名称,Value 为对应 Pattern 所接受的事件集合,格式为输入事件的数据类型。需要注意,Select Function 将会在每次调用后仅输出一条结果。如以下代码通过创建 selectFn 从 PatternStream 中分别提取 start_pattern 和 middle 对应的 Pattern 所匹配的事件。

```
def selectFunction(pattern : Map[String, Iterable[IN]]): OUT = {
  // 获取 pattern 中的 startEvent
  val startEvent = pattern.get("start_pattern").get.next
    // 获取 Pattern 中 middleEvent
    val middleEvent = pattern.get("middle").get.next
    // 返回结果
    OUT(startEvent, middleEvent)
}
```

2. 通过 Flat Select Function 抽取正常事件

Flat Select Function 和 Select Function 相似,不过 Flat Select Function 在每次调用可以返回任意数量的结果。因为 Flat Select Function 使用 Collector 作为返回结果的容器,可以将需要输出的事件都放置在 Collector 中返回。如以下代码所示,定义了 flatSelectFn 根据 startEvent 中的 Value 数量返回 StartEvent 和 middleEvent 的合并结果。

```
def flatSelectFn(pattern : Map[String, Iterable[IN]], collector :
Collector[OUT]) = {
    // 获取 pattern 中 startEvent
  val startEvent = pattern.get("start_pattern").get.next
    // 获取 Pattern 中 middleEvent
  val middleEvent = pattern.get("middle").get.next
    // 并根据 startEvent 的 Value 数量进行返回
  for (i <- 0 to startEvent.getValue) {
    collector.collect(OUT(startEvent, middleEvent))
  }
}
```

此外对于 Pattern 中的触发事件,如果没有及时处理或者超过了 Pattern within 关键字设定的时间限制,就会成为超时事件。例如对系统的性能进行排查或者单独处理超时事件,就需要获取超时事件。在 Pattern API 中提供了 select 和 flatSelect 两个方法获取超时事件,和前面获取正常事件的 select 和 flatSelect 方法相似,但是这里使用的是 Scala 的偏函数,函数中定义了超时事件的处理器,该处理器会根据事件的时间判断事件是否发生超时。

3. 通过 Select Function 抽取超时事件

如以下代码通过 PatternStream.Select 方法分别获取超时事件和正常事件。首先需要创建 OutputTag 来标记超时事件,然后在 PatternStream.select 方法中使用 OutputTag,就可以将超时事件从 PatternStream 中抽取出来。

```
// 通过 CEP.pattern 方法创建 PatternStream
```

```
val patternStream: PatternStream[Event] = CEP.pattern(input, pattern)
// 创建 OutputTag, 并命名为 timeout-output
val timeoutTag = OutputTag[String]("timeout-output")
// 调用 PatternStream select() 并指定 timeoutTag
val result: SingleOutputStreamOperator[NormalEvent] =
patternStream.select(timeoutTag){
// 超时事件获取
  (pattern: Map[String, Iterable[Event]], timestamp: Long) =>
    TimeoutEvent()// 返回异常事件
} {
// 正常事件获取
  pattern: Map[String, Iterable[Event]] =>
    NormalEvent()// 返回正常事件
}
// 调用 getSideOutput 方法, 并指定 timeoutTag 将超时事件输出
val timeoutResult: DataStream[TimeoutEvent] = result.getSideOutput(timeoutTag)
```

4. 通过 Flat Select Function 抽取超时事件

如以下代码一通过使用 PatternStream 的 FlatSelect 方法。也获取超时事件和正常事件。和 Select 方法不同，FlatSelect 可以在每次返回中获取任意条事件数据。

```
// 通过 CEP.pattern 方法创建 PatternStream
val patternStream: PatternStream[Event] = CEP.pattern(input, pattern)
// 创建 OutputTag, 并命名为 timeout-output
val outputTag = OutputTag[String](" timeout-output")
  // 调用 PatternStream flatSelect () 并指定 timeoutTag
val result: SingleOutputStreamOperator[NormalEvent] =
  patternStream.flatSelect(timeoutTag){
  // 超时事件获取
(pattern:Map[String,Iterable[Event]],timestamp:Long,out:Collector[TimeoutEvent])=>
    out.collect(TimeoutEvent())
} {
// 正常事件获取
(pattern: mutable.Map[String, Iterable[Event]], out:Collector[NormalEvent]) =>
    out.collect(NormalEvent())
}
val timeoutResult: DataStream[NormalEvent] = result.getSideOutput(outputTag)
```

8.1.4 应用实例

基于前面的 FlinkCEP 复杂事件处理技术，可以通过完整实例对 FlinkCEP 的使用方式进行整合。如代码清单 8-4 所示，首先初始化事件流，然后创建 Pattern，并对模式设定超时限制，最后调用 PatternStream select() 方法将符合条件的 startEvent 事件筛选出来，

整个实例就是一个简单的 FlinkCEP 应用。

代码清单 8-4　FlinkCEP 使用实例场景

```scala
val env = StreamExecutionEnvironment.getExecutionEnvironment
// 设定时间概念属性
env.setStreamTimeCharacteristic(TimeCharacteristic.EventTime)
// 创建输入事件流
val input: DataStream[Event] = env.fromElement(...)
// 根据 ID 分区
val partitionedInput = input.keyBy(event => event.getId)
  // 创建 Pattern
    val pattern = Pattern.begin[Event]("start")
  .next("middle").where((event, ctx) => event.getType == "temperature")
    .followedBy("end").where((event, ctx) => event.getId >= 1000)
  // 指定超时限制
    .within(Time.seconds(10))
// 通过 CEP.pattern 方法创建 PatternStream
val patternStream: PatternStream[Event] = CEP.pattern(input, pattern)
// 调用 PatternStream select()
val result: DataStream[Event] =
    patternStream.select(event => selectFn(event))
// 创建 selectFn,将触发的 startEvent 筛选出来
def selectFn(pattern: Map[String, Iterable[Event]]): Event = {
  // 获取 pattern 中的 startEvent
  val startEvent = pattern.get("start").iterator.next().toList(0)
  startEvent
}
```

8.2　Flink Gelly 图计算应用

早在 2010 年,Google 就推出了著名的分布式图计算框架 Pregel,之后 Apache Spark 社区也推出 GraphX 等图计算组件库,以帮助用户有效满足图计算领域的需求。Flink 则通过封装 DataSet API,形成图计算引擎 Flink Gelly。同时 Gelly 中的 Graph API,基本涵盖了从图创建,图转换到图校验等多个方面的图操作接口,让用户能够更加简便高效地开发图计算应用。本节将重点介绍如何通过 Flink Gelly 组件库来构建图计算应用。

8.2.1　基本概念

1. 环境准备

在使用 Flink Gelly 组件库之前,需要将 Flink Gelly 依赖库添加到工程中。用户如果使用 Maven 作为项目管理工具,需要在本地工程的 Pom.xml 文件中添加如下 Maven

Dependency 配置。

```xml
<dependency>
  <groupId>org.apache.flink</groupId>
  <artifactId>flink-gelly_2.11</artifactId>
  <version>1.7.0</version>
</dependency>
```

对于使用 Scala 语言开发 Flink Gelly 应用的用户，需要添加如下 Maven Dependency 配置。

```xml
<dependency>
  <groupId>org.apache.flink</groupId>
  <artifactId>flink-gelly-scala_2.11</artifactId>
  <version>1.7.0</version>
</dependency>
```

2. 数据结构

图是通过边和顶点构成的，边和顶点在 Flink Gelly 中基于 DataSet 数据集构建，一个顶点具有 ID 和 Value 两个属性，且顶点 ID 必须保持唯一同时实现了 Comparable 接口，Value 可以为任何数据类型，也可以通过 NullValue 表示为空。

```scala
// 创建顶点
val v = new Vertex(1001, "foo")
// 创建空值顶点
val v = new Vertex(1001, NullValue.getInstance())
```

顶点创建完毕之后，就可以通过边将顶点关联起来，然后形成 Graph。在 Gelly 中，边的结构用 Edge 数据结构表示，每条边需要指定 Source 顶点 ID 和 Target 顶点 ID，以及边的权重 Value。

```scala
// 创建边的结构，指定 SourceID、TargetID 及 Value
val edge = new Edge(1L, 2L, 0.5)
// 将边进行反转
val reversed = edge.reverse
```

边上的顶点对应的数据类型必须要和创建好的顶点数据类型保持一致，且一条边总是由一个 Source 顶点指向一个 Target 顶点，不存在一个 Edge 中有多个顶点的情况。

8.2.2 Graph API

Graph API 则是 Gelly 构建在 DataSet API 之上的更高级 API，主要功能是降低使用 Flink 编写图计算应用的成本。在 Graph API 中提供了非常丰富的图操作接口，例如对图的生成、转换以及修改等，以下分别介绍 Graph API 中提供的主要图操作接口。

1. Graph 创建

1）通过从 DataSet 数据集中构建 Graph

如以下代码首先构建 Vertex[String, Long] DataSet 数据集以及 Edge[String, Double] DataSet 数据集，然后通过 Graph.fromDataSet() 创建 Graph。

```
val env = ExecutionEnvironment.getExecutionEnvironment
//构建顶点集合
val vertices: DataSet[Vertex[String, Long]] = ...
//构建边的结合
val edges: DataSet[Edge[String, Double]] = ...
//将边和顶点通过 Graph.fromDataSet 方法整合，创建 Graph
val graph = Graph.fromDataSet(vertices, edges, env)
```

2）通过从 Collection 中构建 Graph

如以下代码所示，可以通过 Graph.fromCollection 方法，然后使用 Vertex 和 Edge 的本地集合来构建 Graph。

```
val env = ExecutionEnvironment.getExecutionEnvironment
  //创建顶点
  val vertices: List[Vertex[Long, Long]] = List[Vertex[Long, Long]](
    new Vertex[Long, Long](6L, 6L))
  //创建边
  val edges: List[Edge[Long, Long]] = List[Edge[Long, Long]](
    new Edge[Long, Long](6L, 1L, 61L))
  //创建图
  val graph = Graph.fromCollection(vertices, edges, env)
```

3）通过从 CSV 文件中构建 Graph

从 CSV 文件中构建 Graph 时，CSV 文件中需要包含顶点和边的数据，可以通过在 Graph.fromCsvReader 方法中分别指定 Vertices 的路径以及 Edges 的路径来获取顶点和边的数据。在读取 Edges 文件时，默认使用文件中第一个字段作为 Edges 的 Source 顶点，第二个字段为 Target 顶点，如果第三个字段有值，则作为 Edges 的 value，如果为空则填充为 NullValue。当然 Vertices 路径也可以不指定，默认由 Edges 中的顶点来构建 Vertices 数据集。

```
// 从 CSV 文件中创建 Graph，指定 Vertices 和 Edges 路径
  val graph = Graph.fromCsvReader[String, Long, Double](
    pathVertices = "path/vertex_file",
    pathEdges = "path/edge_file",
```

```
        env = env)
// 从 CSV 文件中创建 Graph, 不指定 Vertices 路径
  val simpleGraph = Graph.fromCsvReader[Long, NullValue, NullValue](
    pathEdges = "path/vertex_file ",
    env = env)
```

2. Graph 转换操作

1）Map

Flink Gelly 提供了 mapVertices 和 mapEdges 分别用于对 Graph 中 Vertices 和 Edges 的 Value 进行修改，在执行过程中，Vertice 和 Edge 中的 ID 不发生变化，Value 的转换逻辑在 map Function 中定义。如下代码所示，通过 Vertices DataSet 和 Edge DataSet 创建 Graph，然后使用 mapVertices 方法对 Graph 中 Vertices 的 Value 进行乘 10 操作，使得 Graph 中所有的顶点的 Value 都会比原来大 10 倍。

```
val env = ExecutionEnvironment.getExecutionEnvironment
val graph = Graph.fromDataSet(vertices, edges, env)
// 使用 mapVertices 方法对 Vertices 的 Value 进行转换
val updatedGraph = graph.mapVertices(v => v.getValue * 10)
```

2）Translate

Flink Gelly 提供的 Translate 方法能够对 Graph 中的 ID 以及顶点和边的 Value 进行类型的转换。如下代码所示，通过使用 translateGraphIds 方法将 Graph 中的 ID 类型从 Long 类型的 ID 转换为 String 类型的 ID，这样，Graph 中所有和边有关的 ID 类型将全部发生转换，在 Graph API 中同时提供了 translateVertexValues 与 translateEdgeValues 分别对顶点和边的 Value 进行类型转换。

```
val env = ExecutionEnvironment.getExecutionEnvironment
val graph = Graph.fromDataSet(vertices, edges, env)
// 将 Graph 中的 ID 转换为 String 类型
val updatedGraph = graph.translateGraphIds(id => id.toString)
```

3）Filter

Flink Gelly 中提供 filterOnEdges 和 filterOnVertices 方法，分别对边和顶点进行筛选操作。其中 filterOnEdges 方法对边进行过滤，将满足条件的边筛选出来形成子图。filterOnVertices 方法根据条件对顶点进行筛选，Edge 中的 Source 顶点或 Target 顶点有一个不符合条件，则过滤掉对应的 Edge，如果形成符合条件的子图。

```
val graph = Graph.fromDataSet(vertices, edges, env)
// 过滤 Edge 的 Value 大于 10 的 Graph
```

```
graph.filterOnEdges(edge => edge.getValue > 10)
// 过滤 Vertices 的 Value 小于 10 的 Graph
graph.filterOnVertices(vertex => vertex.getValue < 10)
```

除了可以使用 filterOnEdges 和 filterOnVertices 方法分别对 Graph 的边和顶点进行过滤之外，也可以使用 Graph 提供的 subgraph 方法对边和顶点进行过滤，如以下代码所示，将顶点值为正数和边值为负数的子图筛选出来。

```
graph.subgraph((vertex => vertex.getValue > 0), (edge => edge.getValue < 0))
```

4）Join

Flink Gelly 提供 Join 方法用于将 Vertex 或 Edge 中根据各自的 ID 与其他数据集关联，形成关联后的 Graph。其中 joinWithVertices 方法支持将 Vertices 与 Tuple2 类型的 DataSet 关联，关联主键是 VertexID 和 Tuple2 的第一个字段，结果类型根据函数返回值确定。

JoinWithEdges 是将 Edge 和数据类型为 Tuple3 的 DataSet 进行关联，Key 是 Souce 顶点和 Target 顶点的 ID，Tuple3 数据集合中包含两个顶点 ID 对应的 Key。而 joinWithEdgesOnSource 方法通过 Source 顶点关联 Tuple2 类型的 DataSet 数据集，主键为 Source Vertex ID 和 Tuple2 集合中第一个字段。同理 joinWithEdgesOnTarget 方法通过 Target 顶点和 Tuple2 类型的 DataSet 进行关联。

```
val graph: Graph[Long, Long, Long] = ...
val dataSet: DataSet[(Long, Long)] = ...
// 通过 joinWithEdgesOnSource 和 dataSet 数据集关联，并指定 Source 顶点的 Value 计算函数
val outputResult = graph.joinWithEdgesOnSource(dataSet, (v1: Long, v2: Long) => v1 + v2)
```

在使用 Join 图进行操作的过程中，如果关联的 DataSet 中含有多个相同的 key，则 Gelly 仅会关联第一条符合条件的记录，其他记录则不再进行关联。

5）Reverse

通过 Gelly 中的 reverse() 方法能够将 Graph 中所有的 Source 顶点和 Target 顶点进行位置交换，并形成新的 Graph。

```
val reverseGraph = graph.reverse()
```

6）Undirected

虽然在 Gelly 中所有被创建的 Graph 都是有向的，但 Flink Gelly 中提供了 getUndirected() 方法能够将 Graph 转换成无向图，其原理是增加从 Target 顶点指向 Source 顶点的边，从

而将有向图转换为无向图。

```
val undirectedGraph = graph.getUndirected()
```

7）Union

Gelly 中提供了 union() 方法对两个图结构完全相同的 Graph 进行合并。注意在合并的过程中，顶点和边都会进行判断，对于重复的顶点会进行去除，但对于重复的边则会选择保留。

```
val result: Graph[Long, Long, Long] = graph1.union(graph2)
```

8）Difference

Gelly 中提供的 difference() 方法从顶点和边对两个 Graph 进行对比，然后返回两个 Graph 中顶点和边均不相同的子图。

```
val result: Graph[Long, Long, Long] = graph1.difference(graph2)
```

9）Intersect

Intersect 方法是对两个 Graph 求取交集，也就是将两个 Graph 中边完全相同的子图抽取出来，要求每条边的 Source ID 和 Target ID 以及 Value 必须完全一样，然后才会被视为相同结构，方法详见代码清单 8-5 所示。

代码清单 8-5　Gelly Intersect 方法

```
// 获取两个 Graph 交集，并且将 distinctEdges 设定为 true, 去除重复的 Edges
val intersect = graph1.intersect(graph2, true)
// 获取两个 Graph 交集，并且将 distinctEdges 设定为 false, 不去除重复的 Edges
val intersect = graph1.intersect(graph2, false)
```

3. 图突变

Gelly 提供了对 Graph 结构进行修改的方法，包括增加和删除边和顶点等，这些操作会导致图的结构发生变化，故被称为图突变。

1）向图中添加单个顶点，如果顶点已经存在，则不会再添加。

```
graph.addVertex(vertex: Vertex[K, VV])
```

2）向图中添加多个顶点，如果顶点已经存在，则不会再添加。

```
graph.addVertices(verticesToAdd: List[Vertex[K, VV]])
```

3）向图中添加单条边，指定 Source 顶点、Target 顶点以及 edgeValue，如果图中不存在添加的顶点，边也会被添加到图中。

```
graph.addEdge(source: Vertex[K, VV], target: Vertex[K, VV], edgeValue: EV)
```

4）向图中添加多条边，如果边已经存在，则不再添加，如果图中不存在被添加的 edges 的顶点，边也会被添加到图中。

```
graph.addEdges(edges: List[Edge[K, EV]])
```

5）删除图中的顶点，同时删除该顶点的出度和入度对应的边。

```
graph.removeVertex(vertex: Vertex[K, VV])
```

6）删除图中的多个顶点，并且连带删除相关联的边。

```
graph.removeVertices(verticesToBeRemoved: List[Vertex[K, VV]])
```

7）删除图中给定 Edge 所有匹配的边，如果图中存在多个边被匹配到则全部删除。

```
graph.removeEdge(edge: Edge[K, EV])
```

8）删除图中给定 Edges 列表中所有匹配到的边，如果图中多个边被匹配到则全部删除。

```
graph.removeEdges(edgesToBeRemoved: List[Edge[K, EV]])
```

4. 邻方法

邻方法（Neighborhood methods）会基于顶点对每个顶点的邻近点或边进行聚合计算，例如 reduceOnEdges 是对每个顶点的邻近边进行聚合计算，需要用户实现 ReduceEdgesFunction 定义聚合逻辑，参数为顶点边的 Weight 值，并通过 EdgeDirection.IN/ OUT 多数来指定是对入度还是出度的边进行聚合。reduceOnNeighbors 方法是对每个顶点的邻近顶点进行聚合计算，需要用户实现 ReduceNeighborsFunction 完成聚合计算逻辑的定义，参数为每个邻近顶点的 Value。如以下代码所示，通过实现 ReduceEdgesFunction 实现统计图中每个顶点的所有出度边的最大权重。

```
val graph: Graph[Long, Long, Long] = ...
val maxWeights = graph.reduceOnEdges(new SelectMaxWeightFunction, EdgeDirection.OUT)
// 定义 ReduceEdgesFunction 实现对出度边的权重求和
final class SelectMaxWeightFunction extends ReduceEdgesFunction[Long] {
override def reduceEdges(firstEdgeValue: Long, secondEdgeValue: Long): Long = {
```

```
    Math.max(firstEdgeValue, secondEdgeValue)
  }}
```

如下代码通过实现 ReduceNeighborsFunction 将每个顶点邻近点的 Value 进行求和。

```
val verticesWithSum = graph.reduceOnNeighbors(new SumValuesFunction,
EdgeDirection.IN)
// 定义 ReduceEdgesFunction 实现对每个 Target 顶点邻近点的和
final class SumValuesFunction extends ReduceNeighborsFunction[Long] {
  override def reduceNeighbors(firstNeighbor: Long, secondNeighbor: Long):
Long = {firstNeighbor + secondNeighbor}}
```

5. 图校验

在使用创建好的 Graph 之前，一般需要对 Graph 的正确性进行检验，从而确保 Graph 可用。在 Gelly 中提供了 validate() 方法可以对 Graph 进行校验，方法的参数是 GraphValidator 接口实现类，通过实现 GraphValidator 中的 validate() 方法定义对 Graph 进行逻辑检验。同时 Flink 提供了默认的 GraphValidator 实现类 InvalidVertexIdsValidator，能够简单检测 Edges 中每条边的顶点 ID 是否全部存在于 Vertex 集合中，即所有 Edge 的 ID 必须都存在于 Vertices IDs 集合中，实现方式参考以下代码实例。

```
val env = ExecutionEnvironment.getExecutionEnvironment
// 创建顶点集合,IDs = {1, 2, 3}
val vertices: List[Vertex[Long, Long]] = ...
// 创建边的集合: IDs = {(1, 2) (1, 3), (2, 4)}
val edges: List[Edge[Long, Long]] = ...
val graph = Graph.fromCollection(vertices, edges, env)
// 检验图是否有效，返回 ID 为 4 的节点不合法
graph.validate(new InvalidVertexIdsValidator[Long, Long, Long])
```

8.2.3 迭代图处理

在图计算的过程中伴随着非常多的大规模迭代计算场景，例如求取有向图的最短路径等问题。而在 Gelly 中针对迭代图分别提供了 Vertex-Centric Iterations、Scatter-Gather Iterations、Gather-Sum-Apply Iterations 三种迭代计算方式，每种迭代方式中均使用到了不同的策略及优化手段，极大地增强了迭代类图计算应用的效率。

1.Vertex-Centric 迭代

Vertex-Centric 迭代是以顶点为中心进行迭代，在计算过程中会以顶点为中心分别计算每个顶点上的边或邻近顶点等指标。其中单次迭代的过程被称为 Supersteps，在每次

迭代中都会并行执行已经定义的 Function，同顶点和顶点之间通过 Message 进行通信，一个顶点可以向另外一个顶点发送信息，前提是这个顶点知道其他顶点的 ID。在使用 Vertex-Centric 迭代计算时，需要实现 ComputeFunction 接口，定义顶点的计算函数，然后将定义好的 ComputeFunction 传入 Graph 中的 runVertexCentricIteration 方法中，并通过 maxIterations 参数来指定最大迭代次数。另外也可以定义 MessageCombiner 方法对 Message 进行合并，从而降低 Message 在顶点之间的传输成本。

可通过配置 VertexCentricConfiguration 参数对 Vertex-Centric 迭代算法进行优化和调整，其中主要参数如表 8-1 所示。

表 8-1　VertexCentricConfiguration 参数配置

参数名称	参数说明	默认值
Name	对于本次迭代计算的名称，可用于在日志或者 messages 中对迭代进行区分	无
Parallelism	迭代计算的并行度，也就是在每次 superstep 中并行计算的线程数量，适度增加可以有效提升计算效率	1
Solution set in unmanaged memory	是否使用非管理内存存储 Solution set 数据集，参数为 True 代表使用，False 代表不使用	False
Aggregators	迭代累加器可以通过 registerAggregator() 进行注册，然后在 Compute Function 中使用，一个迭代累加器可以全局地统计每次 superstep 的指标，然后将结果传输至下一次 superstep	无
Broadcast Variables	可以使用 addBroadcastSet() 方法向 ComputeFunction 中增加广播变量	无

如代码清单 8-6 所示，通过 Vertex-Centric 迭代方法，求取 Graph 中的最短路径。首先通过 Collection 创建 Graph，定义最大迭代次数为 10 次，并指定初始顶点 ID，接着实现 ShortestPathComputeFunction 完成对 ComputeFunction 的定义。在第一个 superstep 中，Source 顶点开始向其他顶点计算距离，在下一次迭代中，每个顶点会检查接收到的 message，然后和顶点值进行对比，选择最小指标作为当前顶点值，并接着把 message 传向邻近点。如果顶点在 superstep 中不再改变顶点值，将不会再给邻近点产生任何 message 信息，最后直到 Graph 不再更新顶点值或者达到最大迭代次数，则停止计算并返回结果。同时在代码中定义了 message combiner 来减少 messages 的数量，降低 superstep 之间的传输成本。

代码清单 8-6　Vertex-Centric Iterations 应用实例

```
val env = ExecutionEnvironment.getExecutionEnvironment
// 通过从 Collection 中创建 Graph
val graph: Graph[Long, Long, Long] =
Graph.fromCollection(getLongLongVertices, getLongLongEdges, env)
```

```scala
    // 定义最大迭代次数
    val maxIterations = 10
    // 执行vertex-centric iteration
    val result = graph.runVertexCentricIteration(new ShortestPathComputeFunction,
new ShortestPathMsgCombiner, maxIterations)
    // 提取最短路径，产生结果
    val shortestPaths = result.getVertices
    //定义起点ID
    val srcId = 1L
    //定义ComputeFunction
    final class ShortestPathComputeFunction extends ComputeFunction[Long, Long,
Long, Long] {
        override def compute(vertex: Vertex[Long, Long], messages: MessageIterator
[Long]) = {
        var minDistance = if (vertex.getId.equals(srcId)) 0 else Long.MaxValue
        while (messages.hasNext) {
          val msg = messages.next
          if (msg < minDistance) minDistance = msg
        }
          // 如果顶点的Value大于最小值，则重新设定Value,并按照边的方向将Message发出
        if (vertex.getValue > minDistance) {
          setNewVertexValue(minDistance)
          getEdges.forEach(edge => sendMessageTo(edge.getTarget, vertex.getValue +
edge.getValue))
        }}}
    //定义Message Combiner,合并Message消息
    final class ShortestPathMsgCombiner extends MessageCombiner[Long, Long] {
      override def combineMessages(messages: MessageIterator[Long]) {
        var minDistance = Long.MaxValue
        while (messages.hasNext) {
          val message = messages.next
          if (message < minDistance) {
            minDistance = message
        }}
        sendCombinedMessage(minDistance)
      }
    }
```

2. Scatter-Gather Iterations

Scatter-Gather 迭代也被称为 "signal/collect" 迭代，共包含了 Scatter 和 Gather 两个阶段，Scatter 阶段主要是将一个顶点上的 Message 发送给其他顶点，Gather 阶段根据接收到的 Message 更新顶点的 Value。和 Vertex-Centric 迭代相似，Scatter-Gather 迭代对图中的顶点进行迭代计算，每次迭代计算的过程也被称为 supersteps，在 supersteps 中计算每个顶点为其他顶点生成 Message，同时让接收到其他节点的 Message 更新自己的 Value。

在 Gelly 中通过调用 Graph.runScatterGatherIteration() 方法应用 Scatter-Gather 迭代，需要事先定义好对应 scatter 和 gather 阶段的数据处理逻辑的 ScatterFunction 和 GatherFunction。ScatterFunction 定义了一个顶点发送给其他顶点的 Messages 逻辑，以及在相同的 superstep 中接收其他节点发送的 Message 信息，而 GatherFunction 定义顶点接收的 Message 更新其 Value 的逻辑。最后将定义好的 Function 和最小迭代次数传递给 runScatterGatherIteration() 方法，完成整个 Scatter-Gather 的应用，同时经过多次迭代后，最终形成迭代更新过的 Graph。

针对 Scatter-Gather 迭代抽象参数配置如表 8-2 所示，用户可以根据情况进行调整。

表 8-2　Scatter-Gather 迭代抽象参数配置

参数名称	参数说明	默认值
Name	对于本次迭代计算的名称，可用于在日志或者 messages 中对迭代进行区分	无
Parallelism	迭代计算的并行度，也就是在每次 superstep 中并行计算的线程数量，适度增加可以有效提升计算效率	
Solution set in unmanaged memory	是否使用非管理内存存储 Solution Set 数据集，参数为 True 代表使用，False 代表不使用	False
Aggregators	迭代累加器可以通过 registerAggregator() 进行注册，然后在 ComputeFunction 中使用，一个迭代累加器可以全局统计每次 superstep 的指标，然后将结果传输至下一次 superstep	无
Broadcast Variables	可以使用 addBroadcastSet() 方法向 ComputeFunction 中增加广播变量	无
Number of Vertices	设定每次迭代中能够接入和操作的顶点数量，可以通过 setOptNumVertices() 方法设定参数。对于顶点数量过多的情况，可以适当增大该参数	无
Degrees	定义每次迭代计算顶点的度数，分为入度和出度两种类型。可以通过 setOptDegrees() 设定该参数，每个顶点入度和出度的数量可以通过 getInDegree() 和 getOutDegree() 方法获取	无
Messaging Direction	表示 Message 传输的方向。默认情况下，一个顶点发出 Messages 给它的 out-neighbors，根据它的 in-neighbors 更新其指标。Message 的消息传递方向可以调用 graph 的 setDirection() 进行指定，分别包含 EdgeDirection.IN、EdgeDirection.OUT、EdgeDirection.ALL 三种方向类型	

如代码清单 8-7 所示，通过最短路径实例对 Scatter-Gather 迭代应用进行说明，首先定义 MinDistanceMessenger 实现 ScatterFunction，以及定义 VertexDistanceUpdater 实现 GatherFunction，然后通过使用 Graph API 中的 runScatterGatherIteration 方法完成对 Scatter-Gather 的应用，最终计算出给定有向图的最短优化路径。

代码清单 8-7　Scatter-Gather 迭代最短路径算法应用实例代码

```
val env = ExecutionEnvironment.getExecutionEnvironment
val graph: Graph[Long, Long, Long] = ...
```

```scala
val config = new ScatterGatherConfiguration
// 定义最大迭代次数
val maxIterations = 10
// 执行 scatter-gather iteration
val result = graph.runScatterGatherIteration(new MinDistanceMessenger, new VertexDistanceUpdater,maxIterations ,config)
// 获取计算结果
val shortestPaths = result.getVertices
// 定义 ScatterFunction
final class MinDistanceMessenger extends ScatterFunction[Long, Long, Long, Long] {
    override def sendMessages(vertex: Vertex[Long, Long]) = {
      for (edge: Edge[Long, Long] <- getEdges) {
        sendMessageTo(edge.getTarget, vertex.getValue + edge.getValue)
      }
    }
}
// 定义 GatherFunction 更新顶点指标
final class VertexDistanceUpdater extends GatherFunction[Long, Long, Long] {
    override def updateVertex(vertex: Vertex[Long, Long], inMessages: MessageIterator[Long]) = {
      var minDistance = Long.MaxValue
      while (inMessages.hasNext) {
        val msg = inMessages.next
        if (msg < minDistance) {
          minDistance = msg
        }
      }
// 如果顶点的 Value 大于 minDistance,则更新节点 Value
      if (vertex.getValue > minDistance) {
        setNewVertexValue(minDistance)
}}}
```

3.Gather-Sum-Apply Iterations

与 Scatter-Gather 迭代不同的是,Gather-Sum-Apply 迭代中的 superstep 共包含了三个阶段,分别为 Gather、Sum 和 Apply 阶段,其中 Gater 阶段并行地在每个顶点上执行自定义 GatherFunction,计算边或邻近顶点的指标,形成部分结果值。然后进入到 Sum 阶段,在 Sum 阶段将 Gather 阶段生成的部分结果进行合并,生成单一指标,这步是通过自定义 Reducer 函数实现。最后 Apply 阶段,根据 Sum 阶段生成的结果,判断并更新 Vertex 上的指标。在整个迭代过程中,三个阶段需要同步在一个 superstep 中进行,当全部完成才能进入到下一个 superstep。同时执行完最大的迭代次数后,完成整个迭代任务,返回新生成的 Graph。

针对 Scatter-Gather.Apply 迭代参数配置如表 8-3 所示，读者可以根据实际情况进行调整。

表 8-3　Scatter-Gather 迭代抽象参数配置

参数名称	参数说明	默认值
Name	对于本次迭代计算的名称，在日志或 messages 中对每次迭代进行区分	无
Parallelism	迭代计算的算子并行度，也就是在每次 superstep 中并行计算的线程数量，适度增加可以有效提升计算效率	1
Solution set in unmanaged memory	是否使用非托管内存来存放 Solution Set 数据集，参数为 True 代表使用，False 代表不使用	False
Aggregators	迭代累加器，通过 registerAggregator() 进行注册，然后用在 ComputeFunction 中。迭代累加器可以全局统计每次 superstep 的指标，并将结果传输至下一次 superstep	无
Broadcast Variables	使用 addBroadcastSet() 方法向 ComputeFunction 中增加广播变量	无
Number of Vertices	设定每次迭代中能够接入的顶点数量，可通过 setOptNumVertices() 方法设定参数。对于顶点数量过多的情况，可适当增大该参数	-1
Neighbor Direction	默认情况下聚合每个顶点的出度节点，可以通过使用 setDirection() 方法进行设定	EdgeDirection.OUT

如代码清单 8-8 所示，通过最短路径实例对 Scatter-Gather-Apply 迭代的应用进行说明，在应用程序中需要定义三个函数，分别为 GatherFunction、SumFunction、ApplyFunction，其中 GatherFunction 用于计算顶点邻近点的距离，生成初步的距离值，然后通过 SumFunction 对 GatherFunction 产生的结果进行聚合，产生最小距离值，最后通过 ApplyFunction 使用 SumFunction 产生的最小距离值判断并更新顶点 Value 值。当顶点 Value 不再发生变化或者达到最大迭代次数时，终止计算并输出结果。

代码清单 8-8　Gather-Sum-Apply 迭代实例

```
val env = ExecutionEnvironment.getExecutionEnvironment
// 初始化 Graph
val graph: Graph[Long, Long, Long] =
Graph.fromCollection(getLongLongVertices, getLongLongEdges, env)
// 定义 GSAConfiguration
val config = new GSAConfiguration
// 定义最大迭代次数
val maxIterations = 10
// 执行 GSA iteration
val result = graph.runGatherSumApplyIteration(new CalculateDistancesFun, new minDistanceFun, new UpdateDistanceFun, maxIterations,config)
// 抽取执行结果
```

```
val singleSourceShortestPaths = result.getVertices
// 定义 GatherFunction, 计算邻近点的距离
final class CalculateDistancesFun extends GatherFunction[Long, Long, Long] {
  override def gather(neighbor: Neighbor[Long, Long]): Long = {
    neighbor.getNeighborValue + neighbor.getEdgeValue
  }
}
// 定义 SumFunction, 选择最小的距离
final class minDistanceFun extends SumFunction[Long, Long, Long] {
  override def sum(newValue: Long, currentValue: Long): Long = {
    Math.min(newValue, currentValue)}}
// 定义 ApplyFunction, 更新顶点上的 Value
final class UpdateDistanceFun extends ApplyFunction[Long, Long, Long] {
  override def apply(newDistance: Long, oldDistance: Long) = {
    if (newDistance < oldDistance) {
      setResult(newDistance)
    }}}
```

8.2.4 图生成器

现实场景中存在着不同类型的图，例如循环图、完整图、回声图等。而在 Gelly 中定义了非常丰富的图生成器，可以用其创建不同类型的图，以下简单列举几种常见图的创建方法。

1）循环图

Cycle Graph 中所有顶点只与其相邻顶点相连，循环图所有的边组成一个唯一的循环且边上不具有方向。在 Gelly 中可以通过 CirculantGraph 类创建循环图，同时可以指定顶点的数量，Gelly 将根据用户指定顶点数量创建相应的循环图。

```
val vertexCount = 6;
val graph = new CirculantGraph(env.getJavaEnv, 5).addRange(1, 2).generate()
```

2）完整图

完整图中每个顶点与其他顶点都由无向边相连，也就是所有顶点和顶点之间两两相互连接。在 Gelly 中可以通过 CompleteGraph 类创建完整图，构造器第二个参数为顶点数量，如下代码中创建 6 个顶点的完整图。

```
val vertexCount = 6
val graph = new CompleteGraph(env.getJavaEnv, vertexCount).generate()
```

3）空图

空图只有顶点，没有边，最终呈现形式为多个独立的点。可以通过使用 EmptyGraph

类创建空图，同时构造器中第二个参数代表顶点数量。

```
val vertexCount = 6
val graph = new EmptyGraph(env.getJavaEnv, vertexCount).generate()
```

4）Star Graph

星图中含有一个中心顶点能够连接到所有的子顶点，且所有的边都是无向的。可以通过 StarGraph 类创建星图，同样需要指定 Graph 的顶点数量。

```
val vertexCount = 6
val graph = new StarGraph(env.getJavaEnv, vertexCount).generate();
```

除了提供以上的内置的图生成器之外，Flink Gelly 中还提供了其他类型图的创建方式，例如有回声图、超立方体图、路径图、RMat 图等，具体的创建方式用户可以参考官方文档。

8.3 FlinkML 机器学习应用

机器学习是一门多领域交叉学科，涵盖设计概率论、统计学、逼近轮等多门学科。机器学习主要是用来设计和分析一些可以让机器自动学习的算法，这些算法是从数据中自动分析获取规律，并利用已经学习的规律对未知数据进行预测，产生预测结果。而机器学习共分为几大种类型，分别是监督学习、半监督学习、无监督学习以及强化学习，每种学习类型具有相应的算法集。例如对于无监督学习来说，对应的是聚类算法，有监督学习则对应的是分类与回归算法等。

和其他分布式处理框架一样，Flink 基于 DataSet API 之上，封装出针对机器学习领域的组件栈 FlinkML。在 FlinkML 中提供了诸如分类、聚类、推荐等常用的算法，用户可以直接使用这些算法构建相应的机器学习应用。虽然目前 FlinkML 中集成的算法相对较少，但是 Flink 社区会在未来的版本中陆续集成更多的算法。

8.3.1 基本概念

1. 环境准备

FlinkML 组件库作为 Flink 的应用库，并没有直接集成在集群环境中，因此需要在工程中单独引入对应的 Maven 依赖配置，可以将代码清单 8-9 的配置引入到工程 Pom.xml 中。

代码清单 8-9　FlinkML 依赖库 Maven 环境配置

```
<dependency>
```

```
<groupId>org.apache.flink</groupId>
<artifactId>flink-ml_2.11</artifactId>
<version>1.7.0</version>
</dependency>
```

2. 数据结构

和 SparkMLib 一样，FlinkML 也是通过使用 Breeze 库实现了底层的向量和矩阵等数据结构，用以辅助构建算法模型，其中 Breeze 库提供了 Vector/Matrix 的实现以及对应的计算接口。在 FlinkML 中则使用了自己定义的 Vector 和 Matrix，只是在具体的计算过程中通过转换为 Breeze 的形式进行运算。

在 FlinkML 中可以通过两种方式来构建 Vector 数据，分别是读取 LibSVM 数据或读取文件数据转换成 DataSet[String] 数据集，然后再通过 Map 算子将数据集转换为 DataSet[LabelVector] 数据集。

（1）通过读取 LibSVM 数据

FlinkML 中提供了 MLUtils 类的 readLibSVM 方法，用于读取 LIBSVM 格式类型的数据，同时提供 writeLibSVM 方法将 Flink 中的数据以 LIBSVM 格式输出到外部文件系统中。

```
import org.apache.flink.ml.MLUtils
// 读取 LibSVM 数据
val trainData: DataSet[LabeledVector] = MLUtils.readLibSVM(env, "/path/svmfile1")
val predictData: DataSet[LabeledVector] = MLUtils.readLibSVM(env, "/path/svmfile2")
// 写出 LibSVM 数据
val svmData: DataSet[LabeledVector] = ...
val dataSink:DataSink[String] = MLUtils. writeLibSVM("/path/svmfile2", svmData)
```

（2）读取 CSV 文件转换

可以通过 DataSet API 中提供读取文件数据的方式，将外部数据读取到 Flink 系统中，并通过 Map 函数将数据集转换成 LabelVector 类型。如以下代码通过 readCsvFile 方法将数据集读取进来并转换为 LabeledVector 数据结构。

```
val trainCsvData = env.readCsvFile[(String, String, String, String)]("/path/svm_train.data")
val trainData:DataSet[LabeledVector] = trainCsvData.map { data =>
  val numList = data.productIterator.toList.map(_.asInstanceOf[String].toDouble)
  LabeledVector(numList(3), DenseVector(numList.take(3).toArray))
}
```

8.3.2 有监督学习算子

目前在 Flink 有监督算子分类算法中，FlinkML 已经支持了 SVM 算法、多元线性回归算法以及 K-Nearest 算法等常用分类算法。

1. SVM 算法

在机器学习中，支持向量机（SVM）是在分类与回归分析中分析数据的监督式学习模型。SVM 模型是将实例表示为空间中的点，通过映射使得单独类别的实例被尽可能宽的明显间隔分开，然后将新的实例映射到同一空间中，并基于它们落在间隔的哪一侧来预测所属类别。除了进行线性分类外，SVM 还可以使用所谓的核技巧有效地进行非线性分类，并将其输入隐式映射到高维特征空间中。

在 Flink 中 SVM 是一个预测函数，含有 fit 和 predict 两个方法，其中 fit 方法是基于训练数据集进行转化和训练，生成 SVM 模型；而 Predict 方法使用已经训练好的模型进行预测，并生成 LabelVector 类型预测结果。

1）参数配置

针对 SVM 模型中参数配置如表 8-4 所示，用户可以根据情况自行调整和优化。

表 8-4 SVM 参数汇总

参数名称	参数说明	默认值
Blocks	设定接入的数据集将要被切分的 Block 数量，每块数据集上本地执行随机双坐标上升方法，且 Blocks 数量至少要和并行度一样	None
Iterations	最大迭代数量，超过该值则终止迭代	10
LocalIterations	定义随机双坐标上升（SDCA）最大的迭代次数	10
Regularization	定义 SVM 算法正则化参数	1.0
Stepsize	定义更新权重向量的初始化步长，步长越长，则本次权重向量每次更新到下一个权重向量的贡献度将越多	1.0
ThresholdValue	定义正负标签确定函数的阈值，大于该值则认为是正标签，小于该值则认为是负标签	0.0
OutputDecisionFunction	确定预测和评估函数中应该返回的实例类型，设定为 True 返回超平面的原生实例类型，设定为 False 则返回 Lable 标签信息	False
Seed	初始化随机数的种子	随机值

2）应用举例

如代码清单 8-10 所示，通过给定训练和测试数据集，使用 SVM 算法构建分类模型并使用 predict 进行预测。

代码清单 8-10　SVM 算法实例

```
val env = ExecutionEnvironment.getExecutionEnvironment
// 指定训练数据集和测试数据集
val trainLibSvmFile: String = ...
val testLibSvmFile: String = ...
// 读取训练 LibSVM 数据集
val trainingDS: DataSet[LabeledVector] = env.readLibSVM(trainLibSvmFile)
// 创建 SVM 算子，并制定 Blocks 数量为 10
val svm = SVM().setBlocks(10)
// 训练 SVM 模型
svm.fit(trainingDS)
// 读取 SVM 测试数据集，对模型进行评估
val testingDS= env.readLibSVM(pathToTestingFile).map(_.vector)
// 通过 predict 方法对测试数据集进行预测，产生预测结果
val predictionDS: DataSet[(Vector, Double)] = svm.predict(testingDS)
```

2. 多元线性回归

多元线性回归模型主要用回归方程描述一个因变量与多个自变量的依存关系。和其他预测算法一样，在 Flink ML 中多元线性回归算法中包含 fit 和 predict 两个方法，分别对用户训练模型和基于模型进行预测，其中 fit 方法传入的是 LablePoint 数据结构的 dataset 数据集，并返回模型结果。predict 方法中可以有所有 Vector 接口的实现类，方法结果返回的是含有输入参数和 Double 类型的打分结果。

1）参数配置

对于多元线性回归参数配置见表 8-5 所示，用户可根据实际情况进行调整。

表 8-5　多元线性回归参数

参数名称	参数说明	默认值
Iterations	该参数代表最大迭代次数，超过该值则终止迭代	10
Stepsize	对于梯度下降算法初始步长，该参数决定在梯度计算过程中向前推移的大小，Stepsize 越大则梯度下降的速度越快，但是也有可能不稳定，用户需要根据实际情况进行调整	S
ConvergenceThreshold	收敛阈值，定义直到迭代终止，残差平方和相对变化的阈值	Node
LearningRateMethod	学习率方法，FlinkML 中提供了常用的学习率方法，每种学习率方法通过 LearningRateMethod 类进行引用	Default

2）应用举例

如代码清单 8-11 所示，基于给定的训练和测试数据集，通过使用多元线性回归完成模型的构建和预测。

代码清单 8-11　Multiple Linear Regression 实例

```
// 创建多元线性回归学习器
val mlr = MultipleLinearRegression()
.setIterations(10)
.setStepsize(0.5)
.setConvergenceThreshold(0.001)
// 创建训练集和测试集
val trainingDS: DataSet[LabeledVector] = ...
val testingDS: DataSet[Vector] = ...
// 将定义好的模型适配到数据集上进行模型训练
mlr.fit(trainingDS)
// 使用测试数据集进行模型预测，产生预测结果
val predictions = mlr.predict(testingDS)
```

8.3.3　数据预处理

在 FlinkML 中实现了基本的数据预处理方法，其中包括多项式特征、标准化、区间化等常用方法，这些算子都继承于 Transformer 接口，并使用 fit 方法从训练集学习模型（例如，归一化的平均值和标准偏差）。

1. 多项式特征

特征加工的过程中，通过增加一些输入数据的非线性特征来增加模型的复杂度通常是非常有效的，可以获得特征的更高维度和相互间的关系项。当多项式特征比较少的时候，可以对很少的特征进行多项式变化，产生更多的特征。多项式变换就是把现有的特征排列组合相乘，例如如果是 degree 为 2 的变换，则会把现有的特征中，抽取两个相乘，并获得所有组合的结果。

1）参数配置

在多项式变换调优的参数中主要包括 Degree，表示多项式最大的维度，默认值为 10。

2）应用实例

如代码清单 8-12 所示，使用 Flink 中自带的 PolynomialFeatures 方法对给定训练数据集进行处理。

代码清单 8-12　多项式特征抽取

```
val env = ExecutionEnvironment.getExecutionEnvironment
  // 获取训练数据集
  val trainingDS: DataSet[LabeledVector] = env.fromElements(LabeledVector(1.2, Vector()))
  // 设定多项式转换维度为 3
```

```
val polyFeatures = PolynomialFeatures()
  .setDegree(3)
// 使用 PolynomialFeatures 进行特征转换
polyFeatures.fit(trainingDS)
```

2. 标准化

标准化处理函数的主要目的是根据用户统计出来的均值和方差对数据集进行标准化处理，防止因为度量单位不同而导致计算出现的偏差。标准化处理函数通过使用均值来对某个特征进行中心化，然后除以非常量特征（non-constant features）的标准差进行缩放。

例如，在机器学习算法的目标函数（比如 SVM 的 RBF 内核或线性模型的 L1 和 L2 正则化），许多学习算法中目标函数的基础都是假设所有的特征都是零均值并且具有同一阶数上的方差。另外如果某个特征的方差比其他特征大几个数量级，其就会在学习算法中占据主导位置，导致学习器并不能像期望的那样，从其他特征中学习并产出模型。

FlinkML 中提供了 StandardScaler 类帮助用户对数据进行标准化处理，其中包含 fit 和 transform 两个方法，其中 fit 方法通过基于给定数据集中学习平均值和标准偏差 fit 方法定义如下：

```
fit[T <: Vector]: DataSet[T] => Unit
fit: DataSet[LabeledVector] => Unit
```

transform 方法的定义如下，其主要目的是完成对数据集标准化处理。

```
transform[T <: Vector]: DataSet[T] => DataSet[T]
transform: DataSet[LabeledVector] => DataSet[LabeledVector]
```

1）标准化处理的 StandardScaler 类主要包含 2 个参数：其中 Mean 表示缩放数据集的期望值，默认值为 0.0；Std 表示缩放数据集的标准偏差，默认值为 1.0。

2）应用实例

如下代码所示，通过使用 StandardScaler 函数对给定数据集进行标准化处理。

```
// 创建标准化函数，并设定平均值为 5.0，标准偏差为 2.0
val scaler = StandardScaler()
.setMean(5.0)
.setStd(2.0)
// 读取数据集
val dataSet: DataSet[Vector] = ...
// 从训练数据集中学习平均值和标准偏差值
scaler.fit(dataSet)
// 对给定数据集进行缩放，使其平均值 mean=10.0 标准偏差 std=2.0
val result = scaler.transform(dataSet)
```

3. 区间缩放

区间缩放是将某一列向量根据最大值和最小值进行区间缩放，将指标转换到指定范围的区间内，从而尽可能地使特征的度量标准保持一致，避免因为某些指标比较大的特征在训练模型过程中占有太大的权重，影响整个模型的效果。

FlinkML 中通过 MinMaxScaler 类实现区间缩放功能，其也实现了 Transformer 接口，包含了 fit 方法和 transform 方法，MinMaxScaler 通过 fit 方法进行训练，训练数据可以是 Vector 的子类型或者是 LabeledVector 类型。然后通过 transform 方法对数据集进行区间缩放操作，并产生新的区间缩放后的数据集。

1）fit 方法定义

```
fit[T <: Vector]: DataSet[T] => Unit
fit: DataSet[LabeledVector] => Unit
```

2）transform 方法定义

```
transform[T <: Vector]: DataSet[T] => DataSet[T]
transform: DataSet[LabeledVector] => DataSet[LabeledVector]
```

3）参数配置

区间缩放功能的 MinMaxScaler 类主要包括 2 个参数：其中 Min 参数表示数据集数值范围中的最小值，默认值为 0.0；Max 参数表示数据集数值范围中的最大值，默认值为 1.0。

4）应用实例

通过代码清单 8-13 能够看到，在应用 MinMaxScaler 进行区间缩放的时候，需要实例化 MinMaxScaler 类，并通过 setMin() 和 setMax() 设定数据集区间大小范围，然后调用 fit 方法进行训练，最后调用 transform 方法将接入数据集将标准化转到执行区间范围内，形成缩放后的数据集。

代码清单 8-13　MaxMinScaler 数据处理实例

```
// 创建 MinMax 缩放器
val minMaxscaler = MinMaxScaler()
  .setMin(-1.0)
// 创建 DataSet 输入数据集
val dataSet: DataSet[Vector] = ...
// 学习给定数据集中的最大值和最小值
minMaxscaler.fit(dataSet)
// 将给定的数据集转换成 -1 到 1 之间的集合
val scaledDS = minMaxscaler.transform(dataSet)
```

8.3.4 推荐算法

Alternating Least Squares (ALS)

ALS 算法也被称为为交替最小二乘算法,是目前业界使用相对广泛协同过滤算法。ALS 算法通过观察用户对商品的打分,来判断每个用户的喜好并向用户推荐合适的商品。从协同过滤的角度分析,ALS 算法属于 User-Item CF,即同时考虑了 User 和 Item 两个方面的内容,用户和商品的数据,可以抽象成三元组 <User,Item,Rating>。

目前 ALS 算法已经集成到 FlinkML 库中,ALS 是一个 Predictor 函数类,具有 fit 和 predict 方法。

1)参数配置

ALS 算法参数配置如表 8-6 所示,用户可以根据实际情况进行优化和调整。

表 8-6 ALS 算法参数配置

参数名称	参数说明	默认值
NumFactors	指定计算 User 和 Item 向量的维度	10
Lambda	规则化参数,通过调整该参数可以有效避免过拟合问题或者过泛化问题	1
Iterations	最大迭代次数	10
Blocks	User 和 Item 矩阵分组的 Blocks 数量。越少的 Block 数量,意味着越少的数据冗余传输,但是 Block 太大会带来内存溢出的风险,需要根据情况进行调整	None
Seed	随机种子用于初始化 Item 矩阵	0
TemporaryPath	用于存放中间计算结果的路径	None

2)应用实例

如代码清单 8-14 所示,基于给定数据集,通过使用 ALS 算法构建推荐模型并基于模型进行结果预测。

代码清单 8-14 ALS 算法应用实例

```
// 读取训练数据集
val trainingDS: DataSet[(Int, Int, Double)] = ...
// 读取测试数据集
val testingDS: DataSet[(Int, Int)] = ...
// 设定 ALS 学习器
val als = ALS()
.setIterations(100)
.setNumFactors(10)
.setBlocks(100)
.setTemporaryPath("hdfs://temporary/Path")
// 通过 ParameterMap 计算额外参数
```

```scala
val parameters = ParameterMap()
.add(ALS.Lambda, 0.9)
.add(ALS.Seed, 42L)
// 计算隐式分解
als.fit(trainingDS, parameters)
// 根据测试数据集，计算推荐结果
val result = als.predict(testingDS)
```

8.3.5　Pipelines In FlinkML

机器学习已经被成功应用到多个领域，如智能推荐、自然语言处理、模式识别等。但是不管是什么类型的机器学习应用，其实都基本遵循着相似的流程，包括数据源接入、数据预处理、特征抽取、模型训练、模型预估、模型可视化等步骤。如果能够将这些步骤有效连接并形成流水线式的数据处理模式，将极大地提升机器学习应用构建的效率。受 Scikit-Learn 开源项目的启发，在 FlinkML 库中提供了 Pipelines 的设计，将数据处理和模型预测算子进行连接，以提升整体机器学习应用的构建效率。同时，FlinkML 中的算法基本上都实现于 Transformers 和 Predictors 接口，主要目的就是为了能够提供一整套的 ML Pipelines，帮助用户构建复杂且高效的机器学习应用。

如代码清单 8-15 所示，将 PolynomialFeatures 算子和 MultipleLinearRegression 预测算子通过 Pipelines 整合在一起，完成复杂的机器学习应用构建。

代码清单 8-15　Flink ML Pipelines 构建实例

```scala
// 获取训练数据集
val trainingDS: DataSet[LabeledVector] = ...
// 获取测试数据集，无 Label 标签
val testingDS: DataSet[Vector] = ...
val polyFeatures = PolynomialFeatures()
val mlr = MultipleLinearRegression()
// 构建 Pipelines，将 polyFeatures 和 mlr 进行连接
val pipeline = polyFeatures
  .chainPredictor(mlr)
// 将创建的 Pipeline 应用到训练数据集上
pipeline.fit(trainingDS)
// 对测试数据集进行预测打分，产生预测结果
val result: DataSet[LabeledVector] = pipeline.predict(testingDS)
```

除了可以使用 FlinkML 中已经定义的 Transformers 和 Predictors 之外，用户也可以

自定义算子并应用在 Pipelines 中，完成整个机器学习任务链路的构建。FlinkML 中实现对数据的转换操作的接口为 Transformer，用于模型训练及预测的接口为 Predictor。在整个 Pipelines 中，Transformer 类型算子后面可以接其他算子，而 Predictor 类型算子后面则不能接入任何类型算子，也就是说，Predictor 算子是整个 Pipelines 的终点。

Estimator 接口是 Transformer 接口和 Predictor 接口的父类，如代码清单 8-16 所示，在 Estimator 中定义了 fit 方法，主要负责调用具体的算法实现逻辑，该方法中含有两个参数，分别为传入的训练数据集和 Estimator 所用到的参数。在 FitOperation 中定义了 fit 方法具体计算逻辑，Estimator 中的 fit 方法借由包装类将计算逻辑通过调用隐式方法转换到 FitOperation 中的 fit 方法。同理 Transformers 类和 Predictors 类也是通过这种方式进行，因此用户在定义相关实现逻辑时需要有 Scala 隐式转换相关的知识。

代码清单 8-16　Estimator 接口定义

```
trait Estimator[Self] extends WithParameters with Serializable {
    that: Self =>
    def fit[Training](
        training: DataSet[Training],
        fitParameters: ParameterMap = ParameterMap.Empty)
        (implicit fitOperation: FitOperation[Self, Training]): Unit = {
        FlinkMLTools.registerFlinkMLTypes(training.getExecutionEnvironment)
        fitOperation.fit(this, fitParameters, training)
    }
}
```

8.4　本章小结

本章介绍了 Flink 在复杂事件处理（CEP）、图计算、机器学习等不同应用领域的组件库。8.1 节介绍了如何使用 FlinkCEP 组件库解决复杂事件处理的场景问题，包括对简单事件和复杂事件的定义，以及 Flink 中 Patten 接口的使用 8.2 节介绍了 Flink 中专门用于解决图计算问题的组件库 Gelly，其中包括使用 GraphAPI 对图数据结构的创建和转换等常规操作，同时还有一些比较高级的图处理迭代算法，例如顶点中心迭代等，能够帮助用户更加高效地处理图数据。同时也介绍了 Flink Gelly 中提供的常见的图的生成及对应的算法。8.3 节重点介绍了 FlinML 在机器学习领域的应用，包括有监督学习和无监督学习算法，以及常用的数据处理方法，Pipelines 数据流水线处理模式等。

第 9 章 Chapter 9

Flink 部署与应用

本章首先会重点讲解如何将前面章节中不同 API 编写的 Flink 应用部署在 Flink 实际集群环境，以及 Flink 所支持的不同部署环境与模式，其中包括 Standalone cluster、Flink On Yarn 以及 Flink On Kubernetes 三种部署模式。然后介绍 Flink 在集群环境中如何进行高可用等配置，其中重点包括如何实现 JobManager 的高可用。除此之外，本章也将介绍 Flink 集群安全认证管理，帮助用户进行整个 Flink 集群的安全管理，实现与大数据集群认证系统对接。最后还将介绍 Flink 集群在升级运维过程中，如何通过 Savepoint 技术实现数据一致性的保障。

9.1 Flink 集群部署

作为通用的分布式数据处理框架，Flink 可以基于 Standalone 集群进行分布式计算，也可以借助于第三方组件提供的计算资源完成分布式计算。目前比较熟知的资源管理器有 Hadoop Yarn、Apache Mesos、Kubernetes 等，目前 Flink 已经能够非常良好地支持这些资源管理器。以下将分别介绍 Flink 基于 Standalone Cluster、Yarn Cluster、Kubunetes Cluster 等资源管理器上的部署与应用。

9.1.1 Standalone Cluster 部署

前面已经知道 Flink 是 Master-Slave 架构的分布式处理框架，因此构建 Standalone Cluster 需要同时配置这两种服务角色，其中 Master 角色对应的是 JobManager，Slave 角色对应的是 TaskManager。在构建 Flink Standalone 集群之前，以下服务器基础环境参数必须要符合要求。

1. 环境要求

首先 Flink 集群需要构建在 Unix 系统之上，例如 Linux 和 Mac OS 等系统，如果是 Windows 系统则需要安装 Cygwin 构建 Linux 执行环境，不同的网络和硬件环境需要不同的环境配置。

❑ JDK 环境

其次需要在每台主机上安装 JDK，且版本需要保持在 1.8 及以上，可以设定环境变量 JAVA_HOME，也可以在配置文件中指定 JDK 安装路径，Flink 配置文件在安装路径中的 conf 目录下，修改 flink-conf.yaml 中的 env.java.home 参数，指定 Java 安装路径即可。

❑ SSH 环境

最后需要在集群节点之间配置互信，可以使用 SSH 对其他节点进行免密登录，因为 Flink 需要通过提供的脚本对其他节点进行远程管理和监控，同时也需要每台节点的安装路径结构保持一致。

❑ **2. 集群安装**

Flink Standalone 集群安装相对比较简单，只需要两步就能够安装成功，具体安装步骤如下：

（1）下载 Flink 对应版本安装包

如果环境能连接到外部网络，可以直接通过 wget 命令下载，或在官方镜像仓库中下载，然后上传到系统中的安装路径中，官方安装包下载地址为 https://flink.apache.org/downloads.html。注意，如果仅是安装 Standalone 集群，下载 Apache Flink x.x. only 对应的包即可；如果需要 Hadoop 的环境支持，则下载相应 Hadoop 对应的安装包，这里建议用户使用基于 Hadoop 编译的安装包。可以通过如下命令从官网镜像仓库下载安装包：

```
wget http://mirrors.tuna.tsinghua.edu.cn/apache/flink/flink-1.7.2/flink-1.7.0-bin-hadoop27-scala_2.11.tgz
```

（2）安装 Flink Standalone Cluster

如下代码所示，通过 tar 命令解压 Flink 安装包，并进入到 Flink 安装路径。至此，

Flink Standalone Cluster 就基本安装完毕。

```
tar -xvf flink-1.7.0-bin-hadoop27-scala_2.11.tgz
```

进入到 Flink 安装目录后，所有 Flink 的配置文件均在 conf 路径中，启动脚本在 bin 路径中，依赖包都放置在 lib 路径中。

3. 集群配置

安装完 Standalone 集群之后，下一步就需要对 Flink 集群的参数进行配置，配置文件都在 Flink 根目录中的 conf 路径下。

首先配置集群的 Master 和 Slave 节点，在 master 文件中配置 Flink JobManager 的 hostname 以及端口。然后在 conf/slaves 文件中对 Slave 节点进行配置，如果需要将多个 TaskManager 添加在 Flink Standalone 集群中，如以下只需在 conf/slaves 文件中添加对应的 IP 地址即可。

```
10.0.0.1
10.0.0.2
```

通过配置以上参数，将 10.0.0.1 和 10.0.0.2 节点添加到 Flink 集群之中，且每台节点的环境参数必须保持一致且符合 Flink 集群要求，否则会出现集群无法启动的问题。

同时在 conf/flink-conf.yaml 文件中可以配置 Flink 集群中 JobManager 以及 TaskManager 组件的优化配置项，主要的配置项如下所示：

❑ jobmanager.rpc.address

表示 Flink Cluster 集群的 JobManager RPC 通信地址，一般需要配置指定的 JobManager 的 IP 地址，默认 localhost 不适合多节点集群模式。

❑ jobmanager.heap.mb

对 JobManager 的 JVM 堆内存大小进行配置，默认为 1024M，可以根据集群规模适当增加。

❑ taskmanager.heap.mb

对 TaskManager 的 JVM 堆内存大小进行配置，默认为 1024M，可根据数据计算规模以及状态大小进行调整。

❑ taskmanager.numberOfTaskSlots

配置每个 TaskManager 能够贡献出来的 Slot 数量，根据 TaskManager 所在的机器能够提供给 Flink 的 CPU 数量决定。

- parallelism.default

Flink 任务默认并行度，与整个集群的 CPU 数量有关，增加 parallelism 可以提高任务并行的计算的实例数，提升数据处理效率，但也会占用更多 Slot。

- taskmanager.tmp.dirs

集群临时文件夹地址，Flink 会将中间计算数据放置在相应路径中。

这些默认配置项会在集群启动的时候加载到 Flink 集群中，当用户提交任务时，可以通过 -D 符号来动态设定系统参数，此时 flink-conf.yaml 配置文件中的参数就会被覆盖掉，例如使用 -Dfs.overwrite-files=true 动态参数。

4. 启动 Flink Standalone Cluster

Flink Standalone 集群配置完成后，然后在 Master 节点，通过 bin/start-cluster.sh 脚本直接启动 Flink 集群，Flink 会自动通过 Scp 的方式将安装包和配置同步到 Slaves 节点。启动过程中如果未出现异常，就表示 Flink Standalone Cluster 启动成功，可以通过 https://{JopManagerHost:Port} 访问 Flink 集群并提交任务，其中 JopManagerHost 和 Port 是前面配置 JopManager 的 IP 和端口。

5. 动态添加 JobManager&TaskManager

对于已经启动的集群，可以动态地添加或删除集群中的 JobManager 和 TaskManager，该操作通过在集群节点上执行 jobmanager.sh 和 taskmanager.sh 脚本来完成。

- 向集群中动态添加或删除 JobManager

```
bin/jobmanager.sh ((start|start-foreground) [host]
[webui-port])|stop|stop-all
```

- 向集群中动态添加 TaskManager

```
bin/taskmanager.sh start|start-foreground|stop|stop-all
```

9.1.2 Yarn Cluster 部署

Hadoop Yarn 是 Hadoop 2.x 提出的统一资源管理器，也是目前相对比较流行的大数据资源管理平台，Spark 和 MapReduce 等分布式处理框架都可以兼容并运行在 Yarn 上，Flink 也是如此。

需要注意 Flink 应用提交到 Yarn 上目前支持两种模式，一种是 Yarn Session Model，这种模式中 Flink 会向 Hadoop Yarn 申请足够多的资源,并在 Yarn 上启动长时间运行的 Flink Session 集群,用户可以通过 RestAPI 或 Web 页面将 Flink 任务提交到 Flink Session 集群上运行。另外一种为 Single Job Model 和大多数计算框架的使用方式类似,每个 Flink 任务单独向 Yarn 提交一个 Application,并且每个任务都有自己的 JobManager 和 TaskManager,当任务结束后对应的组件也会随任务释放,运行流程如图 9-1 所示。

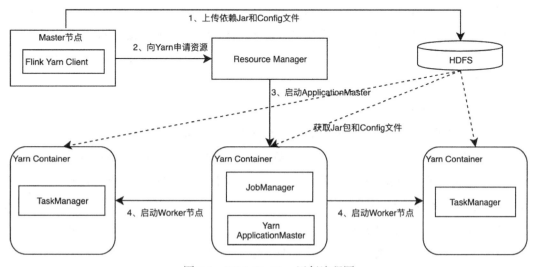

图 9-1　Flink On Yarn 运行流程图

1. 环境依赖

将 Flink 任务部署在 Yarn Cluster 之前,需要确认 Hadoop 环境是否满足以下两点要求:

- Hadoop 版本至少保证在 2.2 以上,并且集群中安装有 HDFS 服务。
- 主机中已经配置 HADOOP_CONF_DIR 变量指定 Hadoop 客户端配置文件目录,并在对应的路径中含有 Hadoop 配置文件,其中主要包括 hdfs-default.xml、hdfs-site.xml 以及 yarn-site.xml 等。在启动 Flink 集群的过程中,Flink 会通过识别 HADOOP_CONF_DIR 环境变量读取 Hadoop 配置参数。

2. 集群安装

通过从 Flink 官方下载地址下载 Flink 安装包,选择一台具有 Hadoop 客户端配置的主机,解压并进入到安装路径中,基本完成 Flink 集群的安装,下面介绍每种模式对应环境的启动方式。

```
tar xvzf flink-1.7.0-bin-hadoop2.tgz
cd flink-1.7.0/
```

3. Yarn Session 模式

前面已经提到 Yarn Session 模式其实是在 Yarn 上启动一个 Flink Session 集群，其中包括 JobManager 和 TaskManager 组件。Session 集群会一直运行在 Hadoop Yarn 之上，底层对应的其实是 Hadoop 的一个 Yarn Application 应用。当 Yarn Session Cluster 启动后，用户就能够通过命令行或 RestAPI 等方式向 Yarn Session 集群中提交 Flink 任务，从而不需要再与 Yarn 进行交互，这样其实也是让 Flink 应用在相同的集群环境运行，从而屏蔽底层不同的运行环境。

❑ 启动 Yarn Session Cluster

首先启动 Yarn Session Cluster 之前 Flink 需要使用 Hadoop 客户端参数，Flink 默认使用 YARN_CONF_DIR 或者 HADOOP_CONF_DIR 环境变量获取 Hadoop 客户端配置文件。如果启动的节点中没有相应的环境变量和配置文件，则可能导致 Flink 启动过程无法正常连接到 Hadoop Yarn 集群。

如果节点中没有相应的环境变量，则建议用户在每次启动 Yarn Session 之前通过手动的方式对环境变量进行赋值。如果启动节点中没有 Hadoop 客户端配置，用户可以将配置从 Hadoop 集群中获取出来，然后放置在指定路径中，再通过上述步骤进行环境变量配置。

如下通过 yarn-session.sh 命令启动 Flink Yarn Session 集群，其中 -n 参数配置启动 4 个 Yarn Container，-jm 参数配置 JobManager 的 JVM 内存大小，-tm 参数配置 TaskManager 的内存大小，-s 表示集群中共启动 16 个 slots 来提供给应用以启动 task 实例。

```
./bin/yarn-session.sh -n 4 -jm 1024m -tm 4096m -s 16
```

集群启动完毕之后就可以在 Yarn 的任务管理页面查看 Flink Session 集群状况，并点击 ApplicationMaster 对应的 URL，进入 Flink Session Cluster 集群中，注意在 On YARN 的模式中，每次启动 JobManager 的地址和端口都不是固定的。

❑ Yarn Session 独立模式

通过以上方式启动 Yarn Session 集群，集群的运行与管理依赖于于本地 Yarn Session 集群的本地启动进程，一旦进程关闭，则整个 Session 集群也会终止。此时可以通过，在启动 Session 过程中指定参数 --d 或 --detached，将启动的 Session 集群交给 Yarn 集群管理，与本地进程脱离。通过这种方式启动 Flink 集群时，如果停止 Flink Session Cluster，需要通过 Yarn Application -kill [appid] 来终止 Flink Session 集群。

❑ 本地进程绑定已有的 Session

与 Detached Yarn Session 相反，如果用户想将本地进程绑定到 Yarn 上已经提交的 Session，可以通过以下命令 Attach 本地的进程到 Yarn 集群对应的 Application，然后 Yarn 集群上 ApplicationID 对应的 Session 就能绑定到本地进程中。此时用户就能够对 Session 进行本地操作，包括执行停止命令等，例如执行 Ctrl+C 命令或者输入 stop 命令，就能将 Flink Session Cluster 停止。

```
./bin/yarn-session.sh -id [applicationid]
```

❑ 提交任务到 Session

当 Flink Yarn Session 集群构建好之后，就可以向 Session 集群中提交 Flink 任务，可以通过命令行或者 RestAPI 的方式提交 Flink 应用到 Session 集群中。例如通过以下命令将 Flink 任务提交到 Session 中，正常情况下，用户就能够直接进入到 Flink 监控页面查看已经提交的 Flink 任务。

```
./bin/flink run ./windowsWordCountApp.jar
```

4. 容错配置

在 Yarn 上执行的 Flink Session 集群通常情况下需要进行对应的任务恢复策略配置，以防止因为某些系统问题导致整个集群出现异常。针对在 Yarn 上的容错配置，Flink 单独提供了如下几个相关的参数，用户可以根据实际情况进行配置使用。

❑ yarn.reallocate-failed

该参数表示集群中 TaskManager 失败后是否被重新拉起，设定为 True 表示重新分配资源并拉起失败的 TaskManager，默认为 True，其本质是 Yarn 是否重新分配 TaskManager 的 Container。

❑ yarn.maximum-failed-containers

该参数表示集群所容忍失败 Container 数量的最大值，如果超过该参数，则会直接导致整个 Session 集群失败并停止，参数默认值为 TaskManager 数量，也就是用户启动集群提交任务时 -n 参数对应的值。

❑ yarn.application-attempts

该参数表示整个 Session 集群所在的 Yarn Application 失败重启的次数，如果 Session

集群所在的整个应用失败,则在该参数范围内,Yarn 也会重新拉起相应的 Application,但如果重启次数超过该参数,Yarn 不会再重启应用,此时整个 Flink Session 会失败,与此同时 Session 上提交的任务也会全部停止。

以上三个参数从不同层面保证了 Flink 任务在 Yarn 集群上的正常运行,且这些参数可以在 conf/flink-default.yaml 文件中配置,也可以在启动 Session 集群时通过 -D 动态参数指定,如 -Dyarn.application-attempts=10。

5. 防火墙配置

在生产环境中的集群,一般都具有非常高的安全管控,且网络基本都是通过防火墙进行隔离,有些情况下,用户想要实现在集群之外的机器上远程提交 Flink 作业,这种在 Standalone 集群中比较容易实现,因为 JopManager 的 Rpc 端口和 Rest 端口都可以通过防火墙配置打开。但在 Yarn Session Cluster 模式下用户每启动一次 Session 集群,Yarn 都会给相应的 Application 分配一个随机端口,这使得 Flink Session 中的 JobManager 的 Rest 和 Rpc 端口都会发生变化,客户端无法感知远程 Session Cluster 端口的变化,同时端口也可能被防火墙隔离掉,无法连接到 Session Cluster 集群,进而导致不能正常提交任务到集群。针对这种情况,Flink 提供了相应的解决策略,就是通过端口段实现。

6. Single Job 模式

在 Single Job 模式中,Flink 任务可以直接以单个应用提交到 Yarn 上,不需要使用 Session 集群提交任务,每次提交的 Flink 任务一个独立的 Yarn Application,且在每个任务中都会有自己的 JobManager 和 TaskManager 组件,且应用所有的资源都独立使用,这种模式比较适合批处理应用,任务运行完便释放资源。

可以通过以下命令直接将任务提交到 Hadoop Yarn 集群,生成对应的 Flink Application。注意需要在参数中指定 -m yarn-cluster,表示使用 Yarn 集群提交 Flink 任务,-yn 表示任务需要的 TaskManager 数量。

```
./bin/flink run -m yarn-cluster -yn 2 ./windowsWordCountApp.jar
```

9.1.3　Kubernetes Cluster 部署

容器化部署是目前业界非常流行的一项技术,基于 Docker 镜像运行能够让用户更加方便地对应用进行管理和运维。随着 Docker 容器编排工具 Kubernetes 近几年逐渐流行起来,大多数企业也逐渐使用 Kubernetes 来管理集群容器资源,Flink 也在最近的版本中支持了 Kubernetes 部署模式，让用户能够基于 Kubernetes 来构建 Flink Session Cluster，也可以通过 Docker 镜像的方式向 Kuernetes 集群中提交独立的 Flink 任务。下面将介绍如何基于 Kubernetes 部署 Flink Session 集群，如果用户已经有部署好的 Kubernetes 集群，则可以直接使用，否则需要搭建 Kubernetes 集群，具体的搭建步骤可以参考 Kubernetes 的官方网站，这里不再赘述。

1. Yaml 配置

在 Kubernetes 上构建 Flink Session Cluster，需要将 Flink 集群中的组件对应的 Docker 镜像分别在 Kubernetes 集群中启动，其中包括 JobManager、TaskManager、JobManager-Services 三个镜像服务，其中每个镜像服务都可以从中央镜像仓库中获取，用户也可以构建本地的镜像仓库，针对每个组件所相应 Kubernetes Yamb 配置如下：

❑ JobManager yaml 配置

主要提供运行 JobManager 组件镜像的参数配置，包含 JobManager 自身的参数，例如 RPC 端口等配置信息，JobManager yaml 的配置文件如下：

```yaml
apiVersion: extensions/v1beta1
kind: Deployment
metadata:
  name: flink-jobmanager
spec:
  replicas: 1
  template:
    metadata:
      labels:
        app: flink
        component: jobmanager
    spec:
      containers:
      - name: jobmanager
        image: flink:latest
        args:
        - jobmanager
        ports:
        - containerPort: 6123
          name: rpc
        - containerPort: 6124
          name: blob
        - containerPort: 6125
          name: query
        - containerPort: 8081
          name: ui
```

```
        env:
        - name: JOB_MANAGER_RPC_ADDRESS
          value: flink-jobmanager
```

❏ TaskManager Yaml 配置

主要提供运行 TaskManager 组件的参数配置,以及 TaskManager 自身的参数,例如 RPC 端口等配置信息。

```
apiVersion: extensions/v1beta1
kind: Deployment
metadata:
  name: flink-taskmanager
spec:
  replicas: 2
  template:
    metadata:
      labels:
        app: flink
        component: taskmanager
    spec:
      containers:
      - name: taskmanager
        image: flink:latest
        args:
        - taskmanager
        ports:
        - containerPort: 6121
          name: data
        - containerPort: 6122
          name: rpc
        - containerPort: 6125
          name: query
        env:
        - name: JOB_MANAGER_RPC_ADDRESS
          value: flink-jobmanager
```

❏ JobManagerServices 配置

主要为 Flink Session 集群提供对外的 RestApi 和 UI 地址,使得用户可以通过 Flink UI 的方式访问集群并获取任务和监控信息。JobManagerServices Yaml 配置文件如下:

```
apiVersion: v1
kind: Service
metadata:
  name: flink-jobmanager
spec:
  ports:
  - name: rpc
```

```
    port: 6123
  - name: blob
    port: 6124
  - name: query
    port: 6125
  - name: ui
    port: 8081
  selector:
    app: flink
    component: jobmanager
```

2. 启动 Flink Sesssion Cluster

当各个组件服务配置文件定义完毕后，就可以通过使用以下 Kubectl 命令创建 Flink Session Cluster，集群启动完成后就可以通过 JobJobManagerServices 中配置的 WebUI 端口访问 FlinkWeb 页面。

```
// 启动 jobmanager-service 服务
kubectl create -f jobmanager-service.yaml
// 启动 jobmanager-deployment 服务
kubectl create -f jobmanager-deployment.yaml
// 启动 taskmanager-deployment 服务
kubectl create -f taskmanager-deployment.yaml
```

❑ 获取 Flink Session Cluster 状态

集群启动后就可以通过 kubectl proxy 方式访问 Flink UI，需要保证 kubectl proxy 在终端中运行，并在浏览器里输入以下地址，就能够访问 FlinkUI，其中 JobManagerHost 和 port 是在 JobManagerYaml 文件中配置的相应参数。

http://{JobManagerHost:Port}/api/v1/namespaces/default/services/flink-jobmanager:ui/proxy

❑ 停止 Flink Session Cluster

可以通过 kubectl delete 命令行来停止 Flink Session Cluster。

```
// 停止 jobmanager-deployment 服务
kubectl delete -f jobmanager-deployment.yaml
// 停止 taskmanager-deployment 服务
kubectl delete -f taskmanager-deployment.yaml
// 停止 jobmanager-service 服务
kubectl delete -f jobmanager-service.yaml
```

9.2 Flink 高可用配置

目前 Flink 高可用配置仅支持 Standalone Cluster 和 Yarn Cluster 两种集群模式，同时

Flink 高可用配置中主要针对 JobManager 的高可用保证，因为 JobManager 是整个集群的管理节点，负责整个集群的任务调度和资源管理，如果 JobManager 出现问题将会导致新 Job 无法提交，并且已经执行的 Job 也将全部失败，因此对 JobManager 的高可用保证尤为重要。

Flink 集群默认是不开启 JobManager 高可用保证的，需要用户自行配置，下面将分别介绍 Flink 在 Standalone Cluster 和 Yarn Session Cluster 两种集群模式下如何进行 JobManager 高可用配置，以保证集群安全稳定运行。

9.2.1 Standalone 集群高可用配置

Standalone 集群中的 JobManager 高可用主要借助 Zookeeper 来完成，Zookeeper 作为大数据生态中的分布式协调管理者，主要功能是为分布式系统提供一致性协调（Coordination）服务。在 Flink Standalone 集群中，JobManager 的服务信息会被注册到 Zookeeper 中，并通过 Zookeeper 完成 JobManager Leader 的选举。Standalone 集群会同时存在多个 JobManager，但只有一个处于工作状态，其他处于 Standby 状态，当 Active JobManager 失去连接后（如系统宕机），Zookeeper 会自动从 Standby 中选举新的 JobManager 来接管 Flink 集群。

如果用户并没有在环境中安装 Zookeeper，也可以使用 Flink 中自带的 Zookeeper 服务，如以下代码所示需要通过在 conf/zoo.cfg 文件中配置需要启动的 Zookeeper 主机，然后 Flink 就能够在启动的过程中在相应的主机上启动 Zookeeper 服务，因此不再需要用户独立安装 Zookeeper 服务。

```
server.X=addressX:peerPort:leaderPort
server.Y=addressY:peerPort:leaderPort
```

在上述配置中，server.X 和 server.Y 分别为 Zookeeper 服务所在主机对应的唯一 ID，配置完成后通过执行 bin/start-zookeeper-quorum.sh 脚本来启动 Zookeeper 服务。需要注意的是，Flink 方不建议用户在生产环境中使用这种方式，应尽可能使用独立安装的 Zookeeper 服务，保证生产系统的安全与稳定。

在 Standalone Cluster 高可用配置中，还需要对 masters 和 flink-conf.yaml 两个配置文件进行修改，以下分别介绍如何对每个配置文件的参数进行修改。

首先，在 conf/masters 文件中添加以下配置，用于指定 jobManagerAddress 信息，分别为主备节点的 JobManager 的 Web 地址和端口。

```
jobManagerAddress1:webUIPort1
jobManagerAddress2:webUIPort2
```

然后在 conf/flink-conf.yaml 文件中配置如下 Zookeeper 的相关配置：

- 高可用模式，通过 Zookeeper 支持系统高可用，默认集群不会开启高可用状态。

```
high-availability: zookeeper
```

- Zookeeper 服务地址，多个 IP 地址可以使用逗号分隔。

```
high-availability.zookeeper.quorum: zkHost:2181[,...],zkAdress:2181
```

- Zookeeper 中 Flink 服务对应的 root 路径。

```
high-availability.zookeeper.path.root: /flink
```

- 在 Zookeeper 中配置集群的唯一 ID，用以区分不同的 Flink 集群。

```
high-availability.cluster-id: /default_ns
```

- 用于存放 JobManager 元数据的文件系统地址。

```
high-availability.storageDir: hdfs:///flink/recovery
```

以下通过实例来说明如何配置两个 JobManager 的 Standalone 集群。

- 首先在 conf/flink-conf.yaml 文件中配置 high-availability:zookeeper 以及 Zookeeper 服务的地址和 cluster-id 信息等。

```
high-availability: zookeeper
high-availability.zookeeper.quorum: zkHost1:2181, zkHost2:2181, zkHost3:2181
high-availability.zookeeper.path.root: /flink
high-availability.cluster-id: /standalone_cluster_1
high-availability.storageDir: hdfs://namenode:8020/flink/ha
```

- 其次在 JobManager 节点的 conf/masters 文件中配置 Masters 信息，且分别使用 8081 和 8082 端口作为 JobManager Rest 服务端口。

```
localhost:8081
localhost:8082
```

- 如果系统中没有 Zookeeper 集群，则需要配置 conf/zoo.cfg 以启用 Flink 自带的 Zookeeper 服务。

```
server.0=localhost:2888:3888
```

- 通过 start-zookeeper-quorum.sh 启动 Flink 自带的 Zookeeper 集群。

```
bin/start-zookeeper-quorum.sh
Starting zookeeper daemon on host localhost.
```

❑ 最后启动 Standalone HA-cluster 集群。

```
$ bin/start-cluster.sh
Starting HA cluster with 2 masters and 1 peers in ZooKeeper quorum.
Starting jobmanager daemon on host localhost.
Starting jobmanager daemon on host localhost.
Starting taskmanager daemon on host localhost.
```

❑ 可以通过如下命令停止 Flink Standalone HA 集群以及 ZooKeeper 服务。

```
./bin/stop-cluster.sh
Stopping taskmanager daemon (pid: 7647) on localhost.
Stopping jobmanager daemon (pid: 7495) on host localhost.
Stopping jobmanager daemon (pid: 7349) on host localhost.
./bin/stop-zookeeper-quorum.sh
Stopping zookeeper daemon (pid: 7101) on host localhost.
```

9.2.2 Yarn Session 集群高可用配置

在 Flink Yarn Session 集群模式下，高可用主要依赖于 Yarn 协助进行，主要因为 Yarn 本身对运行在 Yarn 上的应用具有一定的容错保证。前面已经了解到 Flink On Yarn 的模式其实是将 Flink JobManager 执行在 ApplicationMaster 所在的容器之中，同时 Yarn 不会启动多个 JobManager 达到高可用目的，而是通过重启的方式保证 JobManager 高可用。

可以通过配置 yarn-site.xml 文件中的 yarn.resourcemanager.am.max-attempts 参数来设定 Hadoop Yarn 中 ApplicationMaster 的最大重启次数。当 Flink Session 集群中的 JobManager 因为机器宕机或者重启等停止运行时，通过 Yarn 对 ApplicationMaster 的重启来恢复 JobManager，以保证 Flink 集群高可用。

除了能够在 Yarn 集群中配置任务最大重启次数保证高可用之外，也可以在 flink-conf.yaml 中通过 yarn.application-attempts 参数配置应用的最大重启次数，以下配置表示 Flink 应用最多可以被重启 4 次，其中 1 次为集群初始化。需要注意的是，在 flink-conf.yaml 中配置的次数不能超过 Yarn 集群中配置的最大重启次数。

```
yarn.application-attempts: 5
```

下面通过实例说明具有两个 JobManager 的 Yarn Session Cluster 如何进行 HA 配置。

（1）首先在 conf/flink-conf.yaml 配置文件中添加 Zookeeper 信息，以及应用最大重启次数。

```
high-availability: zookeeper
high-availability.zookeeper.quorum: localhost:2181
high-availability.storageDir: hdfs://namenode:8020/flink/ha
high-availability.zookeeper.path.root: /flink
yarn.application-attempts: 5
```

（2）系统中如果没有 Zookeeper 集群，则需要配置 conf/zoo.cfg，以启用 Flink 自带 Zookeeper 服务。

```
server.0=localhost:2888:3888
```

（3）Zookeeper 配置完成后，可通过如下命令启动 Flink 自带 Zookeeper 集群。

```
$ bin/start-zookeeper-quorum.sh
Starting zookeeper daemon on host localhost.
```

（4）最后使用以下命令启动 Flink Yarn Session HA 集群，至此 Flink 基于 Yarn 的高可用就配置完成。

```
$ bin/yarn-session.sh -n 2
```

9.3　Flink 安全管理

在开启了网络安全认证的集群环境中，往往需要对计算框架进行安全认证，例如 Hadoop 环境已经开启 Kerberos 认证，就需要在 Flink 任务或集群中配置相应的认证参数以通过 Kerberos 安全认证，认证通过的应用才能获取到集群的资源以及数据，从而完成计算过程。下面将介绍 Flink 在开启 Kerberos 安全认证的集群中如何进行配置以提交和执行 Flink 任务。

9.3.1　认证目标

作为分布式计算框架，Flink 需要访问外部数据以及获取计算资源才能完成具体的计算任务。而在开启安全认证的集群中，一般是通过 Kerberos 服务对用户和服务进行双向认证，Kerberos 也是目前大数据生态中比较通用的安全认证协议，Flink 也只支持通过 Kerberos 进行网络安全认证。另外在 Flink 安全认证过程中，主要包含以下几个方面的安全认证：

❑ Connector 认证

通过 Connector 获取外部数据源中的数据，如果数据源开启 Kerberos 认证，则在任务执行过程中需要对数据源进行安全认证，例如从开启 Kerberos 认证的 Kafka 集群中消费数据。

❑ Zookeeper 认证

Flink 高可用需要借助于 Zookeeper 集群服务，如果 Zookeeper 开启了 Kerberos 认证并使用了 SASL 网络传输协议，则 Flink 做为客户端需要对 Zookeeper 进行网络安全认证。

❑ Hadoop 认证

在 OnYarn 集群，Flink 任务需要 Hadoop Yarn 上获取计算资源或访问 HDFS 上的数据，如果 Hadoop 开启了 Kerboros 认证，则 Flink 集群做为客户端需要进行安全认证，才能获取到 Hadoop Yarn 上的计算资源以及访问 HDFS 中的数据。

9.3.2 认证配置

上述提到的三种认证在认证方式上也有一定的区别。例如，使用 Hadoop Yarn 资源或读取 HDFS 数据，是通过 Hadoop 提供的 UserGroupInformation 对象创建进程级别的 Login Context 进行认证；对于 Connector 连接到 Kafka 或其他第三方存储介质的安全认证，是通过 JAAS 方式，在 Flink 任务执行过程中，动态将认证信息注入应用中以完成安全认证。

1. Hadoop 安全认证

在 Hadoop 安全管理中，通过 Hadoop 提供的 UserGroupInformation 对象对用户进行认证，并建立进程级别的登录上下文，这种方式适用于 Flink 集群对 Hadoop Yarn 资源的访问和 HDFS 数据的访问与存储。例如，Flink 集群在启动过程中需要向 Yarn 申请资源，同时会将中间结果数据存储在 HDFS 上，在集群开启 Kerberos 认证后，Flink 集群启动之前首先要对 Kerberos 用户进行初始化，然后才能启动 TaskManager 和 JobManager 等服务进程。

可以通过配置 Flink 集群以访问开启 Kerberos 认证的 Hadoop 集群。需要在 Standalone 集群和 Yarn Session 集群中每个节点上的 conf/flink-conf.yaml 文件中增加以下安全配置。

```
# 是否使用 ticket-cache
```

```
security.kerberos.login.use-ticket-cache: true
# 指定 Flink 集群 KeyTab 认证凭据
security.kerberos.login.keytab: /path/to/kerberos/keytab
# 指定 kerboros 登录凭据，默认 flink-user
security.kerberos.login.principal: flink-user
# 使用 JAAS Login Context 配置
security.kerberos.login.contexts: Client,KafkaClient
```

注意，如果配置通过 keytab 文件进行用户认证，则 use-ticket-cache 配置就会失效，系统每次会使用 keytab 文件进行认证。另外，需要确保 Flink 配置文件中 security.kerberos.login.keytab 路径中的 keytab 文件存在，且 keytab 中所对应的用户具有相应访问集群的权限。配置完成之后，就可以按照正常方式启动 Standalone 或 Yarn Session 集群服务。

另外在 Yarn Session 集群中，除了可以通过 keytab 文件进行网路安全认证之外，也可以使用 Ticket Cache 方式来认证。首先在 conf/flink-conf.yaml 文件中去除 keytab 配置，然后将 security.kerberos.login.use-ticket-cache 配置设定为 True。需要在每次启动 Flink 集群之前使用 Kinit 命令初始化 Kerberos 用户，然后按照正常方式启动 Flink 集群，注意，为避免 Cache 过期而导致集群无法启动，建议用户使用 keytab 的方式进行认证。

2. JAAS 认证

JAAS（Java 认证和授权服务）提供了认证与授权的基础框架与接口定义，适用于在 Flink 任务中动态地使用 Kerberos 凭据进行网络安全认证的情况。例如，在应用中创建 Connector 去访问外部数据源，Flink 可以通过动态参数的形式，将 Kerberos 认证参数信息传递至程序中，然后进行网络安全认证操作。

9.3.3 SSL 配置

在集群安全管理中，除了需要考虑网络安全认证之外，还要关注网络中数据传输的安全性，由于 Flink 本身是分布式计算框架的特点，必然会涉及数据在不同的计算节点中进行网络传输，而对于敏感数据，一旦被非法截获，就可能导致非常严重的后果。

在 Flink 集群中将网络传输分为两种：一种为 Flink 集群内部网络传输，主要包括 JobManager 和 TaskManager 之间的 RPC/BLOB 消息通信，例如 Reparation 操作中的数据传输等；另外一种为外部网络传输，例如 Flink JobManager 对外提供的 RestAPI 以及客户端命令行等，如图 9-2 所示。

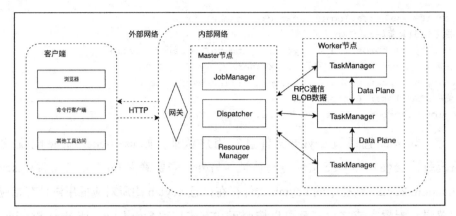

图 9-2 Flink 集群网络连接结构

针对每种网络传输，Flink 支持使用 SSL（服务层网络传输协议）对网络连接中的数据进行加密传输。另外可以对内部网络传输和外部网络传输配置不同的加密策略。

以下分别使用不同配置来打开内部网络连接和外部网络连接的 SSL 配置，为了向早期版本兼容，Flink 也提供了 security.ssl.enabled 参数直接打开与关闭内部和外部网络连接的 SSL 配置。

- 打开内部连接的 SSL 配置

```
security.ssl.internal.enabled: true
```

- 打开外部连接的 SSL 配置

```
security.ssl.rest.enabled: true
```

在内部连接中，除了通过支持使用 security.ssl.internal.enabled 参数来整体打开内部连接 SSL 配置之外，也可以更加精细地控制内部不同的网络连接。例如，通过如下配置，仅将 TaskManager 之间的 Data Plane 数据传输 SSL 配置为 true，其他内部网络传输不使用 SSL 加密传输。

```
taskmanager.data.ssl.enabled: true
```

打开 JobManager 到 TaskManager 的 BLOBs 网络传输的 SSL 配置。

```
blob.service.ssl.enabled: true
```

打开 JobManager、TaskManager 及 ResourceManager 之间基于 Akka 的网络连接的 SSL 配置。

```
akka.ssl.enabled:
```

以上配置仅是将 Flink 集群中内部网络或者外部网络的 SSL 配置激活，集群中使用 SSL 对数据进行加密转换，也需要分别对内网和外网的 SSL 配置项进行修改，其中包括存储公钥以及私钥信息的 KeyStores 以及主要存储可信任证书信息的 Truststores。

❑ 内部网络 SSL 配置

由于 Flink 内部网络传输都是相互认证，KeyStore 和 Truststore 包含相同的专用证书，且基于证书就可以在机器和服务之间形成互信机制，因此就可以保证内部网络传输安全。通过在 flink-conf.yaml 文件中配置如下信息来启用内部网络 SSL 通信加密，配置中分别包含了 keystore 以及 truststore 的相关配置选项。

```
security.ssl.internal.keystore: /path/to/file.keystore
security.ssl.internal.keystore-password: keystore_password
security.ssl.internal.key-password: key_password
security.ssl.internal.truststore: /path/to/file.truststore
security.ssl.internal.truststore-password: truststore_password
```

❑ 外部网络连接 SSL 配置

对于外部网络连接，默认情况下 keystore 在服务端中使用，truststore 是在 Rest 客户端中去接收服务端的认证证书，从而完成服务端和客户端的互信配置。可以通过如下配置对外部 Rest 网络连接中的 SSL 进行配置。

```
security.ssl.rest.keystore: /path/to/file.keystore
security.ssl.rest.keystore-password: keystore_password
security.ssl.rest.key-password: key_password
security.ssl.rest.truststore: /path/to/file.truststore
security.ssl.rest.truststore-password: truststore_password
security.ssl.rest.authentication-enabled: false
```

9.4 Flink 集群升级

对于长时间运行的 Flink 流式任务，如何进行有效地升级和运维对整个平台显得至关重要。与批计算场景不同，流式任务是 7*24 小时不间断运行，一旦任务启动，数据就会源源不断地接入到 Flink 系统中。如果在每次停止或重启 Flink 任务的过程中，不能及时保存原有任务中的状态数据，将会导致任务中的数据出现不一致的问题。为了解决此类问题 Flink 引入了 Savepoint，它是 Checkpoint 的一种特殊实现，目的是在停止任务时，能够将任务中的状态数据落地到磁盘中并持久化，然后当重新拉起任务时，就能够从已经持久化的 Savepoint 数据中恢复原有任务中的数据，从而保证数据的一致性。

另外，对于某些情况，例如任务中的代码逻辑改变，导致算子中状态计算方式和之前的版本不一致等，Flink 也提供了相应的方法对任务的状态数据进行恢复。

9.4.1 任务重启

Flink 的任务在停止或启动过程中，可以通过使用 savepoint 命令将 Flink 整个任务状态持久化到磁盘中。如以命令对正在执行的 Flink 任务进行 savepoint 操作，首先通过指定 jobID 确定需要重启的应用，然后通过指定 Savepoint 存储路径，将算子状态数据持久化到指定的本地路径中。

```
./bin/flink savepoint <jobID> [pathToSavepoint]
```

需要注意的是，savepoint 命令仅是将任务的状态数据持久化到固定路径中，任务并不会终止。可以通过如下 cancel 命令将正在运行的 Flink 任务优雅地停止，在停止过程中外部数据将不再接入，且 Flink 也不再执行 Checkpoint 操作，Savepoint 中存储着当前任务中最新的一份 Snapshot 数据。

```
./bin/flink cancel -s [pathToSavepoint] <jobID>
```

可以通过使用 flink run 命令加 -s 参数启动 Cancel 的 Flink 应用，其中 -s 参数代表 Savepoint 数据存储路径，这样 Flink 任务将可以从之前任务中所持久化的 savepoints 数据进行恢复，其中包括算子的状态和用户定义的状态数据等。

```
./bin/flink run -d -s [pathToSavepoint] ~/MyStreaming.jar
```

9.4.2 状态维护

前面已经讲过，Flink 将计算逻辑构建在不同的 Operator 中，且 Operator 主要分为两种类型：一种为有状态算子，例如基于窗口计算的算子；另一种为无状态算子，例如常见的 map 转换算子等。默认情况下，Flink 会对应用中的每个算子都会生成一个唯一的 ID，当应用代码没有发生改变，任务重启就能够根据默认算子 ID 对算子中的数据进行恢复。但如果应用代码发生了比较大的修改，例如增加或者修改了算子的逻辑，将有可能导致算子中状态数据无法恢复的情况。针对这种情况，Flink 允许在编写应用代码时对有状态的算子让用户手工指定唯一 ID。如以下代码所示，将 MyStatefulMapFunc 通过

"mapper-1" ID 标记，这样用户在调整应用代码的过程中只要沿用之前的算子 ID，就能够从 Savepoint 中恢复有状态算子的数据。

```
val mappedEvents= events.map(new MyStatefulMapFunc()).uid("mapper-1")
```

通常情况下，并不是所有的算子都需要指定 ID，用户可根据情况对部分重要的算子指定 ID，其他算子可以使用系统分配的默认 ID。同时 Flink 官方建议用户尽可能将所有算子进行手工标记，以便于在未来进行系统的升级和调整。另外对于新增加的算子，在 Savepoint 中没有维护对应的状态数据，Flink 会将算子恢复到默认状态。

对于在升级过程中，如果应用接入的数据类型发生变化，也可能会导致有状态算子数据恢复失败。有状态算子从定义的形式上共分为两种类型：一种为用户自定义有状态算子，例如通过实现 RichMapFunction 函数定义的状态算子；另一种为 Flink 内部提供的有状态算子，例如窗口算子中的状态数据等。每种算子除了通过 ID 进行标记以外，当接入数据类型发生变化时，数据恢复策略也有所不同。

❑ 自定义算子状态

用户自定义状态算子一般是用户自定义 RichFunction 类型的函数，然后通过接口注册在计算拓扑中，函数中维系了自定义中间状态数据，在升级和维护过程中，需要用户对算子的状态进行兼容和适配。例如，如果算子状态数据的类型发生变化，则可以通过定义中间算子，间接地将旧算子状态转换为新的算子状态。

❑ 算子内部状态

默认情况下，Flink 算子内部的状态是不向用户开放的，这些有状态算子相对比较固定，对输入和输出数据有非常明确的限制。目前 Flink 内部算子不支持数据类型的更改，如果输入和输出数据类型发生改变，则可能会破坏算子状态的一致性，从而影响到应用的升级，因此用户在使用这类算子的过程中应尽可能避免输入和输出的数据类型发生变化。

9.4.3 版本升级

前面介绍了 Flink 单个应用的重启和升级，会涉及对应用中的算子状态进行恢复。随着 Flink 的发展，社区会不断提供新的稳定版本供用户选择和使用，而这个过程中就会涉及 Flink 整体集群版本的升级。而在同一套集群之上可能会有非常多 Flink 应用运行，因此如何做到版本向下兼容以及应用数据的恢复是目前社区要重点解决的问题之一。

在 Flink 集群版本进行升级的过程中，主要包含了两步操作，分别为：

（1）执行 Savepoint 命令，将系统数据写入到 Savepoint 指定路径中。

（2）升级 Flink 集群至新的版本，并重新启动集群，将任务从之前的 Savepoint 数据中恢复。

在升级操作中，用户可以根据不同的业务场景选择原地升级或卷影复制升级的策略。其中原地升级表示直接从原有版本的 Flink 集群位置升级，需要事先将集群停止，并替换新的集群安装包；而卷影复制不需要立即停止原有集群，首先将 Savepoint 数据获取下来，并在服务器其他位置重新搭建一套新的 Flink 集群，新的集群升级完毕后，通过在 Savepoint 数据中恢复，然后将原有 Flink 集群关闭。

目前随着 Flink 版本的迭代，形成众多的社区版本，多个版本之间的兼容性会有一定的差别，有的版本能够完全向下兼容，但是个别版本不可以，用户可以在官方网站中查询 Flink 各个版本的向下兼容情况。

9.5 本章小结

本章重点介绍了如何在集群环境中部署和应用 Flink，其中涵盖了常见的 Flink 部署模式，例如基于 Standalone、YarnKubernetes 等集群部署模式。在 9.2 节介绍了如何通过开启 Standalone 和 Yarn 集群的高可用配置，从而保障集群在生产环境中的稳定运行。9.3 节重点介绍了 Flink 安全管理方面的内容，包括如果和开启 kerboros 认证的 Hadoop 集群进行网络安全认证，以及如何通过 Hadoop UserGroupInfmation 提供统一认证以及使用 JAAS 进行 Kerberos 动态认证。9.4 节介绍了 Flink 集群升级和运维的过程，包含对单个任务以及整个集群的升级，以及如何保证在升级过程中 Flink 任务中数据的一致性。经过本章的学习，能够让读者从实际使用的角度对 Flink 有一个更加深入的认识，以及如何将 Flink 用到真正的生产场景中，解决现实中的实际应用问题。

第 10 章

Flink 监控与性能优化

对于构建好的 Flink 集群，如何能够有效地进行集群以及任务方面的监控与优化是非常重要的，尤其对于 7*24 小时运行的生产环境。本章将从多个方面介绍 Flink 在监控和性能优化方面的内容，其中监控部分包含了 Flink 系统内部提供的常用监控指标的获取，以及用户如何自定义实现指标的采集和监控。同时，也会重点介绍 Checkpointing 以及任务反压的监控。然后通过分析各种监控指标帮助用户更好地对 Flink 应用进行性能优化，以提高 Flink 任务执行的数据处理性能和效率。

10.1 监控指标

Flink 任务提交到集群后，接下来就是对任务进行有效的监控。Flink 将任务监控指标主要分为系统指标和用户指标两种：系统指标主要包括 Flink 集群层面的指标，例如 CPU 负载，各组件内存使用情况等；用户指标主要包括用户在任务中自定义注册的监控指标，用于获取用户的业务状况等信息。Flink 中的监控指标可以通过多种方式获取，例如可以从 Flink UI 中直接查看，也可以通过 Rest Api 或 Reporter 获取。

10.1.1 系统监控指标

如图 10-1 所示，在 FlinkUI Overview 页签中，包含对系统中的 TaskManager、TaskSlots

以及 Jobs 的相关监控指标，用户可通过该页面获取正在执行或取消的任务数，以及任务的启动时间、截止时间、执行周期、JobID、Task 实例等指标。

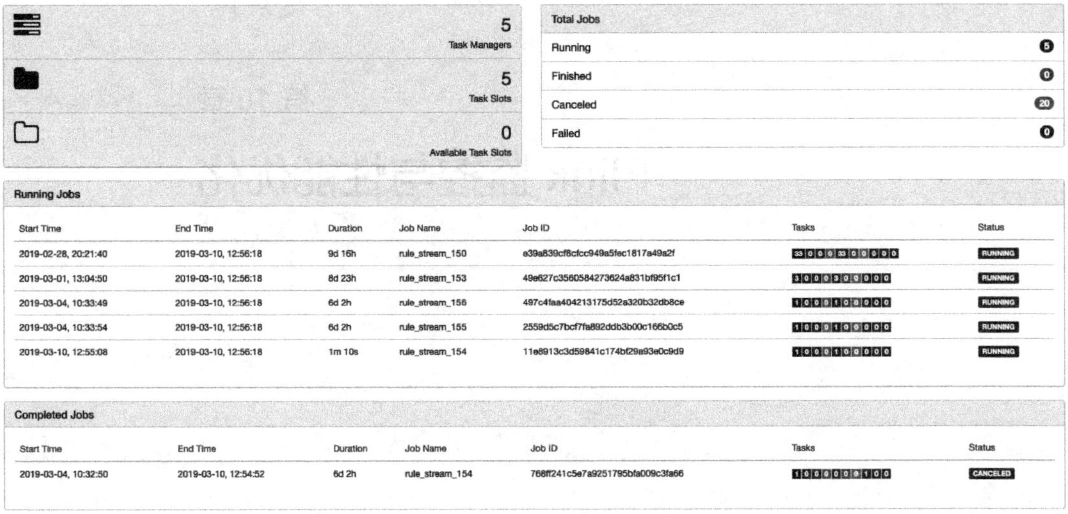

图 10-1　Flink 监控 Overview 页面

在 Task Manager 页签中可以获取到每个 TaskManager 的系统监控指标，例如 JVM 内存，包括堆外和堆内存的使用情况，以及 NetWork 中内存的切片数、垃圾回收的次数和持续时间等。

另外除了可以在 FlinkUI 中获取指标之外，用户也可以使用 Flink 提供的 RestAPI 获取监控指标。通过使用 http://hostname:8081 拼接需要查询的指标以及维度信息，就可以将不同服务和任务中的 Metric 信息查询出来，其中 hostname 为 JobManager 对应的主机名。

- 例如访问 http://hostname:8081/jobmanager/metrics 来获取所有 JobManager 的监控指标名称。

```
GET http://hostname: 8081/jobmanager/metrics
查询结果:
[{
    "id": "Status.JVM.GarbageCollector.PS_MarkSweep.Time"
},{
    "id": "Status.JVM.Memory.NonHeap.Committed"
},
...
]
```

同时可以在 URL 中添加 get=metric1,metric2 参数获取指定 Metric 的监控指标。例如，获取 Jobanager 内存 CPU 占用时间，就可以通过拼接 get=Status.JVM.CPU.Time 获取，其他的监控指标查询方法相似。

```
GET /jobmanager/metrics?get=Status.JVM.CPU.Time
  查询结果:
[
    {
        "id": "Status.JVM.CPU.Time",
        "value": "7052900000000"
    }
]
```

- 获取 taskmanagers 中 metric1 和 metric2 对应的 Value。

```
GET /taskmanagers/metrics?get=metric1,metric2
```

- 获取 taskmanagers 中 metric1 和 metric2 对应的 Value，以及所有 taskmanagers 的指标统计的最大值和最小值。

```
GET /taskmanagers/metrics?get=metric1,metric2&agg=max,min
```

- 获取指定 taskmanagerid 对应的 TaskManager 上的全部监控指标的 Metric 名称。

```
GET /taskmanagers/<taskmanagerid>/metrics
```

- 获取指定 JobID 对应的监控指标对应的 Metric 名称。

```
GET /jobs/<jobid>/metrics
```

- 获取指定 JobID 对应的任务中的 metric1 和 metric2 指标。

```
GET /jobs/<jobid>/metrics?get=metric1,metric2
```

- 获取指定 JobID 以及指定顶点的 subtask 监控指标。

```
GET /jobs/<jobid>/vertices/<vertexid>/subtasks/<subtaskindex>
```

对于监控指标的 metric 名称可以在官网中获取，这里不再深入介绍。

10.1.2 监控指标注册

除了使用 Flink 系统自带的监控指标之外，用户也可以自定义监控指标。可以通过在 RichFunction 中调用 getRuntimeContext().getMetricGroup() 获取 MetricGroup 对象，然后将需要监控的指标记录在 MetricGroup 所支持的 Metric 中，然后就可以将自定义指标注册到 Flink 系统中。目前 Flink 支持 Counters、Gauges、Histograms 以及 Meters 四种类型的监控指标的注册和获取。

❑ Counters 指标

Counters 指标主要为了对指标进行计数类型的统计，且仅支持 Int 和 Long 数据类型。例如在代码清单 10-1 中实现了 map 方法中对进入到算子中的正整数进行计数统计，得到 MyCounter 监控指标。

代码清单 10-1　实现 RichMapFunction 定义 Counters 指标

```
class MyMapper extends RichMapFunction[Long, Long] {
  @transient private var counter: Counter = _
  // 在 Open 方法中获取 Counter 实例化对象
  override def open(parameters: Configuration): Unit = {
    counter = getRuntimeContext()
      .getMetricGroup()
      .counter("MyCounter")}
  override def map(input : Long): Long = {
    if (input> 0) { counter.inc()// 如果 value>0, 则 counter 自增 }
    value
  }}
```

❑ Gauges 指标

Gauges 相对于 Counters 指标更加通用，可以支持任何类型的数据记录和统计，且不限制返回的结果类型。如代码清单 10-2 所示，通过使用 Gauges 指标对输入 Map 函数中的数据量进行累加统计，得到 MyGauge 统计指标。

代码清单 10-2　实现 RichMapFunction 定义 Gauges 指标

```
class gaugeMapper extends RichMapFunction[String,String] {
  @transient private var countValue = 0
  // 在 Open 方法中获取 gauge 实例化对象
  override def open(parameters: Configuration): Unit = {
    getRuntimeContext()
      .getMetricGroup()
        .gauge[Int, ScalaGauge[Int]]("MyGauge", ScalaGauge[Int]( () => countValue ) )
  }
  override def map(value: String): String = {
    countValue += 1 // 累加 countValue 值
    value
  }
}
```

❑ Histograms 指标

Histograms 指标主要为了计算 Long 类型监控指标的分布情况，并以直方图的形式展示。Flink 中没有默认的 Histograms 实现类，可以通过引入 Codahale/DropWizard Histograms 来完成数据分布指标的获取。注意，DropwizardHistogramWrapper 包装类并不在 Flink 默认依赖库中，需要单独引入相关的 Maven Dependency。如代码清单 10-3 所示，定义 histogramMapper 类实现 RichMapFunction 接口，使用 DropwizardHistogramWrapper 包装类转换 Codahale/DropWizard Histograms，统计 Map 函数中输入数据的分布情况。

代码清单 10-3　实现 RichMapFunction 定义 Histogram 指标

```
class histogramMapper extends RichMapFunction[Long, Long] {
  @transient private var histogram: Histogram = _
// 在 Open 方法中获取 Histogram 实例化对象
  override def open(config: Configuration): Unit = {
// 使用 DropwizardHistogramWrapper 包装类转换 Codahale/DropWizard Histograms
    val dropwizardHistogram =
      new com.codahale.metrics.Histogram(new SlidingWindowReservoir(500))
    histogram = getRuntimeContext()
      .getMetricGroup()
      .histogram("myHistogram", new
      DropwizardHistogramWrapper(dropwizardHistogram))
}
  override def map(value: Long): Long = {
    histogram.update(value) // 更新指标
    value
}}
```

❏ Meters 指标

Meters 指标是为了获取平均吞吐量方面的统计，与 Histograms 指标相同，Flink 中也没有提供默认的 Meters 收集器，需要借助 Codahale/DropWizard meters 实现，并通过 DropwizardMeterWrapper 包装类转换成 Flink 系统内部的 Meter。如代码清单 10-4 所示，在实现的 RichMapFunction 中定义 Meter 指标，并在 Meter 中使用 markEvent() 标记进入到函数中的数据。

代码清单 10-4　实现 RichMapFunction 定义 Meter 指标

```
class meterMapper extends RichMapFunction[Long,Long] {
  @transient private var meter: Meter = _
  // 在 Open 方法中获取 Meter 实例化对象
  override def open(config: Configuration): Unit = {
// 使用 DropwizardMeterWrapper 包装类转换 Codahale/DropWizard Meter
    val dropwizardMeter = new com.codahale.metrics.Meter()
    meter = getRuntimeContext()
```

```
      .getMetricGroup()
      .meter("myMeter", new DropwizardMeterWrapper(dropwizardMeter))
  }
  override def map(value: Long): Long = {
    meter.markEvent() // 更新指标
    value
  }
}
```

当自定义监控指标定义完毕之后,就可以通过使用 RestAPI 获取相应的监控指标,具体的使用方式读者可参考上一小节内容。

10.1.3 监控指标报表

Flink 提供了非常丰富的监控指标 Reporter,可以将采集到的监控指标推送到外部系统中。通过在 conf/flink-conf.yaml 中配置外部系统的 Reporter,在 Flink 集群启动的过程中就会将 Reporter 配置加载到集群环境中,然后就可以把 Flink 系统中的监控指标输出到 Reporter 对应的外部监控系统中。目前 Flink 支持的 Reporter 有 JMX、Graphite、Prometheus、StatsD、Datadog、Slf4j 等系统,且每种系统对应的 Reporter 均已在 Flink 中实现,用户可以直接配置使用。

在 conf/flink-conf.yaml 中 Reporter 的配置包含以下几项内容,其中 reporter-name 是用户自定义的报表名称,同时 reporter-name 用以区分不同的 reporter。

- metrics.reporter.<reporter-name>.<config>:配置 reporter-name 对应的报表的参数信息,可以通过指定 config 名称将参数传递给报表系统,例如配置服务器端口 <reporter-name>.port:9090。
- metrics.reporter.<reporter-name>.class:配置 reporter-name 对应的 class 名称,对应类依赖库需要已经加载至 Flink 环境中,例如 JMX Reporter 对应的是 org.apache.flink.metrics.jmx.JMXReporter。
- metrics.reporter.<reporter-name>.interval:配置 reporter 指标汇报的时间间隔,单位为秒。
- metrics.reporter.<reporter-name>.scope.delimiter:配置 reporter 监控指标中的范围分隔符,默认为 metrics.scope.delimiter 对应的分隔符。
- metrics.reporters:默认开户使用的 reporter,通过逗号分隔多个 reporter,例如 reporter1 和 reporter2。

如下通过介绍 Jmx 以及 Prometheus 两种 Reporter 来说明如何使用 Reporter 完成对监控指标的输出。

1. JMX Reporter 配置

JMX 可以跨越一系列异构操作系统平台、系统体系结构和网络传输协议，灵活地开发无缝集成的系统、网络和服务管理应用。目前大多数的应用都支持 JMX，主要因为 JMX 可以为运维监控提供简单可靠的数据接口。Flink 在系统内部已经实现 JMX Reporter，并通过配置就可以使用 JMX Reporter 输出监控指标到 JMX 系统中。

```
metrics.reporter.jmx.class: org.apache.flink.metrics.jmx.JMXReporter
metrics.reporter.jmx.port: 8789
```

其中 class 配置对应的 org.apache.flink.metrics.jmx.JMXReporter 类已经集成在 Flink 系统中，用户可以直接配置使用，metrics.reporter.jmx.port 配置是 JMX 服务的监听端口。

2. Prometheus Reporter 配置

对于使用 Prometheus Reporter 将监控指标发送到 Prometheus 中，首先需要在启动集群前将 /opt/flink-metrics-prometheus_2.11-1.7.2.jar 移到 /lib 路径下，并在 conf/flink-conf.yaml 中配置 Prometheus Reporter 相关信息。Prometheus Reporter 有两种形式，一种方式是通过配置 Prometheus 监听端口将监控指标输出到对应端口中，也可以不设定端口信息，默认使用 9249，对于多个 Prometheus Reporter 实例，可以使用端口段来设定。

```
metrics.reporter.prometheus.class: 
org.apache.flink.metrics.prometheus.PrometheusReporter
metrics.reporter.prometheus.port: 9249
```

另外一种方式是使用 PrometheusPushGateway，将监控指标发送到指定网关中，然后 Prometheus 从该网关中拉取数据，对应的 Reporter Class 为 PrometheusPushGateway-Reporter，另外需要指定 Pushgateway 的 Host、端口以及 JobName 等信息，通过配置 deleteOnShutdown 来设定 Pushgateway 是否在关机情况下删除 metrics 指标。

```
metrics.reporter.promgateway.class: 
org.apache.flink.metrics.prometheus.PrometheusPushGatewayReporter
metrics.reporter.promgateway.host: localhost
metrics.reporter.promgateway.port: 9091
metrics.reporter.promgateway.jobName: myJob
metrics.reporter.promgateway.randomJobNameSuffix: true
metrics.reporter.promgateway.deleteOnShutdown: false
```

10.2 Backpressure 监控与优化

反压在流式系统中是一种非常重要的机制，主要作用是当系统中下游算子的处理速度下降，导致数据处理速率低于数据接入的速率时，通过反向背压的方式让数据接入的速率下降，从而避免大量数据积压在 Flink 系统中，最后系统无法正常运行。Flink 具有天然的反压机制，不需要通过额外的配置就能够完成反压处理。

10.2.1 Backpressure 进程抽样

当在 FlinkUI 中切换到 Backpressure 页签时，Flink 才会对整个 Job 触发反压数据的采集，反压过程对系统有一定的影响，主要因为 JVM 进程采样成本较高。如图 10-2 所示，Flink 通过在 TaskManager 中采样 LocalBufferPool 内存块上的每个 Task 的 stack Trace 实现。默认情况下，TaskManager 会触发 100 次采样，然后将采样的结果汇报给 JobManager，最终通过 JobManager 进行汇总计算，得出反压比例并在页面中展示，反压比例等于反压出现次数 / 采样次数。

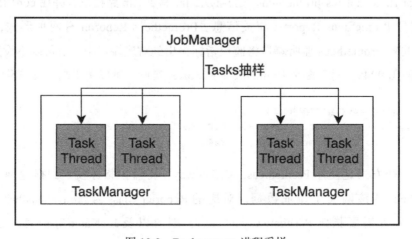

图 10-2　Backpressure 进程采样

如图 10-3 所示，通过在页面中点击 Back Pressure 页签触发反压检测，整个采样过程大约会持续 5s 中，每次采样的间隔为 50ms，持续 100 次。同时，为了避免让 TaskManager 过多地采样 Stack Trace，即便页面被刷新，也要等待 60s 后才能触发下一次 Sampling 过程。

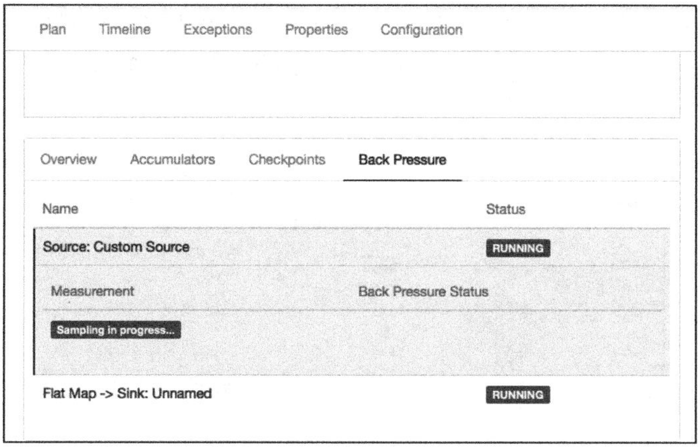

图 10-3　页面开启 Backpressure 进程采样

10.2.2　Backpressure 页面监控

通过触发 JVM 进程采样的方式获取到反压监控数据，同时 Flink 会将反压状态分为三个级别，分别为 OK、LOW、HIGH 级别，其中 OK 对应的反压比例为大于 0 小于 10%，LOW 对应的反压比例大于 10% 小于 50%，HIGH 对应的反压比例大于 50% 小于 100%。

如图 10-4 所示，对 Task 进行抽样显示，所有的 Subtasks 状态均显示 OK，表示未发生发大规模的数据堵塞，系统整体运行正常，不需要做任何调整。

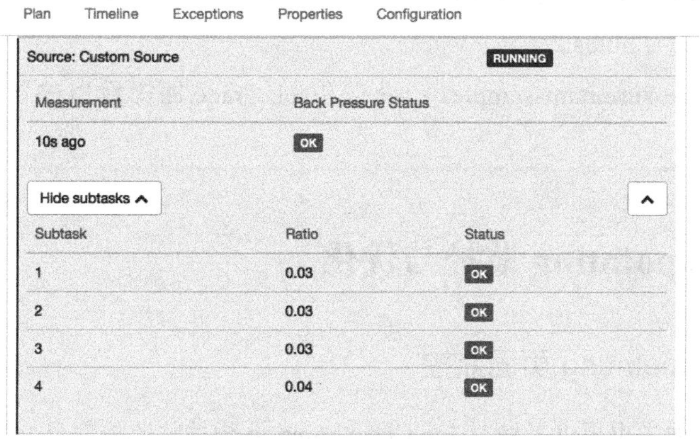

图 10-4　反压状态良好

如图 10-5 所示，对 Task 进行采样检测，所有的 Subtasks 状态均显示 HIGH，表示系统触发了比较多的反压,需要适当地增加 Subtask 并发度或者降低数据生产速度,否则经过长时间的运行后,系统中处理的数据将出现比较严重的超时现象。

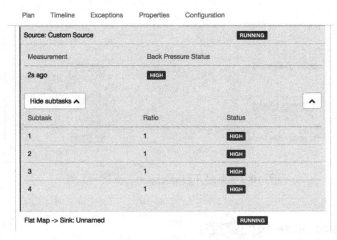

图 10-5　反压状态异常

10.2.3　Backpressure 配置

针对反压的优化,用户可以调整以下参数:

- web.backpressure.cleanup-interval:当启动反压数据采集后,需要等待页面并获取反压数据的时间长度,默认 60s。
- web.backpressure.delay-between-samples:Stack Trace 抽样到确认反压状态之间的时延,默认为 50ms。
- web.backpressure.num-samples:设定 Stack Trace 抽样数以确定反压状态,默认为 100。

10.3　Checkpointing 监控与优化

10.3.1　Checkpointing 页面监控

Flink Web 页面中也提供了针对 Job Checkpointing 相关的监控信息,Checkpointing 监控页面中共有 Overview、History、Summary 和 Configuration 四个页签,分别对 Checkpointing 从不同的角度进行了监控,每个页面中都包含了与 Checkpointing 相关的指标。

1. Overview 页签

Overview 页签中宏观地记录了 Flink 应用中 Checkpoints 的数量以及 Checkpoint 的最新记录，包括失败和完成的 Checkpoints 记录。

如图 10-6 所示，Overview 页签中包含了以下指标，这些指标会依赖于 JobManager 的存活，也就是说当 JobManager 关闭或者重置都会置空这些统计信息。

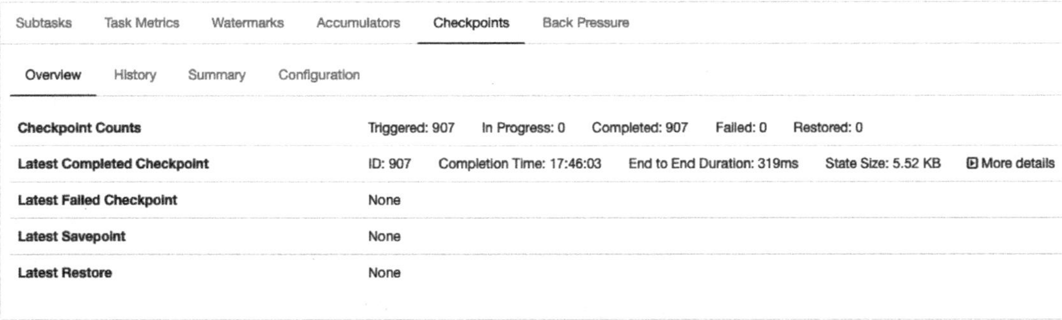

图 10-6　Checkpointing Overview 页面

- Checkpoint Counts：包含了触发、进行中、完成、失败、重置等 Checkpoint 状态数量统计。
- Latest Completed Checkpoint：记录了最近一次完成的 Checkpoint 信息，包括结束时间，端到端时长，状态大小等。
- Latest Failed Checkpoint：记录了最近一次失败的 Checkpoint 信息。
- Latest Savepoint：记录了最近一次 Savepoint 触发的信息。
- Latest Restore：记录了最近一次重置操作的信息，包括从 Checkpoint 和 Savepoint 两种数据中重置恢复任务。

2. History 页签

如图 10-7 所示，History 页面中记录了历史触发 Checkpoint 的详情，包括 Checkpoint 的 ID、状态、触发时间，最后一次 Acknowledgement 信息等，通过点击 More details 对应的链接可以查看子 Task 对应的 Checkpoint 数据。

3. Summary 页签

Summary 页面中记录了所有完成的 Checkpoint 统计指标的最大值、最小值，以及平均值等，指标中包括端到端的持续时间、状态大小，以及分配过程中缓冲的数据大小。

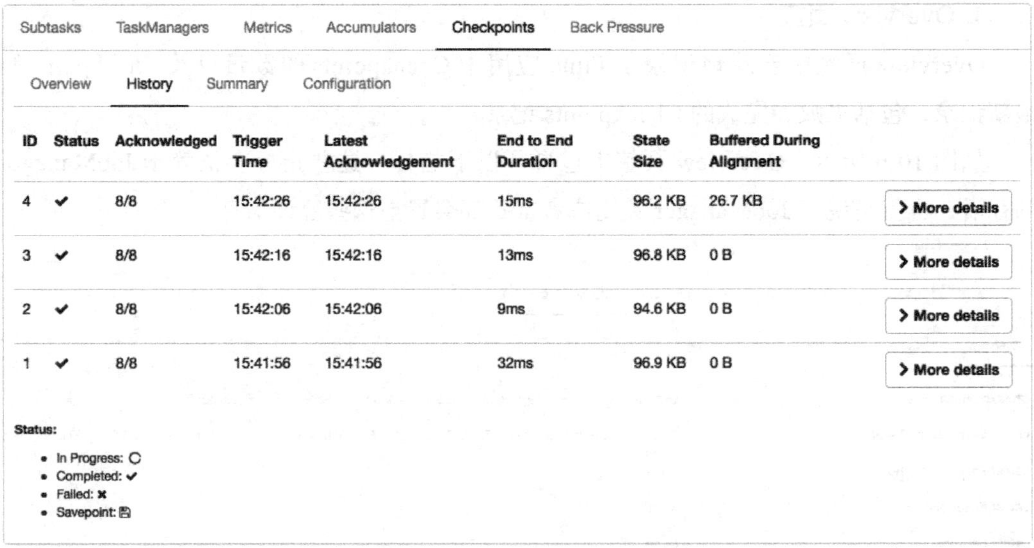

图 10-7 Checkpointing History 监控

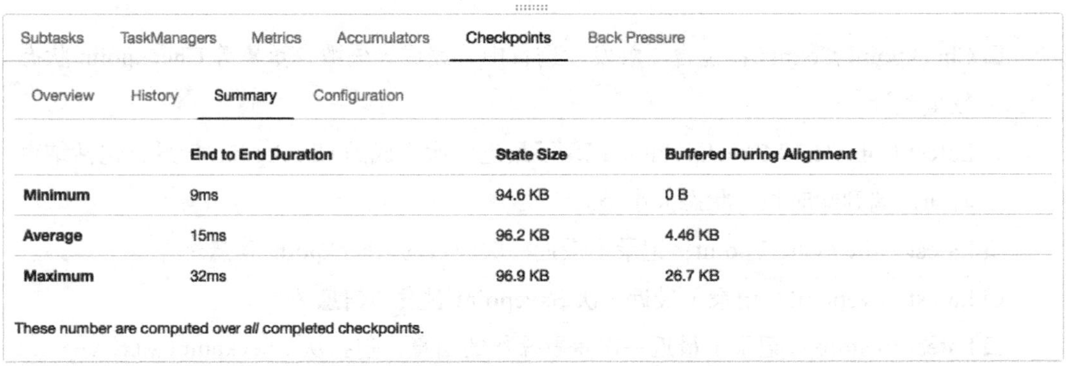

图 10-8 Checkpointing Sumary 监控

4. Configuration 页签

Configuration 页签中包含 Checkpoints 中所有的基本配置，具体的配置解释如下：

- Checkpointing Mode: 标记 Checkpointing 是 Exactly Once 还是 At Least Once 的模式。
- Interval: Checkpointing 触发的时间间隔，时间间隔越小意味着越频繁的 Checkpointing。
- Timeout: Checkpointing 触发超时时间，超过指定时间 JobManager 会取消当次

Checkpointing，并重新启动新的 Checkpointing。
- Minimum Pause Between Checkpoints：配置两个 Checkpoints 之间最短时间间隔，当上一次 Checkpointing 结束后，需要等待该时间间隔才能触发下一次 Checkpoints，避免触发过多的 Checkpoints 导致系统资源被消耗。
- Persist Checkpoints Externally：如果开启 Checkpoints，数据将同时写到外部持久化存储中。

10.3.2 Checkpointing 优化

1. 最小时间间隔

当 Flink 应用开启 Checkpointing 功能，并配置 Checkpointing 时间间隔，应用中就会根据指定的时间间隔周期性地对应用进行 Checkpointing 操作。默认情况下 Checkpointing 操作都是同步进行，也就是说，当前面触发的 Checkpointing 动作没有完全结束时，之后的 Checkpointing 操作将不会被触发。在这种情况下，如果 Checkpointing 过程持续的时间超过了配置的时间间隔，就会出现排队的情况。如果有非常多的 Checkpointing 操作在排队，就会占用额外的系统资源用于 Checkpointing，此时用于任务计算的资源将会减少，进而影响到整个应用的性能和正常执行。

在这种情况下，如果大状态数据确实需要很长的时间来进行 Checkpointing，那么只能对 Checkpointing 的时间间隔进行优化，可以通过 Checkpointing 之间的最小间隔参数进行配置，让 Checkpointing 之间根据 Checkpointing 执行速度进行调整，前面的 Checkpointing 没有完全结束，后面的 Checkpointing 操作也不会触发。

```
StreamExecutionEnvironment.getCheckpointConfig().setMinPauseBetweenCheckpo
ints(milliseconds)
```

通过最小时间间隔参数配置，可以降低 Checkpointing 对系统的性能影响，但需要注意的是，对于非常大的状态数据，最小时间间隔只能减轻 Checkpointing 之间的堆积情况。如果不能有效快速地完成 Checkpointing，将会导致系统 Checkpointing 频次越来越低，当系统出现问题时，没有及时对状态数据有效地持久化，可能会导致系统丢失数据。因此，对于非常大的状态数据而言，应该对 Checkpointing 过程进行优化和调整，例如采用增量 Checkpointing 的方法等。

> **注意** 用户可以通过配置 CheckpointConfig 中 setMaxConcurrentCheckpoints() 方法设定并行执行的 Checkpoints 数量，这种方式也能有效降低 Checkpointing 堆积的问题，但会提高 Checkpointing 的资源占用。同时，如果开启了并行 Checkpointing 操作，当用户以手动方式触发 Savepoint 的时候，Checkpoint 操作也将继续执行，这将影响到 Savepoint 过程中对状态数据的持久化。

2. 状态容量预估

除了对已经运行的任务进行 Checkpointing 优化，对整个任务需要的状态数据量进行预估也非常重要，这样才能选择合适的 Checkpointing 策略。对任务状态数据存储的规划依赖于如下基本规则：

- 正常情况下应该尽可能留有足够的资源来应对频繁的反压。
- 需要尽可能提供给额外的资源，以便在任务出现异常中断的情况下处理积压的数据。这些资源的预估都取决于任务停止过程中数据的积压量，以及对任务恢复时间的要求。
- 系统中出现临时性的反压没有太大的问题，但是如果系统中频繁出现临时性的反压，例如下游外部系统临时性变慢导致数据输出速率下降，这种情况就需要考虑给予算子一定的资源。
- 部分算子导致下游的算子的负载非常高，下游的算子完全是取决于上游算子的输出，因此对类似于窗口算子的估计也将会影响到整个任务的执行，应该尽可能给这些算子留有足够的资源以应对上游算子产生的影响。

3. 异步 Snapshot

默认情况下，应用中的 Checkpointing 操作都是同步执行的，在条件允许的情况下应该尽可能地使用异步的 Snapshot，这样将大幅度提升 Checkpointing 的性能，尤其是在非常复杂的流式应用中，如多数据源关联、Co-functions 操作或 Windows 操作等，都会有较好的性能改善。

在使用异步快照前需要确认应用遵循以下两点要求：

- 首先必须是 Flink 托管状态，即使用 Flink 内部提供的托管状态所对应的数据结构，例如常用的有 ValueState、ListState、ReducingState 等类型状态。
- StateBackend 必须支持异步快照，在 Flink1.2 的版本之前，只有 RocksDB 完整地支持异步的 Snapshots 操作，从 Flink1.3 版本以后可以在 heap-based StateBackend 中支持异步快照功能。

4. 状态数据压缩

Flink 中提供了针对 Checkpoints 和 Savepoints 的数据进行压缩的方法，目前 Flink 仅支持通过用 Snappy 压缩算法对状态数据进行压缩，在未来的版本中 Flink 将支持其他压缩算法。在压缩过程中，Flink 的压缩算法支持 Key-Group 层面压缩，也是就是不同的 Key-Group 分别被压缩成不同的部分，因此解压缩过程可以并行进行，这对大规模数据的压缩和解压缩带来非常高的性能提升和较强的可拓展性。Flink 中使用的压缩算法在 ExecutionConfig 中进行指定，通过将 setUseSnapshotCompression 方法中的值设定为 true 即可。

```
ExecutionConfig executionConfig = new ExecutionConfig();
executionConfig.setUseSnapshotCompression(true);
```

5. Checkpoint Delay Time

Checkpoints 延时启动时间并不会直接暴露在客户端中，而是需要通过以下公式计算得出。如果该时间过长，则表明算子在进行 Barries 对齐，等待上游的算子将数据写入到当前算子中，说明系统正处于一个反压状态下。Checkpoint Delay Time 可以通过整个端到端的计算时间减去异步持续的时间和同步持续的时间得出。

```
checkpoint_start_delay = end_to_end_duration - synchronous_duration - asynchronous_duration
```

10.4　Flink 内存优化

在大数据领域，大多数开源框架（Hadoop、Spark、Storm）都是基于 JVM 运行，但是 JVM 的内存管理机制往往存在着诸多类似 OutOfMemoryError 的问题，主要是因为创建过多的对象实例而超过 JVM 的最大堆内存限制，却没有被有效回收掉，这在很大程度上影响了系统的稳定性，尤其对于大数据应用，面对大量的数据对象产生，仅仅靠 JVM 所提供的各种垃圾回收机制很难解决内存溢出的问题。在开源框架中有很多框架都实现了自己的内存管理，例如 Apache Spark 的 Tungsten 项目，在一定程度上减轻了框架对 JVM 垃圾回收机制的依赖，从而更好地使用 JVM 来处理大规模数据集。

如图 10-9 所示，Flink 也基于 JVM 实现了自己的内存管理，将 JVM 根据内存区分为 Unmanned Heap、Flink Managed Heap、Network Buffers 三个区域。在 Flink 内部对 Flink Managed Heap 进行管理，在启动集群的过程中直接将堆内存初始化成 Memory Pages Pool，也就是将内存全部以二进制数组的方式占用，形成虚拟内存使用空间。新创建的对象都是以序列化成二进制数据的方式存储在内存页面池中，当完成计算后数据对象 Flink 就会将 Page 置空，而不是通过 JVM 进行垃圾回收，保证数据对象的创建永远不会超过 JVM 堆内存大小，也有效地避免了因为频繁 GC 导致的系统稳定性问题。

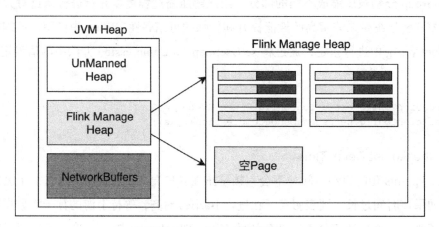

图 10-9　Flink 内存管理

10.4.1　Flink 内存配置

1. JobManager 配置

以下分别针对 JobManager 和 TaskManager 组件内存配置进行说明。

JobManager 在 Flink 系统中主要承担管理集群资源、接收任务、调度 Task、收集任务状态以及管理 TaskManager 的功能，JobManager 本身并不直接参与数据的计算过程中，因此 JobManager 的内存配置项不是特别多，只要指定 JobManager 堆内存大小即可。

❑ jobmanager.heap.size：设定 JobManager 堆内存大小，默认为 1024MB。

2. TaskManager 配置

TaskManager 作为 Flink 集群中的工作节点，所有任务的计算逻辑均执行在 TaskManager 之上，因此对 TaskManager 内存配置显得尤为重要，可以通过以下参数配置对 TaskManager 进行优化和调整。

- taskmanager.heap.size：设定 TaskManager 堆内存大小，默认值为 1024M，如果在 Yarn 的集群中，TaskManager 取决于 Yarn 分配给 TaskManager Container 的内存大小，且 Yarn 环境下一般会减掉一部分内存用于 Container 的容错。
- taskmanager.jvm-exit-on-oom：设定 TaskManager 是否会因为 JVM 发生内存溢出而停止，默认为 false，当 TaskManager 发生内存溢出时，也不会导致 TaskManager 停止。
- taskmanager.memory.size：设定 TaskManager 内存大小，默认为 0，如果不设定该值将会使用 taskmanager.memory.fraction 作为内存分配依据。
- taskmanager.memory.fraction：设定 TaskManager 堆中去除 Network Buffers 内存后的内存分配比例。该内存主要用于 TaskManager 任务排序、缓存中间结果等操作。例如，如果设定为 0.8，则代表 TaskManager 保留 80% 内存用于中间结果数据的缓存，剩下 20% 的内存用于创建用户定义函数中的数据对象存储。注意，该参数只有在 taskmanager.memory.size 不设定的情况下才生效。
- taskmanager.memory.off-heap：设置是否开启堆外内存供 Managed Memory 或者 Network Buffers 使用。
- taskmanager.memory.preallocate：设置是否在启动 TaskManager 过程中直接分配 TaskManager 管理内存。
- taskmanager.numberOfTaskSlots：每个 TaskManager 分配的 slot 数量。

10.4.2 Network Buffers 配置

Flink 将 JVM 堆内存切分为三个部分，其中一部分为 Network Buffers 内存。Network Buffers 内存是 Flink 数据交互层的关键内存资源，主要目的是缓存分布式数据处理过程中的输入数据。例如在 Repartitioning 和 Broadcating 操作过程中，需要消耗大量的 Network Buffers 对数据进行缓存，然后才能触发之后的操作。通常情况下，比较大的 Network Buffers 意味着更高的吞吐量。如果系统出现"Insufficient number of network buffers"的错误，一般是因为 Network Buffers 配置过低导致，因此，在这种情况下需要适当调整 TaskManager 上 Network Buffers 的内存大小，以使得系统能够达到相对较高的吞吐量。

目前 Flink 能够调整 Network Buffer 内存大小的方式有两种：一种是通过直接指定 Network Buffers 内存数量的方式，另外一种是通过配置内存比例的方式。

1. 设定 Network Buffer 内存数量

直接设定 Nework Buffer 数量需要通过如下公式计算得出：

```
NetworkBuffersNum = total-degree-of-parallelism * intra-node-parallelism * n
```

其中 total-degree-of-parallelism 表示每个 TaskManager 的总并发数量，intra-node-parallelism 表示每个 TaskManager 输入数据源的并发数量，n 表示在预估计算过程中 Repartitioning 或 Broadcasting 操作并行的数量。intra-node-parallelism 通常情况下与 TaskManager 的所占有的 CPU 数一致，且 Repartitioning 和 Broadcating 一般下不会超过 4 个并发。可以将计算公式转化如下：

```
NetworkBuffersNum = <slots-per-TM>^2 * < TMs>* 4
```

其中 slots-per-TM 是每个 TaskManager 上分配的 slots 数量，TMs 是 TaskManager 的总数量。对于一个含有 20 个 TaskManager，每个 TaskManager 含有 8 个 Slot 的集群来说，总共需要的 Network Buffer 数量为 8^2*20*4=5120 个，因此集群中配置 Network Buffer 内存的大小约为 300M 较为合适。

计算完 Network Buffer 数量后，可以通过添加如下两个参数对 Network Buffer 内存进行配置。其中 segment-size 为每个 Network Buffer 的内存大小，默认为 32KB，一般不需要修改，通过设定 numberOfBuffers 参数以达到计算出的内存大小要求。

- taskmanager.network.numberOfBuffers：指定 Network 堆栈 Buffer 内存块的数量。
- taskmanager.memory.segment-size.：内存管理器和 Network 栈使用的内存 Buffer 大小，默认为 32KB。

2. 设定 Network 内存比例

在 1.3 版本以前，设定 Network Buffers 内存大小需要通过上面的方式进行，显然相对比较繁琐。从 1.3 版本开始，Flink 就提供了通过指定内存比例的方式设置 Network Buffer 内存大小，其涵盖的配置参数如下：

- taskmanager.network.memory.fraction: JVM 中用于 Network Buffers 的内存比例。
- taskmanager.network.memory.min: 最小的 Network Buffers 内存大小，默认为 64MB。
- taskmanager.network.memory.max: 最大的 Network Buffers 内存大小，默认 1GB。
- taskmanager.memory.segment-size: 内存管理器和 Network 栈使用的 Buffer 大小，默认为 32KB。

> **注意**：目前 Flink 已经将直接设定 Network Buffer 内存大小的方式标记为 @deprecated，也就是说未来的版本中可能会移除这种配置方式，因此建议用户尽可能采用按比例配置的方式。

10.5 本章小结

本章从 Flink 集群监控和优化的角度对 Flink 进行了比较深入的介绍。

其中 10.1 节介绍了如何对 Flink 任务进行有效的监控，其中包括 Flink 所提供的监控指标的获取，以及如何通过使用 Reporter 将监控指标推送到外部系统，帮助用户更好地了解 Flink 任务运行状况。10.2 节和 10.3 节分别介绍了 Flink 流式任务常用的监控和优化策略，其中包括反压过程和 Checkpointing 过程的监控和配置。10.4 节介绍了 Flink 内存方面的优化，其中包括对 JobManager 和 TaskManager 内存以及 Network Buffers 内存在配置方面的优化。

推荐阅读